SCIENCE

A History of Science in 100 Experiments

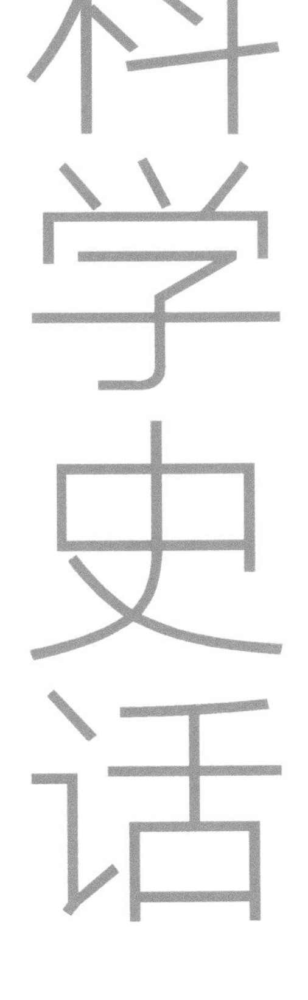

改变世界的100个实验

[英] 约翰·格里宾（John Gribbin） 玛丽·格里宾（Mary Gribbin）——著
丛琳——译

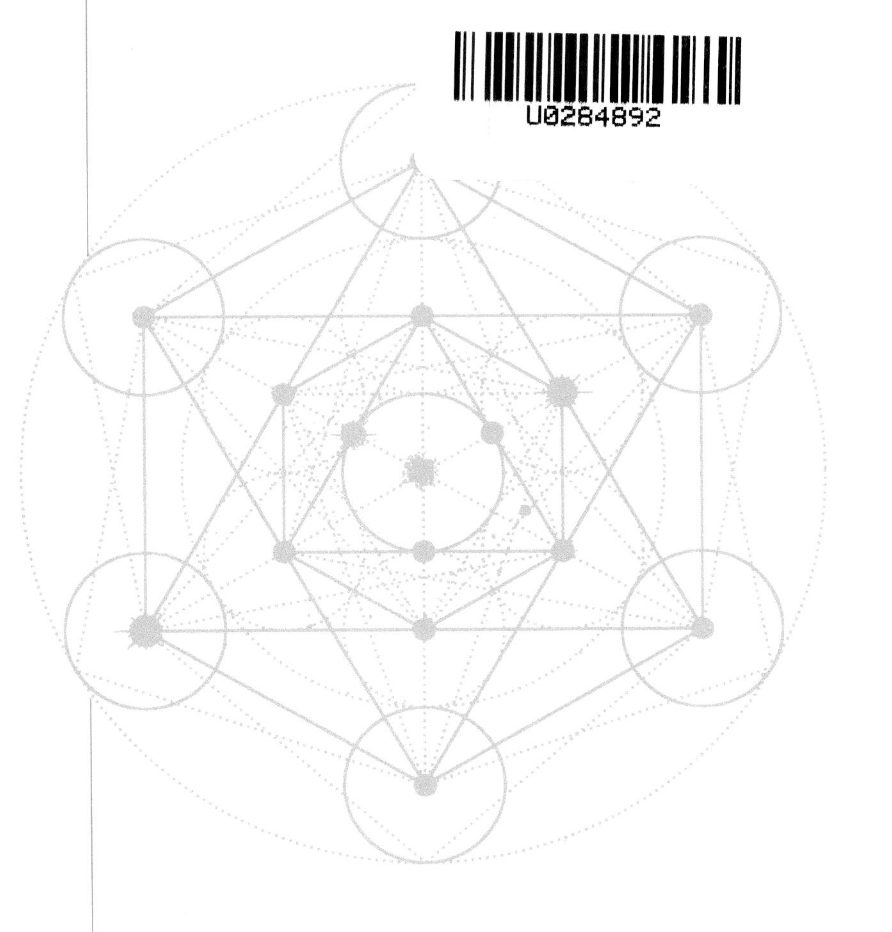

人 民 邮 电 出 版 社
北 京

图书在版编目（CIP）数据

科学史话 : 改变世界的100个实验 / (英) 约翰·格里宾 (John Gribbin) , (英) 玛丽·格里宾 (Mary Gribbin) 著 ; 从琳译. -- 北京 : 人民邮电出版社, 2019.4 (2023.2重印)
ISBN 978-7-115-50221-6

Ⅰ. ①科… Ⅱ. ①约… ②玛… ③从… Ⅲ. ①科学实验—普及读物 Ⅳ. ①N33-49

中国版本图书馆CIP数据核字(2018)第269528号

◆ 著　[英]约翰·格里宾（John Gribbin）
[英]玛丽·格里宾（Mary Gribbin）
译　从　琳
责任编辑　韦　毅　杜海岳
责任印制　陈　犇
◆ 人民邮电出版社出版发行　北京市丰台区成寿寺路 11 号
邮编　100164　电子邮件　315@ptpress.com.cn
网址　http://www.ptpress.com.cn
北京虎彩文化传播有限公司印刷
◆ 开本：690 × 970　1/16
印张：17.5　2019 年 4 月第 1 版
字数：333 千字　2023 年 2 月北京第13次印刷
著作权合同登记号　图字：01-2016-7604 号

定价：79.00 元

读者服务热线：(010)81055410　印装质量热线：(010)81055316
反盗版热线：(010)81055315
广告经营许可证：京东市监广登字 20170147 号

在哈勃空间望远镜（HST）
上执行日常任务的宇航员。

目 录

激光干涉引力波天文台（LIGO）利文斯顿探测地点的航空照片。LIGO 将相距 3 000 千米的两个探测地点的测量结果相比较，一个在美国华盛顿州汉福德附近，另一个在美国路易斯安那州的利文斯顿附近。每个探测地点都建有一个 L 形的超高真空系统，L 形每条边的长度为 4 千米。激光干涉仪是用来探测由引力波造成的微小信号改变的。LIGO 从 2002 年开始运行，而 2015 年其进阶升级版（aLIGO）开始运行。2016 年 2 月 11 日 LIGO 宣布探测到了引力波。它是在 2015 年 9 月 14 日探测到的，是两个黑洞碰撞的结果。

前　言

没有实验就没有科学。正如诺贝尔物理学奖获得者理查德·费曼所说的："通常我们通过以下过程寻找新的法则——首先我们猜想；然后我们推断猜想的结果，并设想如果我们的猜想是正确的将意味着什么；接下来我们用估算的结果与实验或经验（通过对世界的观察获得）中的大自然相比较，或者直接与观察结果比较，看它是否适用。与实验相悖的就是错误的，这个简单的陈述即为科学的关键。无论你的猜想有多么棒，你有多么聪明，谁做了这个猜想，或者说他的名字是什么，都不会有任何改变——与实验相悖的就是错误的。"[1]

这句话——与实验相悖的就是错误的——为"科学是什么"提供了最简单的概述。人们有时会好奇为何科学的起步要耗费如此漫长的时间，毕竟古希腊人同我们一样聪明，他们中的一些人兼具好奇心和闲暇时光去对世界的本质进行哲学探讨。但是，总体而言，除了少数人外，其他人所做的所有事情就是卖弄大道理。我们并不打算在言辞上诋毁哲学，只是虽然它在人类所取得的成就中占据一席之地，但是它并不是科学。例如，一些哲学家争论一个较轻的物体和一个较重的物体同时下落，是同时撞击地面，还是较重的物体下落得更快一些时，他们并没有将不同质量的物体从高楼上抛下来，以验证自己的想法；直到 17 世纪人类才进行了这项实验（正如我们将要介绍的，这项实验不是由伽利略完成的，见 24 页）。事实上，17 世纪初，英国医生、科学家*威廉·吉尔伯特（见 22 页）第一次清楚地阐述了科学方法，随后由费曼归纳简化。1600 年，吉尔伯特在他的著作《磁石论》中将他的工作描述为"一种新的哲学思维"，并且写道："如果有任何人不同意这里表达的观点，不接受我的一些悖论，那么就让他们继续关注绝大多数的实验和发现……我们度过了许多痛苦和无眠的夜晚，耗费了大量经费去发

威廉·吉尔伯特（1544—1603），英国医生、科学家。1600 年吉尔伯特出版了《磁石论》（关于磁性的著述），这是一部磁性研究的先驱性著作，包含对科学方法的首次描述，该著作对伽利略产生了深刻的影响。

* "科学家"一词出现得很晚，但是为了表述方便，我们将用它描述诸世纪的所有思想家或自然哲学家。

美国物理学家理查德·费曼（1918—1988）。

掘和诠释它们，如果你们能够做到，请享受它们，为了更好的目的去应用它们……我们的推理和假设中有些东西可能很难被接受，与一般的观点格格不入，但是毫无疑问，今后它们将在演示（实验）中赢得权威。”[2]

换言之，与实验相悖的就是错误的。上述引文提及的“大量经费”也会在当代引起共鸣，科学研究似乎需要昂贵的仪器，例如在最小尺度上探测物质结构的、位于欧洲核子研究组织的大型强子对撞机，或

罗伯特·胡克手工制作的显微镜。

者揭露了促使宇宙诞生的大爆炸细节的轨道自动观测站。这揭示了导致科学的发展相对较缓慢的另一个因素——技术。科学的发展需要技术，事实上是科学和技术的协同作用，它们相互濡养。在吉尔伯特的时代，用于眼镜的透镜被改造为望远镜，人们用它来观察天空和其他事物。这促进了透镜的更好发展，使得视力不佳的人受益，并使透镜获得了其他方面的应用。

一个更加引人注目的例子要追溯到19世纪。蒸汽机最初主要是通过人们的不断摸索、反复试验逐步发展起来的。科学家们探究它各部件的运行原理，这一举动往往出于好奇心而非想要设计新式蒸汽机。但热力学的发展不可避免地导致了更加高效的蒸汽机设计方案的出现。然而，体现出技术对科学发展的重要性的最突出例子并不显眼，并且初看之下很多人会感到惊讶，这就是随着时代的变迁外观不断变化的真空泵。如果没有高效的真空泵，人们就无法在19世纪研究真空玻璃管中的阴极射线的行为，也无法发现这些射线实际上是粒子流——电子——来自曾经被认为是不可拆分的原子。而到目前为止，大型强子对撞机的束流管是世界上最大的真空系统，其真空是大范围区域内制造过的最彻底的真空。如果没有真空泵，我们将无法知道希格斯玻色子（即希格斯粒子）（见268页）的存在，事实上，我们将不会对亚原子世界有足够的认知，甚至不会推测这种实体可能存在。

与古希腊哲学家的推测相比，我们以一种更可靠的方式知道了原子乃至亚原子粒子的存在，因为我们能够（并且同样重要的，我们愿意）进行实验来验证我们的想法。费曼所说的“猜想”，称为“假设”更加合适。科学家观察周围的世界，对发生的事进行假设（猜想）。例如，他们假设，一个重的物体和一个轻的物体同时下落，撞击地面的时间不同。然后他们从高塔上释放这两个物体，发现假设是错的。另一个假设：重的物体和轻的物体以同样的速率下落。实验证明第二种假设是正确的，因此这一假设被提升至理论地位。理论是被实验验证了的假设。当然，人类天生并不总是那么讲理。错误假设的那些拥护者们拼命想要找到支持这种假设的证据，并在不接受实验证据的情况下解释这些假设。但是从长远来看，真相终将大白——因为那些顽固派终将死去。

非科学专业人士往往对假设与理论之间的差别感到困惑，这不仅仅是因为许多科学家对术语的草率使用造成的。在日常用语中，如果我说“我有关于某物的一项‘理论’（比如说有些人喜欢马麦托酸制酵母而另一些人不喜欢的原因）”，这其实是一个猜想，或者说一个假设，这不是科学意义上的“理论”。那些不理解科学的达尔文理论的批评者有时会说，它“只不过是一个理论”，这隐含着“我的猜想和他的一样好”的意思。但是达尔文的自然选择理论始于他对进化事实的观察，并且这一

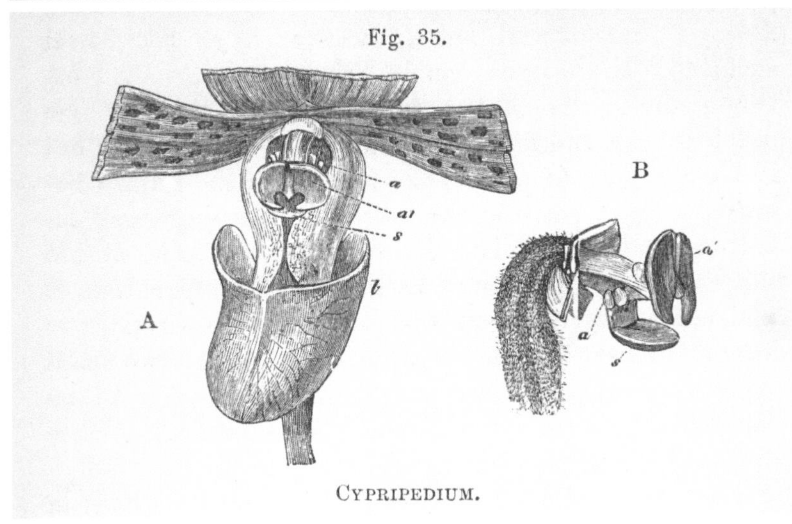

查尔斯·达尔文的手绘图，摘自他的书《兰花的授粉》中凤仙花（本图为兜兰，又称拖鞋兰）的部分。上图是桑福德兰花品种的一种早期变种的照片。

理论解释了进化是怎样发生的。不管这些批评者是怎么想的，这不仅仅是一个假设——不只是一个猜想——因为它已经通过了实验验证。达尔文的自然选择进化论“仅仅”是一个理论，与牛顿的万有引力定律“仅仅”是一个理论的道理是相同的。牛顿从观察物体下落或天体环绕地球和太阳运行的方式出发，建立了有关引力的作用方式的观点——引力是一种遵循平方反比定律的吸引力。实验（以及更进一步的观察，观察包含在实验中并贯穿本书）证实了这一理论。

引力提供了另一个有关科学的例证。牛顿的理论起初通过了每一个验证，但是随着观察手段的进步，人们发现这一理论无法解释距离太阳最近的水星轨道的某些细节，在这一轨道附近的引力非常强，也就是说这里有很强的引力场。在20世纪，阿尔伯特・爱因斯坦提出了一个想法，称为广义相对论，它解释了水星轨道的相关细节，并且正确地预言了当光经过太阳附近时会发生弯折（见177页）。从最完整的意义上来说，爱因斯坦的理论是我们目前所拥有的最好的引力理论，但是这并不意味着牛顿的理论需要被摒弃。它在某些限制条件下仍然成立，例如在描述没有那么极端的情况，即“弱场近似”情况下，物体在引力影响下的运动方式时，并且在描述地球围绕太阳运动，或者计算被发送去与彗星会合的空间探测器的轨道时也成立。

与有时人们被告知的相反，除了极少数情况以外，科学并不是由革新推进的，而是在已经建立的科学体系基础之上逐步完善的。爱因斯坦的理论是建立在牛顿理论的基础之上的，而不是将后者取而代之。如果你想计算一个盒子中的气体压强，那么将气体原子看作彼此弹开的刚性球就是一个合适的方案，但是如果你要计算原子内有多少电子跃迁产生了光的谱线，这一方案就需要被修正了。没有一项实验能证明爱因斯坦或达尔文的理论是“错误的”，从而必须被摒弃或要求我们重新进行研究，但是这些理论可能会表现出不完备性，就像牛顿的理论被发现不完备一样。为了解释现有理论能够解释的所有事实以及更多的事实，人们需要建立关于引力或进化的更好的理论。

不要只相信我们的话。被誉为“量子论先驱中的最伟大天才”的保罗・狄拉克在他的《量子理论》一书中写道：“回顾物理学的发展史，它可以被描绘成一段相当稳定的发展阶段，其中夹杂着许多小进展，它们叠加在若干大的飞跃之上。这些大的飞跃通常克服了偏见……随后必将有一位物理学家以更加精确的理论取代这一偏见，并最终带来某些全新的自然观念。”[3]

所有这一切应该能从我们为了标记科学的历史性发展而为本书选择的实验中看清楚，这些实验囊括了从 1 600 年以前仅仅是哲学思辨的几个例外，到现在发现了整个宇宙的组成的高精实验。这一选择必然是主观的，并且受到本书刚好选择 100 个实验的限制。我们本来可以收录更多实验，但是当我们策划这本书时发现了列选的这些实验的一个明显特征，那就是这些实验并不是个人选择的问题，而是体现了科学的运作方式。这本书讲述的一些实验是在非常短的一段时期内在科学的相似领域——例如，在原子、量子物理学领域——集体出现的。这就是当科学家们在“克服偏见”的过程中取得成功时所发生的事：当一个事物取得了突破，它将引发新的思想（新的“猜想”，正如费曼所说，但是至关重要的是，它是基于一定信息的猜想）和新的实验，它们互相竞争，直到无缝连接。

对于非专业人士来说，另一个问题在于这些猜想所基于的信息本身就是以科学的整个系统，即可以追溯到几个世纪以前的一系列实验为基础的。大型强子对撞机所使用的真空系统起源于 17 世纪埃万杰利斯塔・托里拆利的工作（见 28 页）。但是托里拆利绝不可能想到希格斯粒子的存在，更加不可能做实验探测它们的存在。像这样的一系列实验的第一步甚至对于非科学人士来说都比较容易理解，这尤其要感谢历年来科学领域所取得的成就。现在对于我们来说，很“明显”，不同质量的物体会以相同的速率下落，就像对于古人来说它们“明显”不会同步下落一样。但是当问题涉及希格斯粒子和宇宙的组成时，除非你有一个（或两个）物理学的学位，否则它们可能没有那么容易理解。在某种程度上，一些事物可以不加深究便被人们所相信。但是信任的关键是科学世界观中的一切事物都是以实验为基础的，而“实验”这一词汇包含了对理论和假设所涉及的现象的观察，例如当光线经过太阳附近时会发生弯折（见 177 页）。如果你发现本书描述的某些概念流于表面，请记住吉尔伯特的话：它们“可能很难被接受，与一般的观点格格不入”，但是它们“将在演示（实验）中赢得权威”。并且首要的是，与实验相悖的就是错误的。

No.1 水的浮力

最早、最重要的科学实验之一是由阿基米德完成的，他生活在公元前3世纪。人们对阿基米德的个人生活知之甚少，他似乎是西西里岛的锡拉丘兹（又译作“叙拉古”）国王希罗二世的一位亲戚。在广泛的游历之后，他安定了下来，成了国王的天文学顾问和数学顾问。据说，希罗国王有一顶王冠，是工匠用国王给他的金条打造而成的，并被作为献予神殿中诸神的祭品。国王怀疑工匠自己留下了一些金子而掺入便宜的银做成了同样质量的王冠，这将会是一个非常严重的问题：不仅欺骗了国王，也会因为敬献下等的祭品而冒犯神明。于是希罗国王命令阿基米德在不损坏王冠的前提下查明它是否是纯金打造的。阿基米德无从下手，忧心数日。有一天，当迈进盛满水的浴盆时，他注意到被他的身体排开的水溢出了浴盆。这个故事因在阿基米德去世后两个世纪被一位古罗马建筑师维特鲁威写入书中而流传了下来。我们不知道他从何得知，但在书中我们看到了阿基米德在顿悟到检验王冠方法时的形象——他大喜过望，顾不得穿上衣服便跑到街上喊道：“找到啦！”

古希腊数学家、物理学家阿基米德（公元前287—公元前212）在浴盆里的想象肖像画。阿基米德证明了浸没在液体中的物体受到的浮力与它所排开的液体受到的重力相等（阿基米德原理）。

阿基米德发现，排出浴盆的水的体积等于他的身体没入水的体积。由于银的密度比金小，为了获得同等的质量，金银混合的王冠会比纯金王冠的体积大。他可以将王冠没入水中，看溢出多少水，这样在不破坏王冠的情况下就可以测量它的体积。

没有人准确地知道阿基米德是怎样完成实验的，但是最有可能的是他使用了自己在《论浮体》中描述的方法。在这本书中，阿基米德诠释了作用于水（或者其他流体）中物体的向上的力（浮力）等于被排出的流体所受到的重力，这在今天被称为阿基米德原理。当然，被排出的水所受到的重力将正比于它的体积。

用阿基米德原理去检验王冠纯度的一种显而易见的方法，是在水池上用天平比较这顶王冠和同等质量的纯金王冠。降低天平直到两顶王冠都没入水中，而平衡臂停在水面以上，如果两顶王冠都是纯金的，它们会排出相同体积的水（因此是相同质量的水），受到同等的浮力，保持平衡。但是如果被测试的王冠密度比纯金小，那么它的体积就会较大，会排出更多的水，比纯金王冠受到的浮力更大，因此天平会向纯金王冠一端倾斜。这个实验的美妙之处在于你根本不需要测量王冠的体积或者被排出的水的体积，你只需要看天平是否倾斜。

这似乎正是实际发生的。阿基米德用这个实验（或者非常相似的实验）发现工匠的确欺骗了国王。在维特鲁威讲述这个故事之后500年，这个故事在一首拉丁文诗篇《度量衡歌》中被重新讲述，诗篇描述了这种流体静力学平衡的应用。而在12世纪，手抄本《中世纪技术世界的小钥匙》记录了使用这种方法称重，从而计算掺入次品的王冠中银的比例的详细说明。

阿基米德原理也解释了为什么一艘钢质的船能够漂浮。一枚钢锭只能排出较小体积的水，水的重量比钢的重量小得多，所以钢锭会沉没。但是如果将相同重量的钢延展成一艘船的形状，或者更简单的碗（像一艘小圆舟）的形状，其排开的水的体积就会更大，排出的水所受到的重力大于钢锭时，便会产生一个足够大的力使船漂浮起来。

№2 测量地球的直径

第一次对测量地球的具体尺寸这件事情进行系统尝试的是一位古希腊的博学家——昔兰尼的埃拉托色尼。公元前 3 世纪左右，他在亚历山大城的图书馆工作。埃拉托色尼不仅是和阿基米德同时代的人，而且还是他的好朋友。他的这次尝试不仅包含了他自己在亚历山大城的一些发现，同时也融合了一个来自他从未到过的遥远城市的证据，这个城市的名字叫作赛伊尼（今埃及阿斯旺）。

埃拉托色尼了解到当每年的夏至日到来时，即太阳到达一年当中地球上方，也就是天空的最高点时，赛伊尼的人们看到的太阳是在头顶的正上方——旅行者们讲述了在赛伊尼当地的深渊底部看到的太阳影子的样子，但是即使是在夏至日，亚历山大城的太阳也不能到达头顶正上方，而是位于天空的南侧。埃拉托色尼猜测，这是地球是圆形的缘故。所以，他在夏至日当天对太阳所处的位置和头顶正上方的角度差进行了仔细的测量，最后算得为一个圆的 1/50，也就是 7°12′ 的角度。简单的几何学引申让埃拉托色尼认识到，假设赛伊尼在亚历山大城的南方，从亚历山大城到赛伊尼的距离就是地球周长的 1/50。

即使在埃拉托色尼的时代，从赛伊尼到亚历山大城的距离也是众所周知的（用现代单位计量大概是 800 千米），古埃及的文献记载显示为 5 000 个体育场。埃拉托色尼询问了一下骆驼队的领队，走这段距离用了他们多长时间，以此来验证这一记载（也有一说，他自己雇用了一个人用脚量出了这段距离，但是这很可能是谣传）。这让他得到了每度为 694 个体育场的数据，约等于 700 个，再与 360 相乘就得到了地球的周长——252 000 个体育场（他本可以直接用 50 乘以 5 000 来得到 250 000 个体育场这个结果的，显然他选择了更麻烦的方式）。

埃拉托色尼（公元前 276—公元前 194）。

那么这一结果用现代单位表示是多少呢？我们要知道，古希腊和古埃及的体育场有些微的不同之处，而作为古希腊人的埃拉托色尼很可能采用的是古希腊的标准，也就是一个体育场的周长对应的是 185 米，这样得

出的地球周长就是 46 620 千米，与真实周长 40 076 千米相比只大了 16.3%。但是如果他采用的是古埃及的体育场标准的话，一个体育场的周长是 157.5 米，这样他的结果就会是 39 690 千米，只是有一点点偏小（与真实周长 40 076 千米相比只有 0.9% 的偏差）。无论采用的是哪种标准，这一成就都已经很令人敬佩了。

当然，这肯定不是埃拉托色尼唯一令人敬佩的成就。他根据自己从亚历山大城图书馆中的图书里得到的信息，写出了他自己的三卷本的书——《地理学》（*Geographika*），在书中，他绘制并描述了整个已知的世界。他使用了网格状的覆盖线来对地理位置进行定位，这与现代的纬度线和经度线十分相似。他还发明了许多今天的地理学家们仍在使用的术语。在这本书中，埃拉托色尼命名并定位了 400 多个城市，但是不幸的是，这本书的原稿逸失了，所幸它的很多片段都可以通过其他工作对它的引用来重建。《地理学》的第二卷包含了埃拉托色尼对于地球尺寸的估计。根据托勒密所说，埃拉托色尼非常精确地测量了地球自转轴的倾斜角，得到了 180° 的 11/83 的数据，也就是 23°51′15″，这与地球周长的测量工作有关。同时，他还编制了包含闰年的历法，并且试图制作一个从特洛伊围城战开始的文学和政治事件的年表。

据埃拉托色尼的同时代人说，他是一个十足的多面手，并因此获得了“β”的绰号，因为他总是任何事情的第二好手。生活在公元前 64 年到公元 24 年的古希腊地理学家斯特拉博将埃拉托色尼描述成地理学家中最优秀的数学家，数学家中最优秀的地理学家。在数学领域，他因一个叫作埃拉托色尼筛法的算法而闻名，这个算法被用于寻找素数。这个由他发明的简单的方法是列出一个从 1 开始一直到你感兴趣的数为止的所有数字的列表（或网格），然后把第一个素数 2 的所有倍数去掉（4、6、8，等等，不包括 2 本身），之后看到的下一个没有被删掉的最小的数就是素数（如果不是的话，你一定是哪里搞错了），接下来就是去掉这个数的所有倍数，当然不包括这个数本身，依此类推。当你筛查到了最后时，还没有被删掉的数就构成了一个由素数组成的列表。

No.3 酷似针孔摄像机的眼睛

在古典文明衰落之后、欧洲文艺复兴到来之前，科学知识的保存和发展工作都集中在阿拉伯国家进行着。古希腊文本都被翻译成阿拉伯文，随后又被翻译成拉丁文，因而为欧洲国家所知。但是阿拉伯人也有自己的科研成果。中世纪最伟大的科学家，生活在公元 965 年到公元 1040 年，并号称“阿拉伯牛顿”的阿布・阿里・阿尔－哈桑・伊本・阿尔－海什木（其名字简写为阿尔哈曾），在公元 1000 年左右提出了关于光学的实验。他的影响力很大的一本书在 1572 年，也就是在他去世 5 个世纪后被翻译成拉丁文并在欧洲出版，即《光学宝鉴》。这本书对那些在欧洲掀起了科学革命的科学家们产生了重要影响。

阿尔哈曾的主要发现就是视力并不是一些从眼睛发出并感受外部世界的东西作用的结果，而是由光线从外部进入眼睛导致的。按照阿尔哈曾的说法，“一个被光照射的有色物体的任意一点会反射光和颜色，其方向为从这点出发可以画出的所有直线所指示的方向”。不过这不是完全由他独创的想法，自从欧几里得和亚里士多德开始，科学家们就在讨论视力是由外部影响（出射）产生的还是由内部影响（入射）产生的。而阿尔哈曾将这两者结合在了一起，形成了一个完整的体系，随后他用基于“暗箱”的创意实验证明了自己的猜想。在一个用厚厚的帘子遮住窗户的暗室里，晴天时在帘子上裁出一个小孔，这样窗户外面的世界就会在窗户对面的墙壁上投影出一个上下颠倒的影像来。这个现象古人就已经知道了，但是阿尔哈曾是第一个清晰地描述并揭示其原理的人。

阿尔哈曾将眼睛描述为“照相机”。

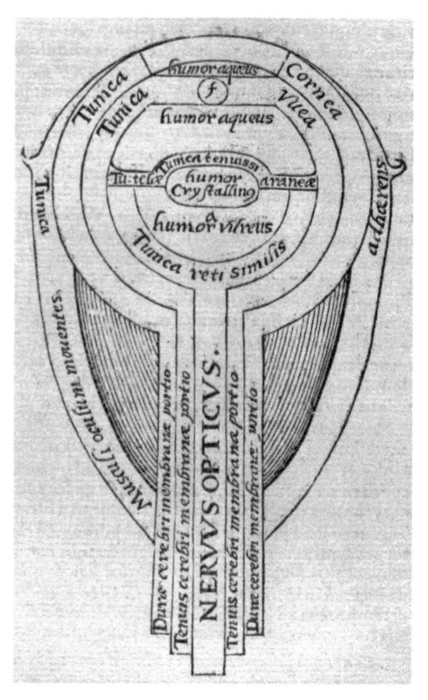

阿尔哈曾意识到光是沿着直线传播的，这样一来，从窗外花园中的树顶端射入的光线在穿过窗帘上的小孔后，会投射在墙的底端；而从树的根部传出的光线会在穿过小孔后，投射在墙的顶端；树的其他点和窗户外面的其他物体与窗帘小孔连成的直线，延伸到墙面上所得到的相应的点构成了整个画面的中间部分。

阿尔哈曾（965—1040）。

阿尔哈曾本来可以到这里就停下了，在他之前的所有思考过这个问题的科学家，比如欧几里得和亚里士多德，都是在这个阶段就停下了，没有去做实验来验证自己的想法，转而试图用逻辑和理性来告诉别人自己是对的，而不是去弄脏自己的手（当然，阿基米德是个著名而又罕见的例外）。让阿尔哈曾得以成为一名科学家的是他接下来的工作。能证明暗箱的工作原理已经很厉害，而能够证明眼睛也是以同样的方式来工作就更不简单。1 000 年前，人们大多认为生物不会像那些没有生命的物体一样遵循相同的规律。为了验证这种假设是否正确，阿尔哈曾取下了公牛的一只眼球，他小心翼翼地刮掉眼球后面的部分，不断地将它刮薄，直到能透过这只眼球看到位于它前面的物体所成的像，这时，眼球就像一个极小的暗箱。他证明了光沿着直线传播，说明了暗箱的工作原理，并且证实了视觉的背后并没有神秘的生命力量，而是遵循着和无生命物体同样的物理规律。而且，他做到这些是通过后来被称为科学的方法，也就是提出基于观察的关于世界如何运行的猜想（假设），然后用实验来验证自己的猜想。在今天，一个假设通过实验的验证才能上升到理论的地位，而那些没能通过实验检验的就会被舍弃。就像 20 世纪的物理学家理查德·费曼的简明概括："与实验相悖的就是错误的。"因为阿尔哈曾懂得这个道理并且付诸了实践，他可以被认为是第一个现代科学家。

阿尔哈曾的工作还不只是这些，他的著作涉及科学和数学的各个领域，仅光学领域便有 7 部著作。他认识到虽然光以极快的速度传播，但是这个速度并不是无穷大的。他还揭示了一根直棍的两端分别在水和空气中时造成的棍子变弯的幻觉，是由于光在水中和空气中的传播速度不同。他研究了透镜和镜面弯曲的镜子，获知了镜面的曲率在会聚光线方面所起的作用。但是阿尔哈曾在历史上的地位的取得不仅是由于他的工作，而且是由于他的工作方式——这是实验科学真正的开始。

No.4 解剖人体

科学复兴开始于 16 世纪中叶，在有着重大的标志性意义的 1543 年哥白尼著名的《天体运行论》（*On the Revolution of Celestial*

Bodies）出版了，他认为地球并非像前人认为的那样处于宇宙的独特地位；同年，安德烈·维萨里出版了《人体构造》（*On the Structure of the Human Body*），这一作品在一定程度上将人类从动物世界的特殊位置驱赶下来。虽然严格来讲哥白尼并没有进行实验，但是他的故事却家喻户晓。而维萨里却并不那么赫赫有名，他理应得到更多关注，因为他确实对人体进行了实验。

维萨里于1514年出生在布鲁塞尔，他最重要的工作是在16世纪30年代后期和40年代初期的帕多瓦大学进行的（他在那里担任解剖学教授）。在此之前，人体解剖（并不常见）的实际操刀是由那些比屠夫好不了多少（甚至可以说连屠夫都不如）的庸医完成的。教授会站在安全距离（准确来说是不被弄脏的距离）向学生讲授正在被揭露的是什么，除了实际证据外也需要师生们的一些想象。但是维萨里改变了这一切。他亲自解剖，为学生讲授并且展示眼前的事物，帮助他们更好地了解人体。维萨里获得了帕多瓦一些民间权威人士的帮助，尤其是法官马肯托尼欧·康达利尼，他不仅为维萨里提供被处决的犯人的尸体，还根据维萨里上课时要使用新鲜尸体的时间安排行刑。这与维萨里在巴黎的学生时期非常不同，在那里维萨里（和他的医科同学们一样）为了获得做研究用的样本不得不去盗墓。

安德烈·维萨里（1514—1564）。

在维萨里之前，人们对人体解剖学的普遍认识是从古代流传下来的，这些知识以古罗马时期的医生克劳迪亚斯·盖伦纳斯（通常被人们称为盖伦）的工作为基础。在中世纪的欧洲，人们认为古代人比当代人更具智慧，他们的知识丰富得无法匹敌，更别说超越。但这是错的。盖伦是一位富有激情的解剖学家，但是由于在公元2世纪人体解剖被视为有失体面的行为，盖伦的大部分工作是解剖狗、猪以及猴子，所以他对人体的描述通常是很荒谬的。

维萨里的重大贡献不仅在于他促进了人类对人体解剖的认识，也在于他强调了

《人体构造》(1543年出版)的卷首图，展现了公共解剖的场景。

用眼前的证据和自己的实验去把事情搞清楚，而非依赖想象中先人的更高智慧这一观念的重要性。当然，这也与同一时期在天文学领域所发生的事情相呼应。曾经写道“在有一两项观察之前我通常不会确定地言说任何事”的维萨里，常常对并排的动物尸体和人类尸体做对比解剖，以强调它们的解剖学差异，并明确地修正了盖伦的错误。

维萨里也会请技艺精湛的画家为课堂教学准备大幅的图解（相当于16世纪的演示文稿），其中6幅在1538年以著作《六幅解剖图》的形式发表。他亲自描绘了其中的3幅图，另外3幅由提香（意大利画家）的学生，卡尔卡的约翰·史蒂芬（贾恩·史蒂芬·范·卡尔卡）绘制。史蒂芬也被认为是维萨里的杰作《人体构造》的主要插图画家，这本书在1543年发行了7卷。维萨里的先驱工作并没有就此停止。《人体构造》是一本针对医学教授和医生等专业人士的专著，为了使自己的工作被学生乃至外行人接受，维萨里在同年一并创作并出版了一本摘要，官方命名为“人体构造的节本”，人们也称之为“摘要”。这些工作都是在他30岁之前完成的。后来他停止教学，成了一名宫廷医生，先为神圣罗马帝国皇帝查理五世服务，之后又为查理的儿子菲利普二世（他后来派遣无敌舰队进攻英格兰）服务，行医度过余生。

维萨里职业的改变也许是源于一些帕多瓦的同事反对他的想法。当时巴黎的一所学校的一名叫雅克布·西尔维亚斯的医师说，维萨里疯了，任何超越盖伦的解剖学知识的发展都是不可能的。他说另一种更有可能的原因是，不是盖伦错了，而是从他的时代开始人体发生了变化。从当时来看科学仍然要经历一段漫长的发展旅程。

No.5 测量地球的磁场

从迷信和神秘主义的世界观到对周围事物进行科学研究，如果你在寻找标志着这一转变的关键时间点，最明智的选择就是1600年，在这一年，第一本完全基于科学实验的书出版了，这本书就是《论磁性、磁体以及巨大的磁体——地球》，通常被简称为《磁石论》，作者是伊丽莎白一世时代的一位医生和科学家——威廉·吉尔伯特，他为研究磁现象花费了数年时间。

威廉·吉尔伯特出生于1544年，他曾就读于剑桥大学并最终成了一名宫廷医生，先后为伊丽莎白一世、英格兰的詹姆斯一世（同时也是苏格兰的詹姆斯六世）服务。作为一位富有的绅士，他有条件纵容自己对科学的热情并把科学研究作为一种业余爱好。但据说在这一“爱好”上，他自己仅仅花费了5 000英镑。他在1603年去世，很可能是死于黑死病。

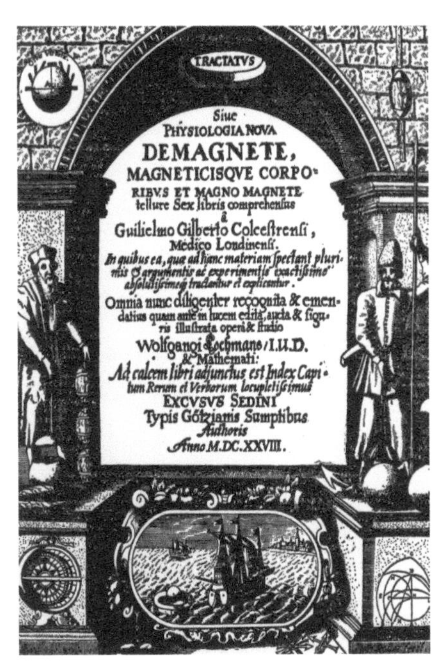

TRACTATUS
Siue
PHYSIOLOGIA NOVA
DE MAGNETE,
MAGNETICISQVE CORPO-
RIBVS ET MAGNO MAGNETE
tellure Sex libris comprehensus
à
Guilielmo Gilberto Colcestrensi,
Medico Londinensi.
In quibus ea, quæ ad hanc materiam spectant pluri-
mis & argumentis & experimentis exactissime
absolutissimeq tractantur et explicantur.
Omnia nunc diligenter recognita & emen-
datius quam ante in lucem edita, aucta & figu-
ris illustrata operâ & studio
Wolfgangi Lochmans / I.U.D.
& Mathemati:
Ad calcem libri adjunctus est Index Capi-
tum Rerum et Verborum locupletissimus
EXCVSVS SEDINI
Typis Götziamis Sumptibus
Authoris
Anno M.DC.XXVIII.

威廉·吉尔伯特《磁石论》第二版的标题页，出版于1628年。

吉尔伯特所做的一些最重要的实验是关于地球的磁性的。当时，船员们开始了探索世界的旅程，而磁罗盘成了非常贵重的工具——尽管没有人知道它是怎样工作的。吉尔伯特与船长和航海家们探讨了罗盘针的运转情况，并通过实验反驳了很多迷信的传言或做法，比如用蒜摩擦罗盘甚至人们口中的蒜味可以导致罗盘不敏感。后来他把一些被称为天然磁石的自然界存在的有磁性岩石做成了有磁性的球体，他把它们叫作“小地球”。他用那些能在这些球体周围转来转去的磁针研究这些球体的磁性。吉尔伯特发现这些磁针的行为就好像位于地球不同位置的罗盘针的表现，并推测地球有一个类似条形磁铁的铁核，这个铁核有一个北极和一个南极。在他的实验之前，科学家们曾经认为罗盘针之所以指向北方是因为它们被北极星所吸引，或者在地理北极存在一个很大的磁岛。

这一切代表着科学正引人注目地向前飞跃，这在现代人看来是显而易见的，然而在当时人们很难领会到科学的革命性发展。吉尔伯特将他的“小地球”们视作真实地球的模型，并且认为将该模型以及由模型获

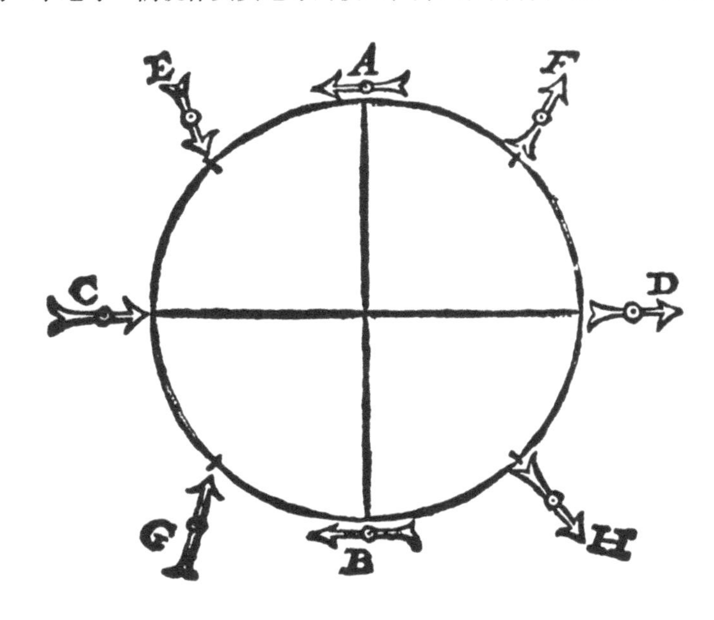

威廉·吉尔伯特解释地球磁倾角的图画，其中线AB表示赤道，C是北极，D是南极。

得的结论——例如，磁倾角取决于它在磁化球表面的位置——按比例放大就可以告诉我们地球本身是什么样的。他从模型外推至整个地球，这正是科学研究在随后几个世纪的主要特征。

作为这些实验的结果，吉尔伯特第一个意识到，由于异性磁极相互吸引，磁体指向北方的一端（指向地球的地磁北极）应该被称为南极（在现代语言中，为了避免混淆，科学家们有时将其称作磁体的“寻北”极与“寻南”极）。吉尔伯特曾说：“至今为止所有标出过天然磁石的两极的人，所有的仪器制造师和航海家，都惊人地错把磁石趋向北方的一端当作北极，把趋向南方的一端当作南极，我们今后将证明这是一个错误。整个有关于磁体的学科发展是如此错误，甚至它的基本原则也是错误的。”

事实上，是吉尔伯特将诸如“磁极”和“电场强度”这样的术语引入人类的语言中。他第一次认识到“磁”和“电”（一个他创造的词）是两种不同的现象，他在磁学上取得的成果在两百年内没有获得进展，直到迈克尔·法拉第开始研究磁学。

吉尔伯特的《磁石论》在当时造成了轰动，有很大影响力。伽利略也曾是读者之一，他在一封写给朋友的信中对这本书做出了积极的评价。事实上伽利略将吉尔伯特描述为科学方法的创始人。按吉尔伯特自己的话说：“在对神秘事物和潜藏原因的探索与调查中，更有力的推理来源于可靠的实验和实际参数，而非可能的推测和来自投机者的意见。”这就是简而言之的科学。在书中，吉尔伯特仔细地将他实验的每一个细节都描述清楚，以备他人实际操作，亲眼看到结果。但是他告诫那些重复他的实验的人，“要小心、熟练和敏捷，不能粗心大意和笨拙地处理样本；如果一个实验失败了，不要无知地谴责我们的发现，因为书中那些未经我们反复研究和亲眼所见的结论都是空谈”。

No.6 测量惯性

伽利略·伽利雷因为一个他并没有进行的实验而闻名，但是这是一个可以实际操作的实验，这个实验的灵感来源于他的工作。1592年到1610年，伽利略是帕多瓦大学的一名数学教授，在这段时间里，

19 世纪的一幅图画，是伽利略将球沿着斜面滚落的实验的美化版本。尽管这幅画描绘的场景是虚构的，但伽利略确实进行了这样一个实验。

除了数学以外，他还钻研力学和天文学。

在伽利略工作的时期，有很多受过教育的人认为，从一把枪水平发射出的子弹，或者大炮水平发射出的炮弹，会沿着直线飞行一段距离，然后停止飞行，垂直掉落到地上。而伽利略第一个发现，枪发射出的子弹，或者向空中抛出的球之类的物体的运动轨迹是一条抛物线，并且他做实验证明了这一点。

在世纪之交的那几年，伽利略所做的实验中，有一些是将不同质量的球从斜面上滚下。他用他的脉搏记录时间以测量球运动的快慢，并且得到两个重要结论。第一个结论是，一个滚下斜面的球的自然状态是继续水平运动（字面意思是“朝着地平线”），除非它受到摩擦力的阻碍而停止下来。他推论如果没有摩擦力，球会永远滚动下去。这是对紧随罗伯特·胡克的艾萨克·牛顿建立的力学第一定律的早期洞悉。所谓牛顿力学第一定律，是指一个物体将会保持静止或匀速直线运动，除非有外力作用于它。

伽利略的第二个结论是，球滚下斜面的速度与它们的质量无关。也就是对于任何特定的斜面和任何质量的球，滚下斜面所需要的时间是相同的，与斜面的陡峭程度无关。于是他在并没有真的将物体垂直释放的情况下得出结论——在不考虑风的阻力的影响时，所有下落物体以相同的速度向下加速运动。

这激怒了他的一些同事——那些相信亚里士多德所说的重的物体下落得比轻的物体快的旧学院的科学家们。因此在1612年，即伽利略从帕多瓦移居到比萨两年之后，他们中的一个人在一场公众游行中真的将两个不同质量的球体从斜塔上抛下，想要以此证明亚里士多德是正确的。这两个球几乎同时落地，但是结果并不精确。亚里士多德学派的人说这个实验证明了伽利略是错的。但是伽利略这样回答："亚里士多德说质量为100磅（45.36千克）的球从100腕尺（44.37米）的高度落地时，质量为1磅（0.45千克）的球还未能下落1腕尺（0.44米），而我说它们同时落地。你们通过做一个测试发现大球先于小球0.05米落地。现在你们只抓住我的微小误差不放，却把亚里士多德的43.93米的误差隐藏在这0.05米后面，对这样巨大的错误置之不理。"[4]

1612年时伽利略年近50岁，他作为一名实验物理学家的岁月也基本上结束了。发生在17世纪30年代的他与罗马教廷广为人知的冲突，导致1634年后他在生命的最后几年被软禁在自家的房子里（这是考虑到他是被强迫承认自己的"异端邪说"的相对仁慈的判决）。在此期间他总结了他毕生在力学上的工作，发扬了由吉尔伯特倡导的科学方法，写成了一本伟大的书——《关于托勒密和哥白尼两大世界体系的对话》，该书于1638年在荷兰出版。这本书影响巨大，它是第一本真正的科学意义上的教科书，是对整个欧洲所有科学家的鼓舞——当然除了禁止这本书流传的意大利天主教廷。作为直接后果，意大利从科学复兴的导航灯沦为一潭死水，而与此同时，真正的发展正在别处展开。

No.7 血液循环

即便在《人体构造》（见20页）出版以后，在16世纪的后50年和17世纪的早期，仍然有人强烈反对诸如盖伦等古代学者可能犯错这种想法。因此，尽管英国医师威廉·哈维出生于1578年，并且在17世纪的早期研究过血液循环，但直到1628年他才公布了他的发现，在此之前他已经收集了佐证他的想法的、有压倒性效力的证据（事实上他早在1616年就发表了有关他的工作的演讲手稿）。他将自己的工作成果写成了一本书——《心血运动论》，这本书提出了一个以此前20年所进行的、真正科学意义上的实验为基础的简单明了的案例。这一切都是哈维利用业余时间完成的，他和威廉·吉尔伯特一样，作为曾在剑桥大学和帕多瓦大学学习的成功的医师，在1618年成了詹姆斯一世的宫廷医师，随后成了查理一世的私人医师（这是一个更加重要的职位）。这两个威廉（吉尔伯特和哈维）都与另一个威廉，即于1616年去世的莎士比亚是同时代的人。

在吉尔伯特之前，依据盖伦的观点，静脉和动脉被认为输送的是两种不同的血液。一种很有可能是在肝脏中产生的，被认为经由静脉滋养全身的组织，并且在这一过程中被耗尽，进而被肝脏产生的新的血液代替。另一种被认为流过动脉，将一种神秘的“生命的精气”从肺输送到身体组织。

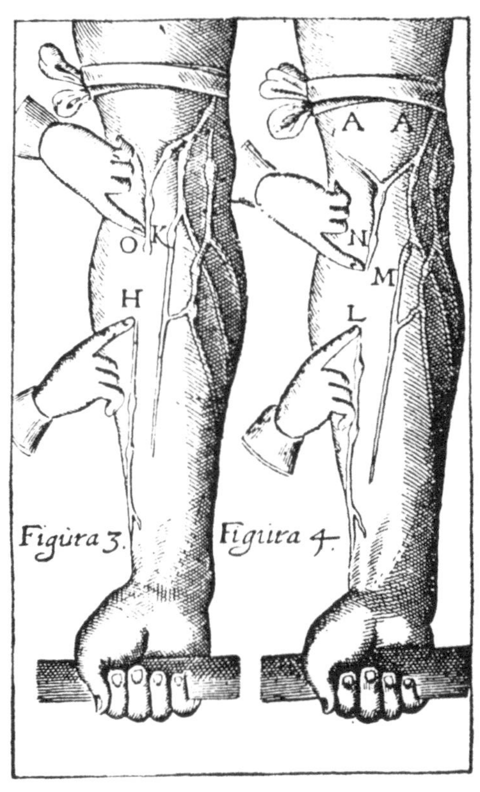

威廉·哈维的《心血运动论》一书中的木版画，展现了前臂浅静脉的瓣膜，左侧前臂为O处。因为O处有瓣膜，所以其下方的O到H处（远离心脏）的静脉是空的并且始终是空的。

和吉尔伯特相同，哈维研究与呈现结果的方法和这些发现本身同样重要。他并没有将自己的想法建立在抽象的哲学思想上，而是建立在直接测量和观察之上。当他通过测量典型的脉率来估计心脏的容积，并且计算出心脏每分钟输送了多少血液时，他产生了灵感。他发现，如果以现代单位制衡量，一颗人类心脏每次跳动都会泵送60立方厘米的血液，相当于一小时泵送将近260升血液。如此之多的血液的质量约为人体质量的3倍，显而易见，这么多血液是不可能由肝脏（或其他某处）在一小时内产生的。唯一可以替代的解释是，实际上人体内的血液与之相比要少得多，并且在人体内持续不断地循环，从心脏流出，通过动脉，再通过静脉流入心脏。肺与心脏构成了一个等价的系统，只不过血液循环携带的并非“生命的精气”，而是氧气。所有这些都诞生于哈维对静脉中允许静脉血流向心脏，而阻止血液反向流动的小小瓣膜（这是由哈维在帕多瓦大学的一位老师希罗尼穆斯·法布里修斯提出的观点）的研究。

在得到结论之后，哈维用一系列实验确立了他的案例，其中一个实验因为简洁清晰而尤为著名。如果他是对的，那么在动脉与静脉之间必然存在某种联系。动脉与静脉相比，在皮肤以下的更深处，他用一根绳

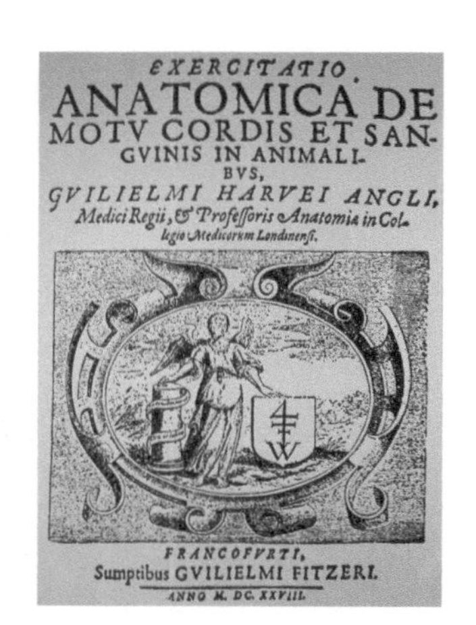
EXERCITATIO
ANATOMICA DE
MOTV CORDIS ET SAN-
GVINIS IN ANIMALI-
BVS,
GVILIELMI HARVEI ANGLI,
Medici Regii, & Professoris Anatomiæ in Col-
legio Medicorum Londinensi.
FRANCOFVRTI,
Sumptibus GVILIELMI FITZERI.
ANNO M. DC. XXVIII.

威廉·哈维的《心血运动论》的标题页。

子（绷带）系在自己的手臂上以测量这个深度。绳子系得足够紧，以至于能够阻断静脉中的血流，但不会阻断动脉中的血流。当血液从动脉继续循环流动到被阻碍的静脉时，皮肤下的静脉膨胀显著。他同时指出，靠近心脏的动脉壁比远离心脏的动脉壁厚，因为它们必须足够强韧，以应对心脏强有力的泵动作用。

在哈维的见解中仍然存在一些神秘主义的要素，他认为心脏不仅是一个泵，而且是一个血液被“生命的根基、一切的创造者”变得完美的地方。1637 年，勒内·笛卡儿在哈维的工作基础之上进一步说明，心脏仅仅是一个机械泵。

尽管哈维的书在英国引发了人们的极大兴趣，但在他的有生之年，他的血液循环理论却未能被广泛接受。一个原因是放血这一行为在当时（以及之后很长一段时间）是一种治疗疾病的手段，如果承认体内血液的有限将会破坏这一疗法的基本原理。

哈维于 1657 年去世，不久以后显微镜的发展（见 33 页）使人们能够看到静脉与动脉之间的细小联结，这便彻底证明了哈维一直都是正确的。

No.8 给大气称重

在 17 世纪 40 年代初，意大利人埃万杰利斯塔·托里拆利研究了一个问题——为什么无法用真空泵从深度超过 9 米的水井中把水抽上来。这些泵工作的方式类似于用将开口端置于水面以下的自行车打气筒把水吸上来。如果你将一个很长的自行车打气筒竖直放入一个游泳池中，你能够将水向上抽动至多 9 米，但是不会更高——无论你多么努力地拉动打气筒的把手。托里拆利推断，井中压向水表面的空气的重力会把打气筒中的空气推动到这个高度，但是不会更高了。因此他开始用密度更大的汞（俗称水银）代替水来验证这种想法。水银的密度大约是水的 14 倍，所以托里拆利计算出高 9 米的水柱与高度稍稍高于 60 厘米的水银柱施与底面的压力相同。他发现，如果将一根一端密封的玻璃管注满水银，然后将其竖直倒置，使开口端浸没在一盘水银中，玻璃管中的水银液面将会下降至 76 厘米，在水银液面与封口端之间会出现一段空隙，

弗罗林·帕瑞在攀登多姆山（位于法国的一座海拔 1 464 米的火山）时测量气压的虚构图。

这与他的计算相吻合。这段空隙什么都不包含，被称为托里拆利真空。

托里拆利注意到，玻璃管中的水银柱高度每一天都在变化，他意识到这是因为作用于盘中水银的气压在改变。他据此发明了气压计。托里拆利于 1647 年去世，而他的发现由法国人布莱兹·帕斯卡继承和发展，帕斯卡使用这种早期的气压计测量了气压随天气而发生变化的情况。另一名法国人，勒内·笛卡儿在 1647 年拜访了帕斯卡，并且提议将气压计带到山上，观察气压随着高度如何变化，他认为会得到有趣的结果。帕斯卡住在巴黎，而他的姻兄弟弗罗林·帕瑞住在多姆山附近，于是在 1648 年，帕斯卡让帕瑞帮助他做了这一实验。帕瑞在信中向帕斯卡描述了实验现象：

“上周六的天气变幻莫测……（但是）在那天早上的 5 点钟左右……可以看到多姆山……我决定尝试一下。克莱蒙城的几位重要人物曾让我在将要登山的时候告知他们，我也很乐意在这一伟大的工作中有他们的陪伴。

“……8 点钟我们在 Minim Fathers 修道院的花园里集合，这里是全镇海拔最低的地方……我先向一个容器中倒了 7.25 千克水银……然后取了几个玻璃管……每个玻璃管长度为 1.2 米，一端气密另一端开口……我将它们放入容器中……进入玻璃管内的水银到达容器中水银液面上方 26 英寸加 3.5 英寸线（710 毫米水银柱）（译者注：按当时的算法，1 英寸相当于 27 毫米，1 英寸线相当于 2.256 毫米）的位置……我在同一地点又重复了两次相同的实验……每一次得到的结果都相同……

“我让其中一个玻璃管保持和水银容器相接触，并且标记了水银液柱的高度……请修道院的沙斯坦神父帮忙观察在这一天之中是否会发生变化……我们带着其余的玻璃管和一部分水银……走到多姆山顶，这里的海拔大约比修道院高出 914.4 米，在这里根据实验……我们发现水银液柱的高度只能达到 23 英寸加 2 英寸线（625 毫米水银柱）的位置……我小心谨慎地重复了 5 次……每一次都选择山顶的不同地点……发现在每一种情况中……水银液柱的高度都相同……”[5]

同样重要的是，山下的神父报告说他的气压计的示数在一天之中都没有变化，这说明压向山顶的空气的重量比压向山下的空气的重量小。因此这个实验证明了海拔越高大气越稀薄，并且如果位置足够高，大气将会变得特别稀疏，在它之上就是真空，就好像托里拆利的玻璃管中水银液面上方的真空一样。随后帕斯卡将气压计带到圣雅克教堂的高约 50 米的钟楼上，进行了一个微缩版的实验。水银柱下降了两个刻度线。包括笛卡儿在内的很多人拒绝接受帕斯卡对证据的解释，坚持认为一定有某种物质填充了玻璃管中“空的”空间，据此也可以推断一定有某种物质存在于大气上空。但是进一步的实验最终证明了帕斯卡是正确的。

No.9 抵抗挤压

在托里拆利、帕斯卡及其姻兄弟之后，真空成了科学领域最热门的研究主题。为了研究这种现象，科学家们需要效率非常高的气泵才能将玻璃瓶和其他容器中的空气抽出来。这些气泵按照当时的标准称得上是高科技产品——相当于 21 世纪初大型强子对撞机等现代粒子加速器的地位。在 17 世纪 60 年代能够获得的最好的气泵，是由英国科学家罗伯特·胡克参与改进而成的，胡克当时是罗伯特·波义耳的助手。波义耳是受到伽利略的工作启发的一位先驱科学家（他参与创建了英国

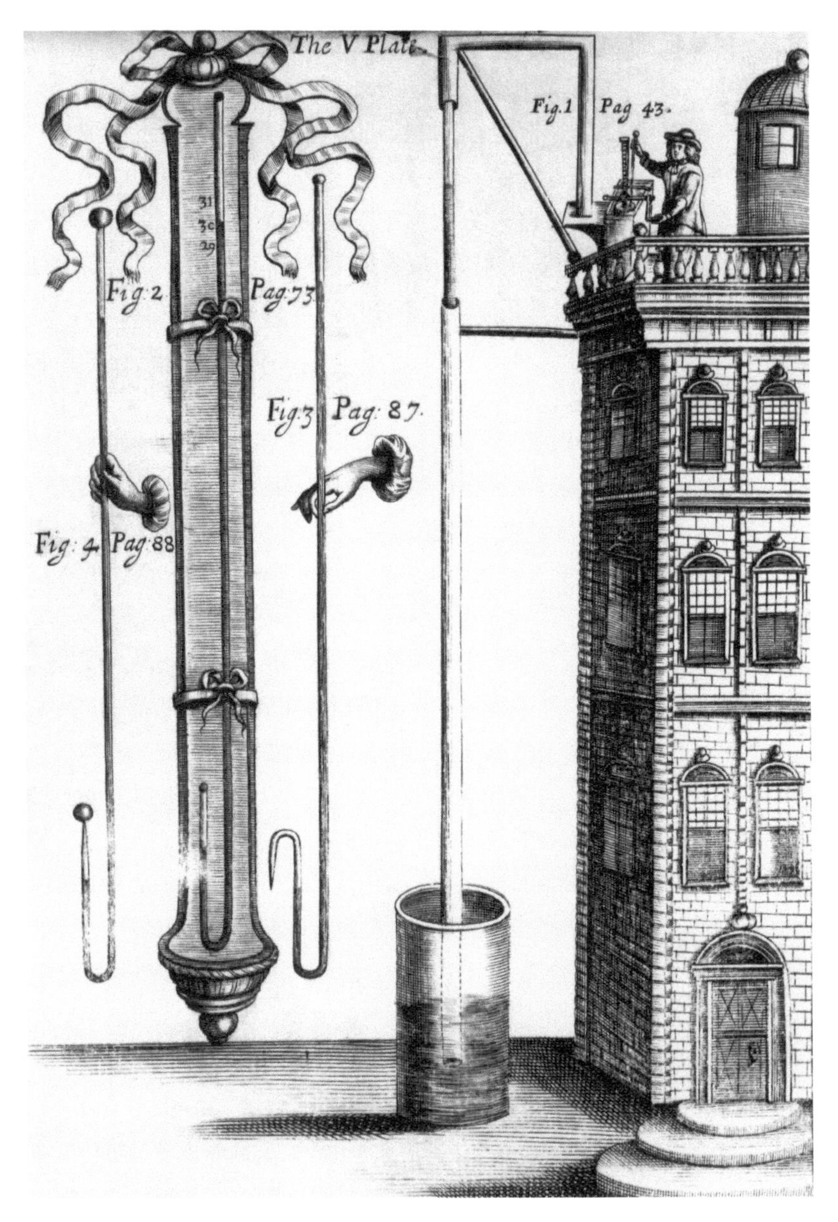

罗伯特·波义耳测量水可以被抽到的最大高度的实验配图。波义耳站在水桶上方10米处的屋顶上，用泵通过水管将水从水桶中吸上来。摘自罗伯特·波义耳的《关于空气弹性及其物理力学的新实验》（1660）。

皇家学会），他曾说过，为了研究这个世界，我们要付诸实验，即使实验得出的结果与推论似乎相矛盾。

胡克设计的真空泵是以一个一端封闭的圆柱状玻璃管为基础的，里面有一个可以从开口端进出玻璃管的活塞，活塞的一端切割成可以和一个齿轮接合的齿形。绕转手柄推动活塞向上，迫使空气从单向阀流出，再将活塞拉向底部，在管中就产生了一段真空的空间（在伦敦的自然科学博物馆有一个胡克真空泵的复制品）。当玻璃管通过另一个单向阀与真空泵连接，活塞可以重复上下运动，把越来越多的空气从玻璃管中抽出来。

大约同一时期，胡克也在改进他的真空泵。在17世纪50年代，另一个英国人，理查德·图奈里，在兰开夏郡的彭德尔山上用托里拆利气压计重复了弗罗林·帕瑞的实验。他猜测高海拔的地方之所以会有更低的气压是因为那里的空气更稀薄（密度更小），并把这一后来被称为托里拆利假说的猜想告诉了波义耳。波义耳对此很感兴趣，让胡克做实验来验证这一猜想。

这些实验中最简单的一个不需要使用真空泵。胡克使用了一个呈字母J形的玻璃管，上端开口，较短的一端封闭。他将水银倒入玻璃管中灌满底部U形弯曲的那一段（就像厨房水槽的U形弯曲），将J形玻璃管较短一端内残存的空气密封起来。管底部U形弯曲部分两侧的水银液面高度相同意味着管内残存空气的气压和外界的气压相同。但是当越来越多的水银被注入玻璃管，由于额外的重量和压力，密封的空气被压缩在更小的空间。波义耳不擅长计算，但是胡克很擅长，他精确测算了水银的增加量以及残存空气被压缩的体积。密封空气被压缩说明体积与压强成反比，换言之，如果压强加倍，则体积减半；如果压强变成原来的3倍，空气将会被压缩到原来体积的1/3，以此类推。

波义耳和胡克所做的其他实验确实用到了气泵，而且显示了一些现象，例如，当气压减小时，水会在更低的温度下沸腾（这解释了为什么在山顶烹不出好茶）。这是一个很棘手的实验，因为要把一个水银气压计放在一个密封的、内部有水、正在加热的玻璃容器内部，监测当空气被泵出容器时压强的变化。

波义耳的书《关于空气弹性及其物理力学的新实验》出版于1660年，在书中波义耳第一次向世人宣告了这些实验结果，但当时他没有明确指出体积和压强之间的反比关系。这一关系出现在1662年出版的第二版书中，被称为波义耳定律，不过这些实验和定律公式的推导都是胡克完成的。

以上这些实验对科学的发展有重要意义，因为这些实验支持了空气是由飞来飞去彼此碰撞的分子和原子组成的这一观点。在实践中这些实验也很重要，因为意识到空气有重量并且可以用活塞压缩产生真空空间，是人类发明蒸汽机的直接灵感（见46页）。

No.10 揭秘微观世界

罗伯特·胡克或许错失了让自己的名字出现在波义耳定律中的机会，但是作为最先使用显微镜的人之一，他很快在实验上取得了更大的成功。在17世纪下半叶，很多实验者使用透镜放大微小物体来研究微观世界，而胡克进行了最深入的工作，并在他的著作《显微术》中对他的发现做出了解释。这本书出版于1665年，使用英文创作，这在当时异乎寻常（那时的大部分学术图书都采用拉丁文创作），对于任何受过教育的人来说这本书都不难理解。塞缪尔·佩皮斯（英国日记作家）称它为“一生之中所读过的最具独创性的书”。

在当时有两种方式可实现显微镜所需要的放大率。一种由与胡克同时代的荷兰布商兼业余科学家安东尼·范·列文虎克提出，他所谓的“显微镜”其实是单个的小透镜，还没有一个针头大，安装在金属条上，将它

罗伯特·胡克（1635—1703）根据通过显微镜观察到的跳蚤所画的素描。

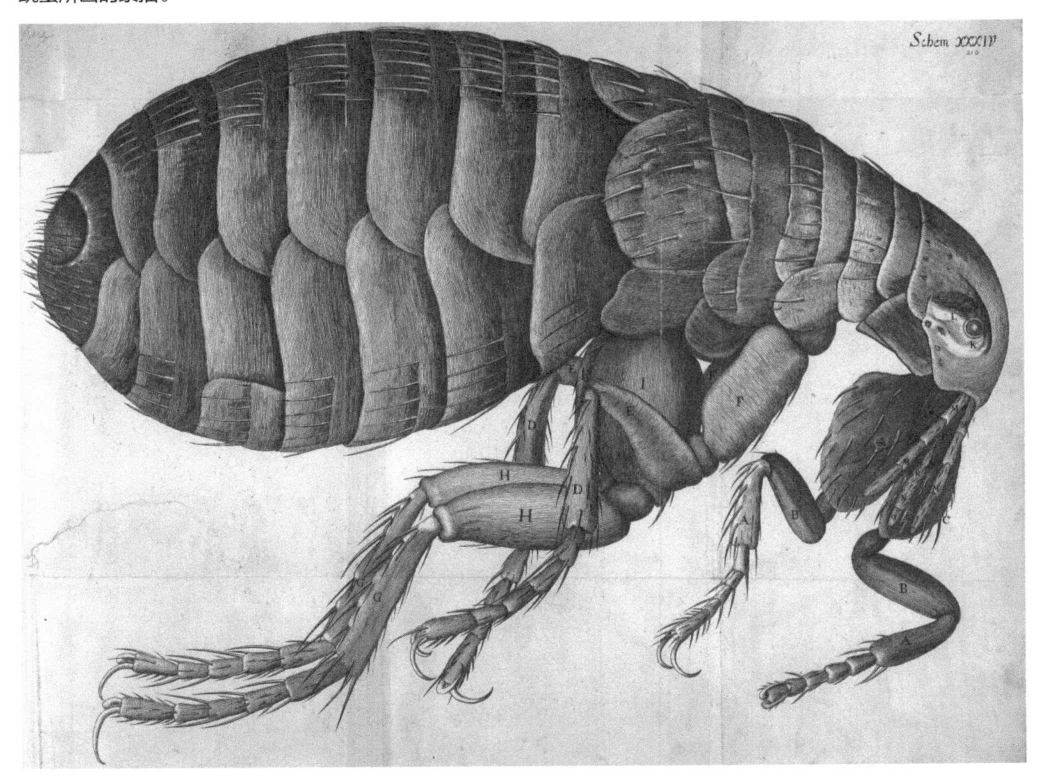

苍蝇头部的素描，摘自《显微术》。

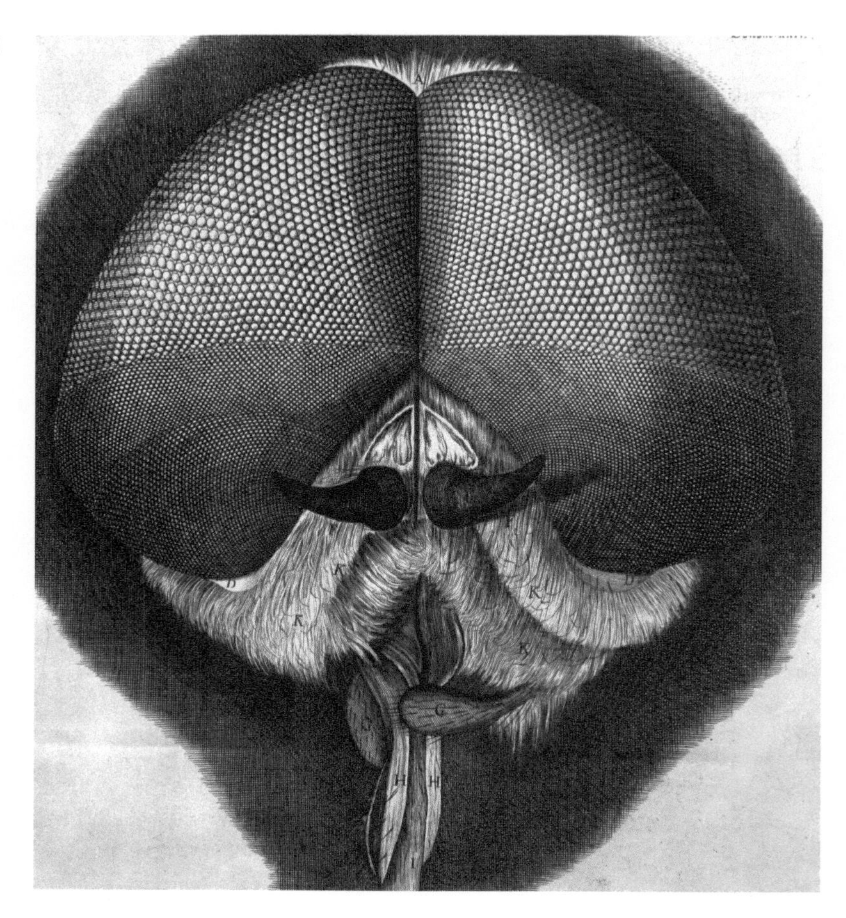

们放在非常靠近眼睛的地方就能起到很好的放大镜的作用——好到可以将图像放大 200 倍或者 300 倍。这些小透镜是很难使用的，然而范·列文虎克用它们做出了很多重要发现，包括观察到水滴中存在的微生物。当胡克需要看清他所研究物体的最微小细节时，他使用的就是这样的透镜，不过他还使用了不同的实验装置，那就是现代显微镜的雏形。这些显微镜是由安装在长度为 15~18 厘米的管子中的组合透镜构成的，与望远镜的制作方式相似。它们的操作更简便，但是没有单独的小透镜放大倍数高。

但是“操作更简便”并不意味着“简单”。任何使用过显微镜的人都知道，放在显微镜焦点上的被观察物体需要被明亮的光照亮，但是在 17 世纪 60 年代还没有电灯（甚至也没有煤气灯），而蜡烛的亮度又不够照亮被观察物体，不过胡克采取了一个巧妙的措施——用充满水的圆形容器充当球面透镜，将太阳光（或者是蜡烛光）会聚在被观察的物体上。这种方法对静物很有效。然而他也想研究活动的物体，比如说蚂蚁。它们总是能很快爬出显微镜的焦点，但是如果将它们杀死，它们的尸体就会皱缩起来，无法呈现真实的样貌。胡克尝试用蜡或胶水将它们固定，但它们仍然会扭动得很厉害，以至于无法观察。后来他突发奇想，为它们精确地分别注射了白兰地，使它们失去意识。据他称，蚂蚁很快就“喝得烂醉，动也不动”。

在当时显然人们无法对显微镜下的物体拍照，所以胡克的书中充满了他为所看到的物体绘制的精美详图。可见，身为一名17世纪的实验者，在搞科研的同时还必须是一名美术家。胡克向读者展现了那些看起来完美的针尖和剃刀的边缘是多么不规则，他也展示了晶体是多么规则。他认为这来源于构成晶体的粒子的规则排列——这是人类意识到原子的存在的最早迹象。

或许胡克最惊人的发现是化石是曾经活着的生物的遗体。在17世纪中叶，人们普遍认为那些看起来像生物的特别的石头，只是一些经过未知过程的扭曲变形，最终变得像生物一样的岩石。但是胡克根据眼前的显微镜研究的证据，认为化石不是简单的扭曲的岩石。化石的细节和留存下来的生物绘画的吻合足以说明这一点。他认为那些我们现在称为菊石的化石应该是“某种甲壳类动物的壳经过暴雨、洪水、地震以及类似的其他过程，被掩埋在某处，在那里被泥和黏土或者硬化水填充”而形成的。并且他意识到，这些遗体被发现的地方远离大海，这说明地球曾经发生过大规模变动。胡克特别提到“洪水”似乎是在讨好那些坚信《圣经》中描述的大洪水是实情的人们。胡克在伦敦的格雷沙姆学院做演讲时清楚地表明了自己的观点，在那次演讲中他说“曾经是海洋的地方现在变成了陆地”，以及“山峦成了平原，而平原变成了山峰，诸如此类”。胡克通过显微镜观察微小事物得出了这样深刻的推论。

No.11 彩虹的所有颜色

艾萨克·牛顿被普遍认为是有史以来最伟大的科学思想家，并且这一盛誉的重点通常在于称赞他作为一名理论家的才能——他提出了运动定律和万有引力定律。然而就如同和他同时代的人，牛顿也是一位“亲身实践”的科学家——一位经常用自己设计和搭建的实验装置做

艾萨克·牛顿的画像，以他自己绘制的展现白光色散为各色光谱的示意图为背景。这幅图也说明了第二块棱镜将入射光折射。在这幅图中入射光是红光，并没有发生色散。

实验的实践者。在17世纪60年代，这种方法带来了科学变革，很大程度上是因为成立于60年代早期（于1663年获得皇家特许证）的英国皇家学会的影响。学会的会训是Nullius in Verba，可以粗略地翻译为“不要把任何人说的话照单全收”。从一开始，学会的会员便不会简单地接受科学发现的传闻报告，而是要亲自进行实验和证明来验证这些声明（在早期，胡克就是那个做这些实验的人）。牛顿在1671年因为他的实践技能引起了学会的注意——他曾经自己设计和制作了一种新型的望远镜，对天文观测很有用，他使用曲面反射镜而非透镜来会聚光。这台望远镜最初是由艾萨克·巴罗向皇家学会展示的，他是剑桥大学的一名数学家，是最先赏识牛顿的才能的一批人之一。牛顿当时是剑桥大学的卢卡斯数学教授，但是为人低调，从不曾主动向他人透露自己的这些成果。

1672年1月11日，英国皇家学会非常荣幸地邀请牛顿成为学会的一员，并且询问他是否还进行了其他研究工作。他以一封长信（我们现在称为科学著作）的形式做出了回答。在这封信中，他解释了自己关于光的观点，以及他基于这些观点所做的实验。牛顿的主要观点是“纯粹”的白光实际上是彩虹中所有颜色光的混合。在当时的人看来，白光作为一种纯洁的实体，是一种和完美球体相媲美的存在，因而牛顿提出的白光是多种颜色光的混合这种观点，就像认为星球不是在它们完美的圆周轨道上运动一样荒谬可笑。

当然，众所周知，当阳光通过三棱镜或其他玻璃表面时会产生有颜色的彩虹图案。但是在牛顿之前，人们认为这是因为白光在通过玻璃时受到了玻璃中掺入的杂质的影响，这改变了白光的本质。牛顿的天才之处在于他设计了一个简单的实验，证明了这种观念是错误的。

实验的第一阶段在一间用厚重窗帘挡住阳光的暗室里进行。窗帘上有一个允许单束光通过的小孔，使光照射在三棱镜上。光束通过三棱镜后照射在房间另一端的白色墙壁上，色散形成有颜色的彩虹图案。牛顿定义了这个图案中的7种颜色——红、橙、黄、绿、蓝、靛和紫。

这一现象仍然可以解释为由于光通过玻璃引起了改变。但是在实验的第二阶段，牛顿将第二块三棱镜倒置后放置在第一块三棱镜和白色墙壁之间。第一块三棱镜使光分解后呈现7种颜色；第二块三棱镜并没有让这些颜色更加明亮（更加不纯），而是将这7种颜色重新复合成一个白色的光点。他将一道“彩虹”变回一束白光。对这一现象的解释是，白光实际上是彩虹中出现的所有颜色光的混合，光线在通过棱镜（或者自然中的情况是在雨滴内部）时会发生弯折。一些颜色的光弯折的程度比另一些颜色的光弯折的程度大，因此它们被展开还是被压缩到一起取决于棱镜的取向。将展开的光弯折回单束光和将单束光弯折成不同颜色的光一样容易。这是人类向理解光谱学（见115页）迈出的第一步，使人们能够通过发展由牛顿设计的反射式望远镜确定恒星的组成。

这只是牛顿对光的本质的一项深刻洞察，而类似这样的深刻理解最终被收录在一本伟大的著作《光学》中。这本书出版于1704年，即牛顿担任英国皇家学会会长的第二年。在这本书中，他表达了自己对科学方法的理解：“分析主要在于做实验和观察，通过归纳法得到普遍结论；除了从实验中获得的结论或者其他确定的事实以外，不允许与这些实验得到的结论相悖的观点存在。”

牛顿反射式望远镜的复制品。

No.12 光速有限

牛顿关于实验与观察的评论是很重要的。有时候大自然会帮我们做实验，科学家只需要观察发生了什么并且想出为什么会这样发生，但往往只有非常聪明的人才能做到。奥利·罗默发现了光速有限就是一个很好的例子。

在 17 世纪，人们对用木星卫星的“食”（由伽利略发现）作为确定经度的“时钟”非常感兴趣。这些“食”每隔一段时间就会发生，因为这些卫星围绕木星运动的方式与地球围绕太阳运动的方式相同。在地球上的不同地点可以观察到某一特定卫星消失在木星后方的时刻，而这一时刻可以与根据正午（太阳到达天空最高点）所确定的当地时间相比较。二者的差别可以让观察者知道自己所在的位置与某一指定点相比偏东或者偏西的程度。这种方法由意大利人乔瓦尼·卡西尼最先发明，他在 1671 年到巴黎天文台工作。他派法国人珍·皮卡德到丹麦，让他通过对木星卫星的观察确定第谷·布拉赫旧天文台（指位于汶岛的天堡观象台）所在位置的准确经度，这样就可以将第谷的观测记录与在巴黎进行的观测建立起联系。皮卡德的年轻助手，丹麦人奥利·罗默（他曾做过一段时间的法国王储多芬的家庭教师）后来去了巴黎和卡西尼一起工作。

在接下来的几年中，罗默继续观察木星卫星的“食”，并且注意到它们并不总在预计应该发生的时候发生。他对木卫一做了一个特别的研究，并且发现当地球朝向木星运动时（这发生在地球与木星在太阳的同一侧时）两次“食”的时间间隔会变短，而当地球远离木星时这个间隔会变长。卡西尼有一段时间曾认为这也许是因为光是以有限的速度传播的。当地球朝向木星运动时，接连两次“食”发生的时间间隔变短是因为在这段时间内地球离木星更近了，所以第二次“食”发出的光不需要走那么远的距离，可以更快地抵达地球。同理，当地球远离木星运动时，第二次“食”发出的光要走更远的距离，因为地球在沿着它的轨道行进，所以需要用更长时间才能到达我们这里。

令人好奇的是，卡西尼最终抛弃了这种观点，但是罗默拾起了它，并且为进一步发展它而进行了细致的观测和计算。1676 年 8 月，在当时还依然倾向于这种观点的卡西尼告诉法国科学院，用于计算经度的木

丹麦天文学家奥利·罗默（1644—1710）和他的谋生工具。

卫一“食”的官方数据表需要做一个修正，因为光从卫星到达地球需要时间——光似乎需要10或11秒才能“穿越一段等于地球轨道半径的距离”。卡西尼同时预测，木卫一从1676年11月16日发生的“食”开始恢复的时间应该比按之前的方法计算得到的时间推迟10分钟。事实上，发生在11月9日的木卫一“食”开始恢复的时间被观察到与新的计算方法得出的结果一致，这促使罗默向科学院进行了更细致的展示。

不幸的是，罗默大部分的论文都在1728年的一场大火中被毁了，而我们所掌握的对那一次展示的唯一描述是一个被篡改了的全新版本，这个版本被翻译成英语，并于1677年刊登在英国皇家学会的《哲学会刊》

上。后来一份幸存的文件清楚地说明了罗默的计算和他声明的激动人心的结果。罗默用他能获得的对地球轨道最好的估计，计算出光速必须是（以现代单位计量）225 000 千米 / 秒。如果我们使用罗默的观测结果再加上地球轨道直径的现代值进行相同的计算，将得到 298 000 千米 / 秒的速度。这与光速的现代最佳测量值——299 792 千米 / 秒非常相近。

尽管在当时并不是每个人都信服这一发现，但它还是成就了罗默的声誉。他访问了英国，在那里受到了热烈欢迎，人们热切地讨论他的观察并给予他像艾萨克 · 牛顿、埃德蒙 · 哈雷和皇家天文学家约翰 · 弗兰斯蒂德一样的盛赞。对罗默，人们是心悦诚服的。牛顿在他的书《光学》中提到光从太阳到地球需要 7 或 8 秒的时间。罗默在 1681 年回到丹麦，成为皇家天文学家以及哥本哈根皇家天文台的主管，第谷精神的传承人。

No.13 海上维生素

在日常生活中有一类实验非常重要，尽管人们通常不称它为“实验”，或许是为了避免使参与其中的人担心，这就是“医学实验”——一种受控实验。最好的医学实验的例子同时也是最简单的例子，要追溯到 18 世纪 40 年代，皇家海军的外科医生詹姆斯 · 林德通过实验找到了坏血病（维生素 C 缺乏症）的治疗方法。这也体现了仔细的实验和观察的价值，即使要花费很长时间来向人们解释实验的观察结果。

坏血病这种病一开始会让人觉得不太舒服和嗜睡，随后皮肤浮现斑点，牙龈软化和出血，牙齿脱落，皮肤有开放性创伤，最终死去。我们现在知道这是由缺乏维生素 C 引起的，但是在 18 世纪，没有人了解维生素，人们只知道坏血病在实行肉干和谷物限制的水手和士兵中广泛存在。这个问题注定会在 1740 年至 1744 年间由乔治 · 安森爵士率领船队进行环球航行时引起人们的关注。由于最初缺乏 2 000 个人的补给，在航行中一半以上的水手都死于坏血病，英国作为一个发展中的海上强国，寻找预防坏血病的方法迫在眉睫。

坏血病病人的口腔，有着肿胀和出血的牙龈。

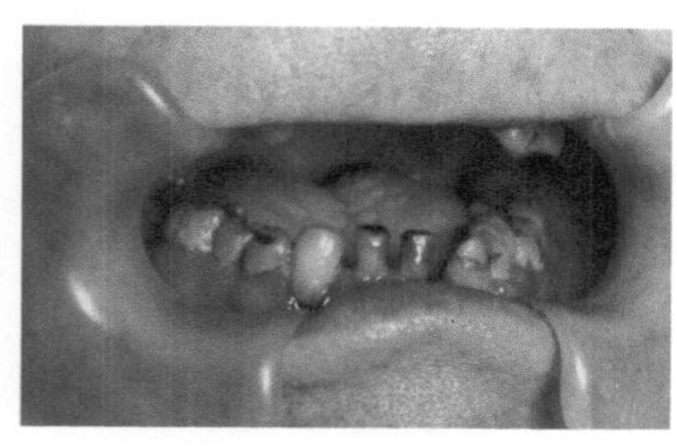

林德不是第一位提出柑橘类水果可以用来治疗坏血病的医生，但他第一个进行科学实验验证了这一说

法。不过，他对坏血病病因的想法是完全错误的——他认为该病是由身体内的一种腐败物引起的，他希望用酸来对付这种腐败物。在1747年的一次航行中，他将不同种类的酸作为不同组被坏血病折磨的水手们的膳食补充，来验证这种想法。所有的水手食用相同的食物，但是第一组水手每天饮用大约1升的苹果汁，第二组的饮食中则加入了25滴芳香族硫酸药剂，第三组每人喝6勺醋，第四组的水手要喝大约0.5升的海水，第五组的每名水手每天吃两个橘子和一颗柠檬，最后一组饮用大麦茶和食用辣酱。饮用海水的第四组是“控制组”，因为他们没有被给予任何药物，所以使用“控制实验”这一术语来描述。到实验结束为止（因为船上的水果吃完了），每天吃橘子和柠檬的水手病情显著地好转，而在其他组中只有饮用苹果汁的那一组显示出轻微的好转。

詹姆斯·林德（1716—1794）。

英国皇家海军记录了这一发现，一些船长开始为船队配备橘子做成的糖浆以及含有高效抗坏血病剂（来源于“坏血病”一词的拉丁语）的德国酸菜。在这次航海之后不久林德就退役了。他写了一本书——《论坏血病》，出版于1753年，但是这本书在很大程度上被人们忽视了。而詹姆斯·库克在他开始于1768年的第一次环球航行中进行了第二个“实验”。他的船装载了3吨德国酸菜，这种酸菜的味道令人作呕，但是库克采取了一种“用在水手身上从来没有失败过的方法”说服他们食用德国酸菜。他开始时只向大副们提供德国酸菜，他们吃起来好像很高兴的样子。水手们很快开始请求在他们的配给中也加入这种酸菜，结果几乎没有任何人得坏血病。

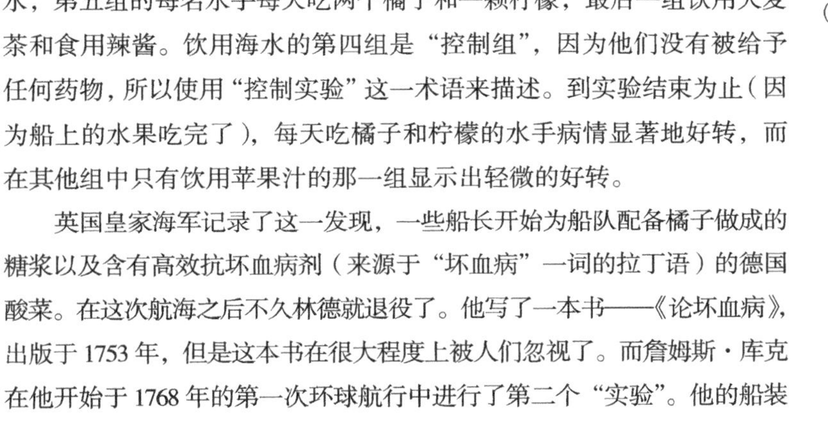

尽管岸上的医生仍然对这些证据视而不见，经验却让海军认识到什么是有用的，即使他们不知道这一方法为什么有用。1794年，柠檬汁被提供给驶向印度的萨福克号上的水手们，在为期23周的航行中没有一个人死于坏血病。一年之后，柠檬汁开始被配备给每个船队。这种果汁非常美味，因为水手们将它和“格罗格酒”（也就是用水稀释的朗姆酒）兑在一起饮用。后来酸橙汁取代了柠檬汁，因为酸橙汁更加有效，并且到19世纪中叶时，美国水手开始将他们的英国皇家海军同行称为“喝酸橙汁的人”——后来简化为“英国佬”，并且用于指任何来自英国的人。

直到20世纪30年代早期，这些奏效食物中的有效成分才被发现，并被命名为抗坏血酸，或维生素C。大多数动物可以自己合成维生素C，但是猴子、类人猿（包括人类）、豚鼠和蝙蝠是少数不能自己合成而需要从膳食中摄取维生素C的动物。

No.14 避雷

在18世纪中期，人们还没有获知产生电流的方法（见59页），但是科学家们对摩擦产生的“静”电非常熟悉，比如用丝绸摩擦玻璃棒。这种电与在干燥天气脱下合成纤维所织的毛衣时发出细碎爆裂声的电是相同的，将通过这种方式带电的物体靠近其他物体时会产生火花。这些火花很像微型的闪电球，这使人们猜测闪电可能是一种电的形式。接受证实这一猜想挑战的人是美国学者本杰明·富兰克林。1746年，富兰克林从一名对科学感兴趣的商人兼英国皇家学会会员彼得·科林森处得到了一根玻璃棒，他用这根玻璃棒做了一系列实验。

这些实验使富兰克林确信乌云一定是带电的，如同用丝绸摩擦过的玻璃棒，当这种静电释放到大地时就会产生闪电，就像带电的玻璃棒靠近其他物体时飞溅的火花。但是怎样才能验证这种想法呢？富兰克林在写给科林森的信中介绍了他的实验，并且认为可以在雷雨天气时将一根长长的金属棒或者长钉竖立在地面来释放云朵中的电。这一想法并非引导闪电击中金属棒，而是将电量缓慢地转移和捕获到一种特别的玻璃瓶中，这种瓶子被称为莱顿瓶。除了科林森以外，英国皇家学会中无一人对富兰克林的想法有兴趣。然而科林森却在18世纪50年代早期将这一想法发表，从而让欧洲大陆的科学家们知晓了此事。

这些科学家之一的托马斯－弗兰克斯·狄阿里巴决定将富兰克林的想法付诸实践。在1752年，他在法国南部的马尔利花园竖起了一根12米高的金属杆，通过它在雷暴中释放电。然而这根杆子并没有被闪电击中，否则很可能会杀死狄阿里巴。在这一消息传到美国之前，富兰克林就在1752年6月于费城在雷暴天气中放风筝进行了自己的实验。

彼得·科林森（1694—1768）。

和狄阿里巴一样，富兰克林知道被闪电击中是很危险的，所以他只是简单地想把云中的一部分电量通过淋湿的风筝线释放到连在线上的钥匙上。为了促进电的转移，一根尖细的线被系在风筝上，而作为安全措施，他用系在风筝上的绝缘丝带举起风筝。果然，

1752 年 5 月 10 日，法国科学家托马斯－弗兰克斯・狄阿里巴（1709—1799）在法国的马尔利花园进行闪电实验。

电被引到钥匙上，并且当一个物体靠近这枚钥匙时，火花会在物体与钥匙的间隙飞溅。富兰克林甚至不顾疼痛任凭火花在他的指关节飞溅。

在完成实验后不久，富兰克林听说狄阿里巴在法国进行了类似的实验。1752 年 10 月，他写信给科林森，对于别人重复他的实验进行了说明："当雨淋湿了风筝线使它可以自由地传导电火花时，你会发现大量的电流向你的指关节，用这枚钥匙可以使小玻璃瓶或莱顿瓶带电。从这样获得的电火花中你可以获得启迪，其他可以进行的电学实验通常都要借助橡胶玻璃棒或管，因此电气问题与闪电的相似性就可以被完全诠释了。”[6]

其他实验者就没有那么小心，或者更确切地说，没有像富兰克林一样那么幸运了。有几个人在试图重复富兰克林的实验时被闪电击毙。在富兰克林的实验中，电是缓慢地从云中引下来的，于是他错误地认为闪电本身不会通过风筝引发电击。他怀着相同的充满敬畏的想法发明了避雷针。避雷针的形式是一根安装在建筑物最高点并通过线与地面相连的金属杆。他认为这样的一根杆可以将电缓慢地引下来，能防止人们被电击。实际上，这样的避雷针可以促进电击，但是它作为闪电通向地面的直接通路保护了建筑物，闪电电击的是金属杆而非建筑物。但是不论如何，它的确很有用，而且所有这些都证明了闪电实际上和静电是相同的现象，只是规模更大而已。

No.15 冰的热量

冰有一种有趣的性质，它深深地吸引着18世纪研究热的本质的科学家们。这些研究不仅有趣，还可以应用于实际——那时蒸汽动力正开始被人们驾驭并带来了工业革命。冰的这种古怪的性质在于，当温度处于冰点（0摄氏度）的冰被加热时，它的温度在全部融化之前保持不变。只有当冰全部融化之后，水的温度才随着热量的增加而增加。诸如此类的现象也发生在加热其他物质的过程中，比如金属的熔化，不过研究冰要容易得多。

其他人曾经认为一块处于冰点的冰只要被微小的热量加热就可以全部融化。在18世纪60年代，通过一系列谨慎的实验研究实际上发生了什么的人，是格拉斯哥大学的教授约瑟夫·布莱克。无论布莱克何时做实验，他总是尽可能精确地测量一切可以被测量的量。他因为研究化学反应过程中气体的产生或吸收而闻名。在他的一个实验中，被小心称重的石灰石经加热产生了生石灰，他称取了生石灰的质量。生石灰的质量减轻了，因为石灰石被加热后产生的二氧化碳气体释放了出来。一定量的水被加入到这些生石灰中产生熟石灰，然后他又称量了熟石灰的质量。接下来，加入定量的弱碱将熟石灰转化回石灰石，称得质量与初始时相同。在这一过程中，由质量差可得知每一阶段有多少气体被放出或

约瑟夫·布莱克（1728—1799）。

18世纪60年代，约瑟夫·布莱克为格拉斯哥大学的学生们做物质相变过程中产生潜热现象的现场演示。

者吸收。这是定量的科学，与定性的科学不同，后者关注物质的特性（物质的质）的改变，但是并不会测量它们改变了多少（物质的量）。

布莱克将这种定量研究——现代实验科学的基石——带入他对热的研究中。他发现将一定量的0摄氏度的冰融化成相同温度的水所需要的热量足够将0摄氏度的水一直加热到60摄氏度。他也研究了水转化为蒸汽的方式，他发现当加热处于沸点（100摄氏度）的水和水蒸气的混合物时，直到所有的水都转化成水蒸气温度才会上升。但是如果是一定量的水——比方说450克——在0摄氏度时被加入到相同质量的100摄氏度的水中，得到的液体的温度是50摄氏度，在沸点和冰点的中点。这使他想到了“比热容”的概念，比热容指的是使一定量物质的温度升高1度所需要的热量（以现代单位制表述，比热容是指使1克物质的温度升高1摄氏度所需要的热量）。布莱克创造了“比热容”这一词，并且将正在熔化的物质吸收的热量称为“潜热”。当一种液体，比如水，结冰时，与潜热的量相等的热量被释放出来；与此类似，当蒸汽凝结成液体时也会释放潜热。用布莱克自己的话来说：“因此我精密地设置了实验，实验结果符合我对液体沸腾这一现象的猜测……我猜测，在沸腾的过程中，热量被水吸收，并进入生成的水和水蒸气的混合物中；在冰融化的过程中，热量以相同的方式被吸收，进入生成的冰水混合物中。并且在后一种情况下，热量的表面效应并不是使周围的物体变热，而是使冰流动。所以在沸腾的情况下，水吸收的热量并不会温暖周围的物体，而是使水转化为水蒸气。对于这两种被认为是变热的原因的情况（指沸腾和融化过程），我们并不能察觉到［物体］变热：它是隐匿的，或者潜伏的，所以我将它命名为潜热。”[7]

这些发现被一位叫作詹姆斯·瓦特的格拉斯哥大学的仪器修理工记录下来，他为布莱克搭建了实验装置，随后改良了蒸汽机。

No.16 蒸汽机的发展

实验与发明之间没有明确的界限。发明家需要做实验去找到什么是有效的，实验者也必须是发明家，就像用于科学研究的真空泵的发展的例子所证明的（见 30 页）。虽然本书更多地关注实验这一部分，但是有一个实验与发明协同作用的美妙例子在实验领域有重要意义，不能被忽视，这就是对热与温度之间关系的研究，它影响了蒸汽机的发展方向，也为工业革命的发展提供了动力。

1763 年，詹姆斯·瓦特是格拉斯哥大学的一名仪器修理工，在那里他熟悉了布莱克的工作，但是最初他并不熟悉布莱克关于潜热和比热容的所有发现。瓦特被要求修理托马斯·纽克曼发明的一种蒸汽机的比例模型，这种蒸汽机通常被称为“大气”热机，因为在它的运行过程中，大气压和蒸汽同等重要。这样的热机有一个金属制成的立式汽缸，汽缸顶部（对大气开放）有一个通过梁与平衡物连接的金属活塞。当活塞下的空间充满空气时，压力增大，活塞上升。然后冷水喷射进汽缸，使蒸汽冷凝压力减小，大气压把活塞推下来。通过不断重复这一过程，产生的梁的摇摆运动可以驱动泵将煤中的水吸出来。

通过用纽克曼热机的比例模型做实验，加上对布莱克发现的理解，瓦特意识到这种热机并不是非常有效。在热机的每个冲程，整个汽缸和活塞的组合必须要被加热到水的沸点以上，以便汽缸内充满蒸汽。然后，即使在蒸汽冷凝时本身（就像他后来所领会到的）释放潜热的情况下，

詹姆斯·瓦特改良版的托马斯·纽克曼蒸汽机（计算机绘图）。

汽缸还需要充分冷却才能让蒸汽冷凝。随着热机每个冲程的工作，加热汽缸和活塞所需要的热量被浪费了。

瓦特意识到有两个汽缸的热机效率更高，其中一个汽缸始终保持高温并且含有一个可以移动的活塞，而另一个汽缸没有活塞，始终保持低温。（他在日记中记载，1765 年 5 月一个星期天的下午，当他步行穿越格拉斯哥绿园时产生了这一想法。）在他早期的模型中，没有活塞的低温汽缸被简单地浸没在一缸水中。高低温汽缸彼此相连，但是起初仍然使用外界的空气来推动活塞向下运动。瓦特的早期模型像以前的热机一样使用蒸汽将活塞向上推，但是当活塞到达一个冲程的顶端时，一个阀自动打开，使蒸汽流入低温汽缸，在低温汽缸中蒸汽冷凝，压力减小，使活塞下降。在冲程的底部，另一个自动阀打开，让新鲜蒸汽进入汽缸。很快，这一设置被改进为带有活塞且隔绝外界空气的密封汽缸，向上和向下都使用热蒸汽，但是关键一步还是“分离式冷凝”。瓦特设计的蒸汽机在 1769 年获得专利。

因为布莱克并没有发表他的所有发现，瓦特在格拉斯哥大学的地位又相当低微，最初瓦特并不了解布莱克关于潜热的工作，他独自做出了相同的发现。特别的是，他在一系列实验中发现当 1 份沸水被加入到 30 份冷水中时，冷水温度的升高几乎不可测。然而当处于沸点的蒸汽通过等量的冷水时，冷水的温度会上升到沸点。瓦特的这一发现引发了他和布莱克的讨论，而布莱克对热的理解帮助瓦特改进了他的蒸汽机的设计。布莱克甚至资助瓦特将他的设想发展成实用的机器。但是瓦特改良的驱动了工业革命的蒸汽机是 18 世纪 70 年代与制造商马修 · 博尔顿合作的结果。

后来，瓦特继续将科学应用到许多有实用价值的其他方面，包括开发了一套漂白织物的流程，以及早期复制手写书信的方法——影印机的前身。在所有工作中他为世人提供了一个作为实验者和发明家的原型，模糊了“纯粹的”科学与“实用的”科学之间的界限。依据汉弗莱 · 戴

英国伯明翰附近的苏霍区，博尔顿与瓦特的苏霍制造厂中在建的蒸汽机。

维对他的描述："那些认为詹姆斯·瓦特仅仅是一位伟大的实用技工的人对他的能力的理解是错误的，他作为自然哲学家和化学家同样出名，而他的发明显示了他对自然科学的深刻理解、他所具有的天才的独特品质，以及上述两点对实际应用的联合作用。"[8]

No.17 呼吸的植物和纯净的空气

18世纪70年代初，约瑟夫·普里斯特利，一位不墨守成规的牧师、哲学家和科学家，做了一些实验，显示了植物对于使空气变得适合呼吸的重要性。1771年，当他还是利兹的一名牧师时，他将一盆薄荷和一支燃烧的蜡烛放进一个密封的玻璃容器中。蜡烛很快就熄灭了，但是薄荷仍然生长茂盛。27天之后，在没有打开密封容器的情况下，他用曲面镜聚焦太阳光隔着玻璃将蜡烛重新点燃了。这一现象使他发现薄荷通过某种方式还原了密封容器内的空气。第二年，他用老鼠做了类似的实验。首先，他把一只老鼠关在一个相似的内部没有植物的密封玻璃管里，并且记录下老鼠能存活的时间。然后，他在密封容器中放入植物和一只老鼠重复该实验，这一次，老鼠活了下来。普里斯特利意识到，这意味着活的植物可以向空气中释放动物们赖以生存以及蜡烛燃烧必不可少的某种物质。然而此时他并不知道这种物质是什么。

1774年，普里斯特利离开了利兹，因为谢尔本勋爵资助他，并为他提供了自己在卡恩的威尔特郡的一处房产作为实验基地。普里斯特利在那里继续自己的实验，他研究了当时被称为汞的红色矿灰（现在被称为氧化汞）被聚焦在其表面的太阳光线加热时释放出来的气体。他将释放出来的气体收集起来，留下余下的汞，然后用这些气体进行了一长串实验。他发现将一支燃烧的蜡烛伸进这种气体中时，蜡烛会剧烈燃烧并产生更为明亮的火焰，如果把一支灼热的、将要熄灭的蜡烛放入他所称的"纯净空气"中，蜡烛会重新燃烧。

1775年，他做了另一个实验。他将一只发育完全的老鼠放入一个充满普通空气的密封容器中，发现老鼠只能存活15分钟。但是当他把一只相似的老鼠放在充满"纯净空气"的相同容器中时，它可以存活半

英国化学家约瑟夫·普里斯特利（1733—1804）的实验室（版画）。

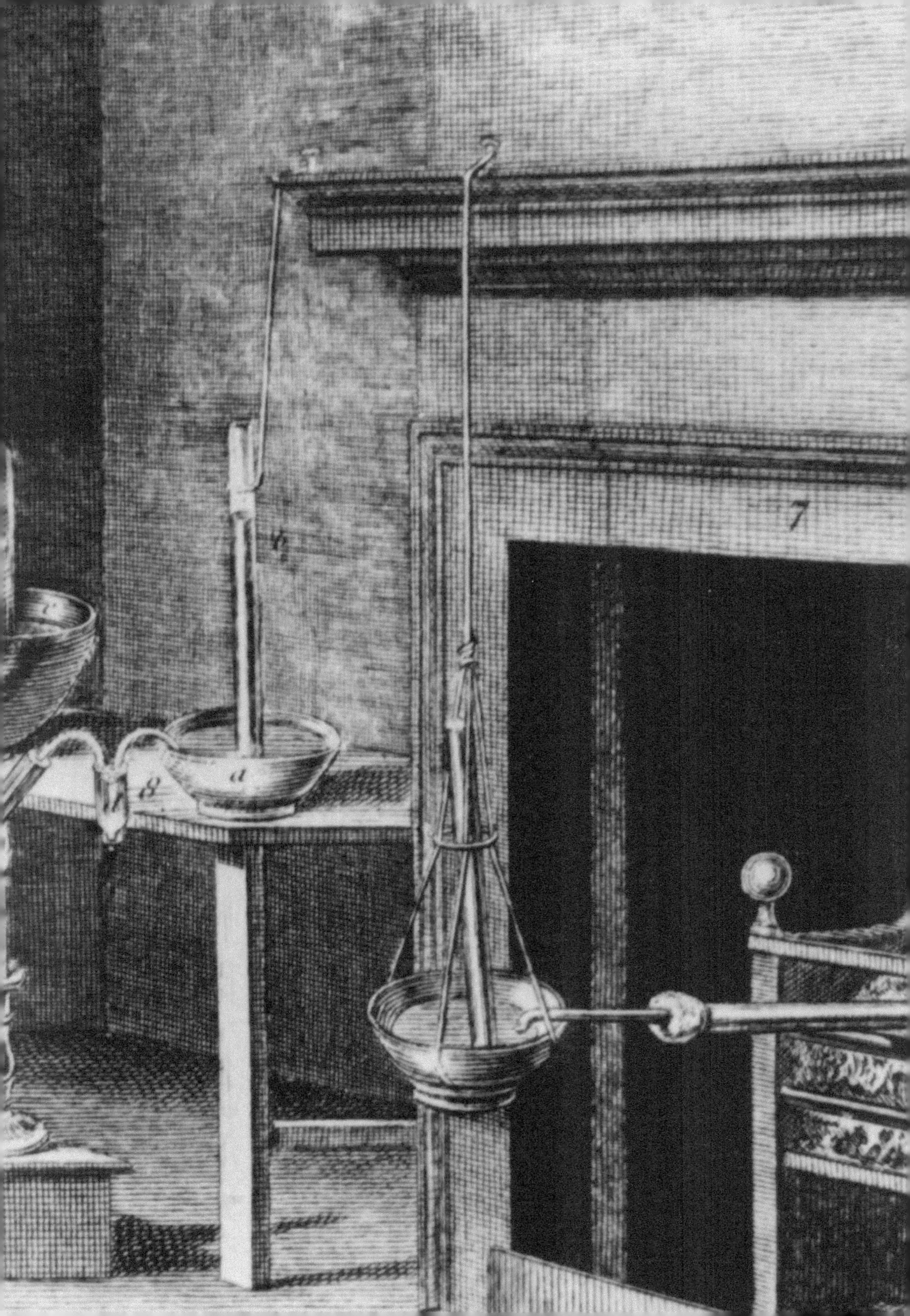
7
6
8
a

小时，随后他把这只似乎死去了的老鼠从容器中取出来放在火边取暖，结果它又活了过来。这些实验的消息通过英国皇家学会迅速传播。普里斯特利发现了氧气——不过后来人们才将它命名为氧气。瑞典化学家卡尔·谢勒几乎同时做出了这个发现，但是他的结果直到 1777 年才发表。

1779 年，荷兰医生和化学家贾恩·英根豪斯在游历欧洲之后在英国定居。那时普里斯特利已经离开了，于是英根豪斯接管了普里斯特利位于卡恩的实验室，仍然由谢尔本勋爵赞助。英根豪斯对空气被植物“还原”的过程很感兴趣，他独自进行了与 18 世纪 70 年代初普里斯特利进行的实验相似的实验。在卡恩，他将这一工作更进一步，把植物放在盛装在透明容器中的水下。他观察到当植物被阳光照射时，在绿叶的背面生成了小气泡，而没有阳光时则没有气泡产生。

收集植物产生的气体并用它做实验是一件简单的事。英根豪斯发现将炽热的、即将熄灭的蜡烛伸进这种气体中会使它重新点燃，这一实验以及其他的实验说明这种气体一定就是普里斯特利所说的“纯净空气”——我们现在称之为氧气。由于这些实验成果，英根豪斯被誉为光

加拿大水池草（伊乐藻属美洲沉水植物）的光合作用。植物周围的气泡中含有氧气——光合作用的一种副产品。光合作用是大多数植物将太阳能转化为化学能的过程。

合作用的发现者。通过光合作用，植物利用太阳光的能量和空气中的二氧化碳合成自身组织并释放出副产品氧气。动物从空气中吸收氧气，为它们的细胞提供动力，释放出代谢废物二氧化碳。因此植物与动物存在相互依赖的关系。尽管这些细节直到后来才被人们发现，不过在1779年，英根豪斯对此已经有了总体认知。

英根豪斯在他的《基于植物的实验——探索它们在阳光下净化、在阴影处和夜晚污染普通空气的强大力量》中总结了他的发现。他沉醉于植物和动物之间相互依赖的关系，在这本书的结尾他写道："如果这些发现被证明是理由充分的，它们将会阐释地球的不同组成部分的安排，使这些部分之间的和谐显而易见。"这非常接近盖亚假说——地球是一个独立的生物体，不过比盖亚假说早提出近两个世纪。

No.18 揭秘太阳系

18世纪80年代，太阳系中"新"行星的发现引起了科学界的轰动。这改变了人们自古以来对天堂的观念，天文学家们开始了对他们的想象的探索——先是太阳系，然后是整个宇宙。

古人曾经观察过天空中得名于罗马诸神的5颗行星——水星（墨丘利）、金星（维纳斯）、火星（玛尔斯）、木星（朱庇特）和土星（萨图恩）。在18世纪80年代以前，人们认为这些行星环绕太阳运动，其中水星离太阳最近，土星离太阳最远，地球也被认为是一颗行星，在金星与火星之间的轨道上绕太阳运动。当然，1781年发现的、现在被称为天王星的行星并不是真的新行星。它就像其他行星一样一直存在，轨道离太阳的距离比土星还要远，甚至曾有几次被观察到过，但是被误以为是一颗恒星或者彗星。公元前2世纪希帕克斯在他的星表中收录的恒星中的其中一颗很可能就是天王星，尽管这颗行星很难用裸眼辨认出来。望远镜使它观察起来更加容易，并且现在可以确定，这颗行星在1690年被约翰·弗兰斯蒂德标定为恒星。法国天文学家皮埃尔·勒莫尼耶在1750年至1769年之间几次观察到天王星，然而并没有意识到它的本质。

即使有了望远镜的帮助，人们仍然错失了发现天王星机会的原因在于，天王星距离地球如此之远，以至于从地球上观察到的天王星在天空中的移动速度非常缓慢。其他行星不仅更加明亮易于观察，而且在背景恒星的映衬下有较为显著的移动现象，而行星（planet）得名于“漫游者”的希腊文。但是这也强调了将“实验”方法应用于观察与应用于实验是同样重要的。偶然随意地观察一下夜空并猜测看到了些什么是没有用的，应该在一段很长的时间内做系统观察，谨慎地做记录，并比较不同时间的观察结果以发现正在发生的事。

这正是 18 世纪 80 年代早期威廉·赫歇尔在他的妹妹卡罗琳的协助下所做的工作。赫歇尔是居住在巴斯的一名成功的音乐家，他对天文学有着强烈的爱好，并且建造了自己的望远镜，从他与卡罗琳住所的花园

威廉·赫歇尔（1738—1822）在 1781 年用这台望远镜发现了天王星。

To Geo 3 King of great Britain &c
is humbly dedicated, this plate repre
sing the Situation of the Georgium
Sidus in which, it was discovered
at Bath March 13. 1781 by his
Majesties most Loyal Subject
& devoted Servant
Wm Herschel

威廉·赫歇尔的信，致力于用英国国王乔治三世的名字来为天王星命名。

观察天空。1781 年 3 月 13 日，当他在对双星进行系统的研究时，他在望远镜中发现了一个看起来像一个小圆盘的天体，而非一个像恒星一样的小光点（即使用最好的望远镜观察，恒星也不会看起来像一个小圆盘，因为它们距离地球比行星要远得多）。3 月 17 日，他再一次发现了这一天体，并发现它已经逆着背景恒星的方向移动了一段距离。一个理所当然的假设是他发现的是一颗彗星，他也是这样向英国皇家学会上报的。但是当赫歇尔将他的发现的细节向皇家天文学家内维尔·马斯基林报告时，马斯基林回复道：“我不知道该怎么称呼它，它既像一颗以近似圆形轨道绕太阳运动的普通行星，又像一颗沿着偏心率极大的椭圆轨道运动的彗星，不过我从未见过它有任何彗差或彗尾。”

这是至关重要的一点。行星围绕太阳以近似圆周运动，与太阳或多或少保持着相同的距离。而彗星来自太阳系的外部，摇摆着路过太阳，又调头回到太空深处。其他观测证实了马斯基林的推测。尤其是俄国天文学家安德斯·约翰·莱克塞尔依据当时的观察计算了这一天体的轨道，表明轨道的确近似圆形。1783 年，赫歇尔写信给英国皇家学会：“通过欧洲最杰出的天文学家的观察，我有幸在 1781 年指出的似乎是一颗新星，这是太阳系的一颗主星。”那时他已经被乔治三世任命为“国王的私人天文学家”（为了不与皇家天文学家混淆），每年有一笔 200 英镑的收入，这笔收入使他成了一名全职的天文学家。

为了感谢他的赞助者，赫歇尔将这颗行星命名为“乔治之星”。但是这个名字并没有在英国以外传播开来，天文学界最终选定了“天王星”

这个名字——Uranus（乌拉诺斯）的重音在它的第一个音节。在古希腊神话中，乌拉诺斯是克洛诺斯的父亲以及宙斯的祖父，克洛诺斯和宙斯在罗马万神殿中分别代表了土星和木星，刚好与太阳系中这3颗行星的排位相符。

No.19 生命有温度，但不存在生命的魔法

尽管像普里斯特利和英根豪斯所做的一些早期实验已经证明了空气中的某种成分对维持生命十分重要，但是在18世纪80年代初，人们对其中的细节还不是很清楚。法国化学家安托万·拉瓦锡作为法国科学院的一员，和他的许多同事一样，推测空气维持生命的过程应该类似于燃烧的缓慢形式，实际上是通过燃烧，将空气中维持生命的成分转化为“固定空气”（二氧化碳）。但是和同事不同的是，拉瓦锡和他的合作者、院士皮埃尔·拉普拉斯一起依据定量原则进行了一个适当的科学实验来验证这一假设。

他们的实验是将一只豚鼠放在一个容器内，又将这个容器放入另一

安托万·拉瓦锡（1743—1794）与他的妻子和助手在他的实验室中。他的妻子（玛丽－安妮·皮埃尔莱特·玻尔兹，1758—1836）在右侧稍远处做记录。

个容器中，把这只豚鼠与外界隔离，两个容器之间的空隙充满了 0 摄氏度的雪。在这种条件下，这只豚鼠很安静，也不会走来走去。他们等待了 10 小时，收集并测量了豚鼠身体的热量使雪融化成的水。这些水的质量是 369 克。后来，在另一系列的实验中，拉瓦锡和拉普拉斯测量了静止的豚鼠在 10 小时内呼出的“固定空气”的量。最终他们将燃烧足够多的木炭产生的“固定空气”与豚鼠呼出的量相同时使雪融化的量相比较。这一雪的融化量只是略微少于 369 克，这种一致性已经足够说服拉瓦锡和众多科学家相信动物通过将从它们饮食中获得的物质（我们现在称为碳）和从空气中获得的物质（氧气）合成“固定空气”（二氧化碳）来保持温暖。

拉瓦锡命名了氧气，确定了燃烧的确需要空气中的氧气和可燃物结合。这取代了像普里斯特利这样的人仍然拥护的旧观念：在燃烧时物质中的“燃素”脱离了物质。1786 年拉瓦锡发表的研究成果给法国科学院的《回忆录》中的燃素模型带来了决定性打击，在文章中，他对于我们如今所称的“gas”使用了“air”一词来代替：

1. 只有当可燃物被氧气包围和与氧气接触时才存在真实的燃烧，有火焰和光产生；燃烧不可能发生在任何一种其他气体或真空中，如果把正在燃烧的物体放入其他气体或者真空中，火焰就会像被浸没在水中一样熄灭。
2. 燃烧会吸收能够支持燃烧的气体，如果这种气体是纯净的氧气，并且采取了适当的预防措施，它就能被完全吸收。
3. 燃烧过程中被燃烧的物体质量增加，增加的质量恰好等于被吸收的气体的质量。
4. 燃烧过程会发热发光。[9]

拉瓦锡也给许多其他物质赋予了现代名字，他制作了第一张有 33 种元素的列表，尽管并非所有都是我们现在知道的元素。重要之处在于他抛弃了 4 种神秘“元素”（土、气、火和水）的旧观念，并且用“元素是无法通过化学反应分解为更简单的物质的一种物质，而更复杂的物质可以由元素组合而成”的新观点取而代之。拉瓦锡的观点至今屹立不倒：“我们必须承认，所有的物质都可以通过某种（化学）方法被分解成元素。”他的命名系统使用了基于这种观点的逻辑规则，所以，比如说“铜的硫酸盐”就变成了“硫酸铜”。

法国科学家安托万·拉瓦锡和皮埃尔－西蒙·拉普拉斯（1749—1827）在1782年至1784年间发明的冰量热计（19世纪绘制的插画）。该装置的中部（中间偏右）装有燃油（右上方），或者类似于天竺鼠等动物；周围的小室装有冰；外层是雪。可以盖上盖子，这时产生的总热量将会依据冰雪融化成的水（左下方）的体积来测量。

1789年拉瓦锡发表了他的著作《化学基本论述》，这奠定了化学作为正规的科学科目的基础。化学家们将它视为与艾萨克·牛顿的《自然哲学的数学原理》地位相同。拉瓦锡也阐明了质量守恒定律，这一定律声明了物质不能通过化学反应产生或毁灭，而是只能从一种形式转化为另一种形式。在同一年他创立了《化学年鉴》，专门刊登关于新科学的研究报告。

历史进程中的一些事物可以被一个特殊年份或一个特殊事件取代，拉瓦锡的著作的发表标志着化学摆脱了往日的炼金术和巫术，成了正规的科学学科。

No.20 抽搐的青蛙和电堆

在18世纪90年代，一系列实验引发了两项主要发现：电流可以从一处流到另一处，电流对于生物肌肉的运动很重要。意大利医生路易吉·伽伐尼解剖青蛙时首先得到了上述第二项发现。伽伐尼对电流的本质很感兴趣，在他的实验室有一台可以通过摩擦两个表面产生电火花的手摇曲柄机器。人们从古希腊时期就开始了解这种“静”电。当伽伐尼在解剖一对蛙腿时，一把曾经与那台机器接触过并带电的金属解剖刀触碰到了其中一条蛙腿的坐骨神经，这条腿就好像复活了一样弹动了一下。

伽伐尼为了研究这个现象做了很多实验。他发现死青蛙的腿如果与那台带电的机器直接接触，又或者在打雷时将它们放在金属表面，蛙腿就会发生抽搐。不过他最重要的发现是一项观察的结果，而非精心计划的实验。

伽伐尼1791年用青蛙腿所做的实验。上图展现了银棒与黄铜棒分别与青蛙的脚和脊柱接触。将两棒相接触就会使青蛙腿由于肌肉收缩而抽搐。下图是金属棒与两种不同的金属箔接触，产生了同样的结果。

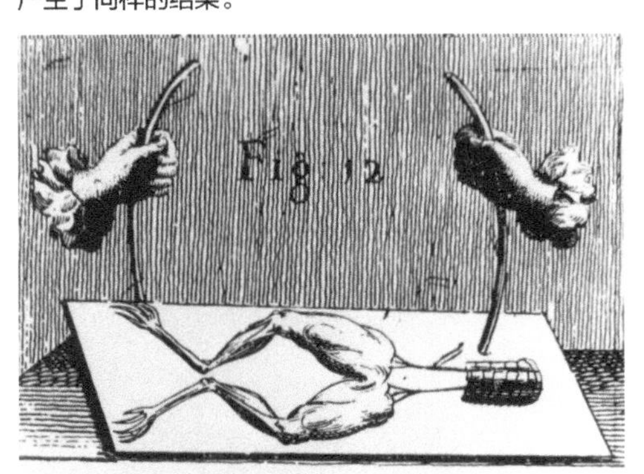

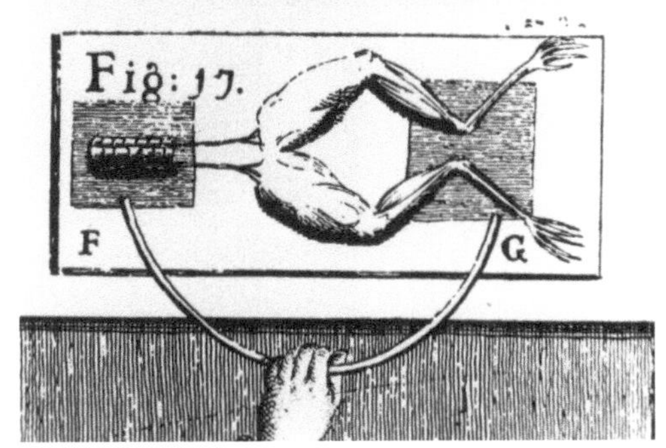

当为实验准备青蛙腿的时候，他会把它们挂在铜钩上晾干。当这些钩子与铁丝网接触时，蛙腿会抽动。为了防止这种抽动是因为空气中的电荷的某种影响造成的，伽伐尼将蛙腿和铜钩拿进房间内，远离任何电荷源（包括他的静电发生器），然后使铜钩与铁丝网相接触。再一次地，蛙腿抽动了。他推断青蛙体内一定产生了电，并储存在青蛙的肌肉中，他称之为“动物电”，并且提出脑中产生的一种“流”将电通过身体的神经传递到肌肉。但是他相信这种“动物电”与闪电这种“自然电”，或者通过摩擦人为产生的电是不同的。

伽伐尼的大多数同事都赞同这一观点，这种观点巩固了人类对一种特殊的“生命力量”，或者精神的观点，把生物与非生物的世界区别开来。但有一个人强烈反对，他也是一位意大利医生，叫亚历桑德罗·伏特。

他认为电的确是死青蛙的腿抽动的原因，但是它并不是储存在肌肉中的，并且生物电和自然电没有区别。与伽伐尼的观点不同的是，他认为这种电是外部的源产生的，是相互接触的两种金属——黄铜和铁之间相互作用的结果。

伏特用电做了很多实验，包括设计和建造用来产生电荷的摩擦机器，以及测量电荷的仪器。他首先将两种不同的金属彼此接触，并用他的舌头触碰接触点来测试他的新想法，当电流流过接触点时舌头感到刺

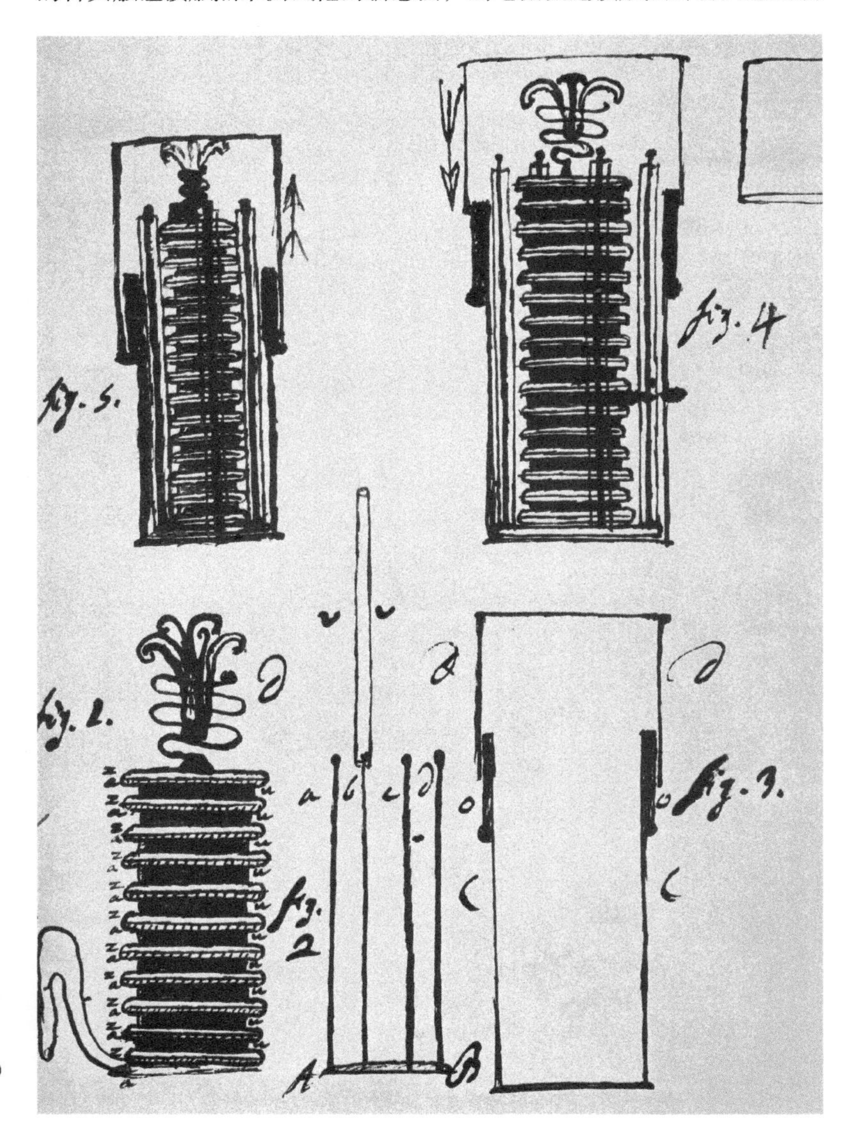

被称为“伏打电堆”的第一块电池的结构图，由亚历桑德罗·伏特（1745—1827）绘制。

痛。他意识到他的口水对实验现象有影响，于是为了将他感受到的微小电流放大得更加显著，他发明了一种新的仪器，在伽伐尼去世两年后，也就是 1800 年，他在一封写给英国皇家学会的信中描述了这一仪器。

伏特在一长串实验中的发明创造，准确地说是一堆相互交叠的银盘和锌盘，银盘与锌盘之间由吸收了盐水的硬纸板相隔。将最上面的盘与最下面的盘用导线相连时，电流流过导线；当没有连接时，没有电流。这一器件被称为“伏打电堆”，是现代电池的先驱（当时“电池”这一词已经被本杰明·富兰克林用来描述一排带电的玻璃盘，他将其比作一排加农炮）。这一器件可用来反驳伽伐尼所说的电流是只与生物有关的生命力的一部分的观点。

不过伽伐尼和伏特都只说对了一部分。正如伽伐尼所想，电流是在人体中产生的，但是是通过化学过程作用于活体细胞，不只是存在于脑中。另一方面，这种电流并没有什么特别的，与像伏打电堆这样的非生命系统产生的电流是相同的。

1800 年后，科学家们就可以使用能够任意开关的电流来工作了，他们也能通过向电堆中加入更多金属片来增大电流，或者取出金属片来减小电流。很快，像汉弗莱·戴维（见 83 页）一样的科学家就用这项发明为化学带来变革，最早的发现之一就是在水中通入电流可以将水分解为氧气和氢气。

No.21 为地球测重

这个一般被称为“为地球测重”的实验是在 18 世纪 90 年代首次提出的，在 1798 年时被提交给了英国皇家学会。事实上，这个实验是人类第一次对万有引力进行测定，后来人们证实万有引力是自然界最微弱的力。这个实验的提出者是约翰·米歇尔，他在 1764 年辞去了剑桥大学教授的工作，成了一名教区牧师，尽管如此，他还是在他的空闲时间进行科学研究。

米歇尔是第一个猜想存在黑洞的人，在 1783 年，光速有限（见 38 页）已经是人尽皆知的事情了。牛顿的万有引力定律指出，一个物体的质量越大，你就需要越快的速度来逃离它的吸引。米歇尔设想了一个密亨利·卡文迪许使用的引力实验设备的模型。

度与太阳相同但是直径是其500倍的天体，不过他发现这一天体太过巨大以至于它的“逃逸速度”已经超过了光速。他写道：“我们无法用肉眼从这样的天体上获取任何信息。”这样的天体在现代指的就是黑洞。

米歇尔也对万有引力的更多实际的研究感兴趣，他不仅想出了测量万有引力大小的实验方法，还制作了实验所需的大部分设备。但是在实验被实施之前，他就不幸去世了，他所有的实验设备都留在了他的母校剑桥大学王后学院，但是在那里并没有人能承担起做这个实验的重任，因此这些设备被转让给了亨利·卡文迪许。卡文迪许在他的时代是伦敦最谨慎也是最成功的实验者之一。卡文迪许是一位富有的贵族绅士，他有足够的财力，也愿意把自己所有的时间投入科学研究当中，因此即使测量万有引力的实验是由米歇尔设计的，但它依然被称为“卡文迪许实验”。

这个实验理解起来很简单，但是实际操作起来十分困难。实验装置被建造在克拉彭广场卡文迪许家庭院的一个外屋中，那里在当时还是伦敦郊区的一个村庄。他实验的核心是用一根高强度轻杆（1.8米长，由木头制成），在每一端装有一个质量为730克的小铅球。这根杆使用一根线从正中间悬挂起来，这样可以保持平衡。两个157.85千克的铅球被安装在转盘上，以保证可以将其旋转到一个特定的精确测量过的位置（距离精确测量过质量的小铅球 22.86 厘米远）。为了避免气流的干扰，这些实验装置都被放置在木箱中。由于大球与小球之间的吸引力，水平杆会有发生扭转的趋势，但是会被缠绕的线阻止。通过一系列漫长的实验，其中包括一些没有负重的组别，水平杆就像水平放置的钟摆一样来回扭转，卡文迪许得以测量出两个小铅球之间的万有引力和 158.76 千克力（约 1 556 牛）的重力，前者和一粒沙子所受的重力相仿。同时卡文迪许也知道了每个小球和地球之间的吸引力大小，因此根据两个力的比例大小，就可以计算出地球的质量。令人印象深刻的是，卡文迪许在不到 67 岁生日的时候就已经完成了这一系列工作。

事实上，卡文迪许给出的并不是地球的质量，而是一个表示其密度的数字，也就是质量除以体积。1798 年 6 月 21 日，他向英国皇家学会提交了自己在 1797 年的 8 月和 9 月进行的一系列共 8 组实验，以及 1798 年 4 月和 5 月进行的另外 9 组实验综合在一起的实验结果。卡文迪许报出的实验结论是地球的密度是水的密度的 5.48 倍，但是事实上他有一个很小的计算误差——根据他的实验结果得出的真实结论应为水的密度的 5.45 倍。这个数据与现代测得的数值——水的密度的 5.52 倍十分相近，卡文迪许实验的误差仅为略大于 1%。尽管卡文迪许没有进行更多的实验，但他的实验方法是可以测出所谓的万有引力常量的，也就是 *G*——万有引力强度的量度。

No.22 热学的钻孔实验

在 18 世纪末期，人们普遍认为热学现象是与一种叫作热质的流体相关联的，它就像湿润海绵里的水一样被包含在物体中。根据这个猜想，正是从物体中流出来的热质导致了温度的上升。很少有人不认同这种观点。特别的是，早在那时的数十年前荷兰人赫尔曼·布尔哈夫就提出了一种观点，他认为热可能就像声音一样是某种振动形式。但是证伪热质说的实验直到 18 世纪 90 年代才由当时在德国巴伐利亚州工作的一个美裔科学家提出。

本杰明·汤普森在战争时期成了一个流亡的科学家、工程师，到处找工作谋生。他到了巴伐利亚州，在这里他尽心尽力地服侍当地的王子，从而在 1792 年获得了拉姆福德伯爵的贵族称号。拉姆福德，这是他广为人知的名字。在对火药的威力进行测试的时候，他开始对热的本质产生兴趣。拉姆福德注意到当加农炮开火时，如果没有装载弹头，炮管会比装载了弹头时更热，即使使用的火药量是一样多的。这不是热质说能够解释的，并且他也了解布尔哈夫的假说。他在巴伐利亚（慕尼黑的兵工厂）的工作之一就是监督和改进加农炮炮管的钻孔工艺，这为他提供了进行下一步实验的条件。

在制造炮管时，要将钢柱水平放置，压在一个不会旋转的钻头上，让钢柱本身进行旋转，使用的动力来自不停转圈的、戴上马具的马匹。动力通过一个齿轮组传递到加工装置上，同时持续不断地将钻头推进钻出的孔中。钻头和钢柱之间的摩擦很快就使得炮身变热，热质说的支持者认为这是热量被挤出了炮身的结果，但是拉姆福德很快就看出了这个解释里面的谬误：只要不停地钻孔，热的产生就是绵绵不绝的，如果热量就像水被挤出海绵一样，那么为什么没有耗尽的时候？为什么“海绵”不会干？

拉姆福德使用加工炮管剩下的少量废钢材进行了一个巧妙的实验。他把废钢材放置在装满了水的木头箱子里，以便依据水被烧开的时间（大约两个半小时）测量产生了多少热量，然后他找到了一个可以产生大量摩擦的废弃钝钻头。他发现只要马还在转圈，自己就可以把箱子一遍一遍地填满，一直让水沸腾。热质说不能解释这个实验，因此它是错误的。英国皇家学会在 1798 年刊登了拉姆福德的研究成果。

英籍美裔物理学家本杰明·汤普森（拉姆福德伯爵）（1753—1814）。

在巴伐利亚州，拉姆福德将实验在宴会上进行了展示，访客们吃惊地看到不用火焰大量的冷水就被煮沸了。但是拉姆福德向他们指出这并不是一个有效率的烧水方式，因为马必须要食用干草。如果只是想要把水烧开的话，不用马提供动力，直接燃烧干草会有效得多。拉姆福德的这一观点已经接近理解能量守恒定律了，那是一个与质量守恒定律相呼应（见 58 页）的法则，说明了能量的总量是恒定的，但是可以从一种形式转化成另一种形式。拉姆福德虽然没有走到这

拉姆福德伯爵在演示钻孔大炮产生的热量。

一步，但是他写道："在我看来，想象出在这些实验中热量被激发和进行交换时，有什么物质也在同时被激发和进行交换，即使不是不可能，也是难上加难，除非这个热的本质就是运动。"

虽然确实画出了一个响铃作类比，拉姆福德还是想象不出这会是一种什么样的运动。现在我们知道，热确实和原子与分子的运动有关。正是这样的实验帮助人们认识了原子和分子的存在，也鼓励了如詹姆斯·焦耳（见103页）一样的后来的研究者进行热学方面的研究。

No.23 第一支疫苗

疫苗接种的发展历程揭示了在调查中应用包括严密控制实验在内的、合适的科学方法的重要性，不仅仅是对于自然现象，对于一些民间智慧也是如此，因为它们一般是以事实作为基础的。威廉·吉尔伯特（见 22 页）证明了大蒜可以使罗盘磁针消磁的民间传说是错误的，但是爱德华·琴纳证实了民间的医疗方法对于天花的预防确实有效，他也由此建立了疫苗接种的科学基础。

在有效的疫苗出现之前，天花是造成人类死亡最主要的疾病之一。它其实是两种有关联的疾病，我们现在知道是由大天花和小天花这两种病毒之一造成的（天花的拉丁学名“*Variola*”来源于拉丁文“varius”的变体，其意思为“斑”，患者的身体会被小水疱覆盖，水疱爆裂后会在皮肤上留下斑点）。“小”的那一种病毒相比于“大”的那种对于生命的威胁

19 世纪的一幅油画，一位医生在为婴儿接种天花疫苗。

小一些，但是根据伏尔泰在1778年写的文章，大约2/3的欧洲人口都患上了这一疾病中的一种，其中有1/3的患者因此而死亡。据世界卫生组织（WHO）估算，一直到1967年，有大约1 500万人罹患天花，其中有200万人不幸去世。就像许多传染病带来的后果一样，该病婴儿患者的死亡率尤其高。由于这种疾病的传染率如此之高、患病后果如此严重，人们在疫苗出现之前尝试过很多非常手段。在世界的某些地方，人们试过将患上小天花的人已经痊愈的瘢痕刮伤，希望他们能够获得某种免疫。虽然依然有接受这种自疗治法的人去世，但是似乎还是有些效果，这种方法于1721年由英国驻土耳其大使的妻子玛丽·蒙塔古从中东引入英国。

除了这种方法之外，民间还传说挤奶女工和其他人相比不容易患上天花，这被认为是由于她们在工作中经常会患上一种与天花相关但是温和得多的疾病——牛痘。在18世纪下半叶，欧洲各地的调查员故意用牛痘感染人类，但是直到爱德华·琴纳接手难题之前，都没有人能够使用适当的科学实验来证明牛痘和天花之间存在关联。

在消灭天花和控制麻疹计划实施期间，排队等候接种天花和麻疹疫苗的村民。1969年拍摄于非洲喀麦隆的班索。

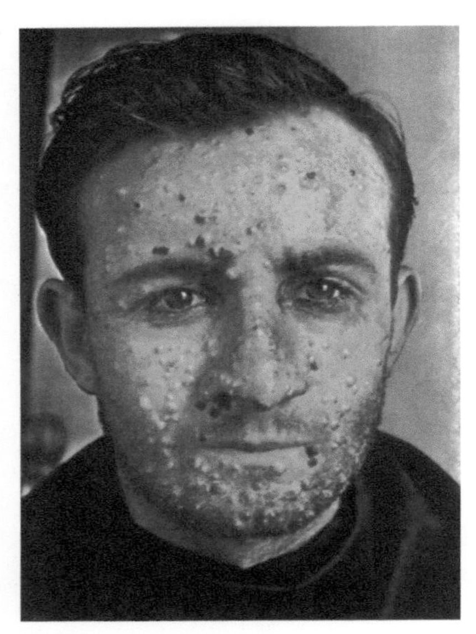

天花患者，拍摄于1910年。

琴纳是一名坚信感染牛痘可以获得对天花免疫力的乡村医生。为了证明这一点，他在1796年实施了一个在今天看起来太过随意大胆的实验。他把一个叫作萨拉·内尔姆斯的挤奶女工的水疱里面的脓液取出来，注入了自家园丁的儿子詹姆斯·菲普斯——一个8岁小孩子的体内。我们不知道那个小孩或是他的父亲受了什么刺激才会同意这个做法。詹姆斯长出了牛痘并且在不久之后就痊愈了，然后琴纳对他注射了天花，但是这个孩子并没有被感染。琴纳在写给英国皇家学会的信中描述了自己的实验，然而他收到的回信中被提示一个个例是不能足够证明他的理论的，这个提醒无疑是正确的。所以在接下来的几个月里，他对另外总计23个人进行了一系列类似的测试，包括他自己11个月大的儿子，这已经足够用来说服英国皇家学会了，因此他们在1798年发表了记载结果的文章。琴纳创造了“疫苗”（这是拉丁语中的“牛”的意思）一词，该术语在后来用于描述用各类病原微生物制作的用于预防接种的生物制品。

医学界对于琴纳的发现反应很迟钝。随后，琴纳放弃了自己的医学实践，开始专注于进一步研究和推进疫苗接种。除此之外，他还开发了一种从人类牛痘中取出脓液并在玻璃上进行干燥的方法，以方便将其携带到其他有需求的地方。1853年，英国开始强制接种天花疫苗，随着这一技术的传播以及为了抵御这种疾病而发展的其他技术的出现，天花变得越来越罕见。琴纳在1801年出版了一本有关天花的小册子，里面写道：“天花这种在人类看来最可怕的祸害在这种技术下的最终结果一定是灭绝。”实现这个目标耗费了近180年的时间，在20世纪70年代末期，世界卫生组织宣布天花已经被彻底地消灭了。这种病毒现在只在两个国家的研究实验室保存于安全的条件下，一个是美国，另一个是俄罗斯，但很多人觉得销毁这些剩下的样本会更好。

从这个故事中我们应该学到的不仅仅是琴纳通过接种牛痘来预防天花，因为其他人也会这样做，琴纳不同于他人的是，他通过实验（有些是令人担忧的实验）证明了接种牛痘后的人对于天花免疫，并且使用了足够多的样本来重复实验以证明自己的猜想。

No.24 感受不可见光

有些人似乎长于发现，但是它与运气无关，它是观察与实验的科学方法谨慎运用的结果。威廉·赫歇尔就是一个典型的例子。他通过细致的观察发现了天王星，从而小有名气，20年后他又一次通过谨慎的实验在地球上获得了同样重要的发现。这个发现没有获得它应有的名气，因为它被那个发现天王星的事件的光芒遮掩住了。但是赫歇尔所发现的东西指出了一条通向一个世纪之后量子物理学的革命性变革（见179页）的道路。

这个实验起源于观察，赫歇尔一直在使用有色的玻璃滤光片来观察太阳，以过滤掉一部分刺眼的光芒。他注意到即使有些滤光片已经过滤掉了太阳的大部分光芒，他依旧能够从剩余的光芒中感受到热量，但是对于其他的一些滤光片，即使大部分的光都透了过来，他也没有热的感觉。用他自己的话来说："（我在使用）不同颜色组合的墨镜，非常值得注意的是，当我使用某些组合的时候，即使只能够看到很少的蓝光，我也会有热的感觉；而有一些组合让大量的光通过，但却不能让我有热的感受。"[10]

作为一位出色的科学家，赫歇尔设计了一个能够定量测量影响因素的实验。很明显，这与透过的光的颜色有关，因为不同的滤镜能够透过的光的颜色是不同的。因此他就像艾萨克·牛顿（见35页）一样搭建了一个棱镜（事实上是他从吊灯上拆下来的一块玻璃），来将一束阳光分解成不同颜色的光束，形成一个光谱。然后他拿了3个带有烧黑了的玻璃泡（这样它们更容易吸收热量）的温度计，在光谱的两侧各放一个作为房间温度的监控装置，最后一个可以在光谱的各个位置移动，以测量不同颜色的光的温度。

赫歇尔进行了一系列的观察，每次持续8分钟，可移动的温度计分别放置在光谱红光、绿光或者紫光的区域。他发现相比控制组（光谱两侧的温度计），每8分钟红光区域会上升3.8摄氏度，绿光区域为1.8摄氏度，而紫光区域是1.1摄氏度。因此他总结出红光的热效应高于绿光，而绿光的热效应又高于紫光。但是他又发现了一个很特别的事情，那就是阳光在到达棱镜之前需要穿过屏风上的缝隙，随着时间的推移，光束的角度发生改变，带动着光谱发生移动，这导致在中央的温度计到达了光谱红光区域以外。而这时它变得更热了，看起来一些不可见的光加热了温度计。

在接下来的实验中，赫歇尔在光谱红光区域以外越来越远的地方放置温度计，然后发现在刚刚超出红光区域时加热效果最为显著，然后逐渐消减至零。他也曾试着将温度计放置在紫光的一边，但没有接收到任何热量。他发现了现在所谓的红外辐射（当时他自己命名为“热射线”），然后在接下来的实验中，他证实了这种红外辐射还有其他的来源，而不是仅仅来自于太阳——你从一个火焰或热暖气片中感受到的热量就是红外辐射。后来的研究表明在紫光之外也存在辐射（紫外辐射），虽然这

威廉·赫歇尔的一幅有几分浪漫主义色彩而在科学上不够严谨的肖像，背景是他的望远镜。

种辐射不能造成这样的热效应。

赫歇尔在英国皇家学会刊行的一系列报纸中描述了他的发现，他认为光和辐射热是同一个光谱的不同部分，而不是两种不同的现象，一部分是我们看得到的，另外一部分是我们能够感受到的。因为“根据哲学上的原则，我们不能在一个原因能够解释某些现象时，非要提出两种不同的原因”，这是科学的基本原则，也就是最简单的解释一般都是最好的。这个原则有时被称作“奥卡姆的剃刀”，是由一名逻辑学家——奥卡姆的威廉在 14 世纪提出的。几乎紧接着赫歇尔发现的、关于光的性质的新实验发现为他的假说提供了有力的证据。

No.25 宇宙废墟

在 19 世纪初，天文学家已经知道了 7 颗行星的存在，其中 4 颗是比较靠近太阳的较小的岩态行星——水星、金星、地球和火星，这些都是现在所谓的类地行星，而另外的 3 颗行星则大得多，与太阳的距离也很远，也就是那些气态行星：木星、土星、天王星（海王星直到 1846 年才被发现）。但是在火星的轨道和土星的轨道之间有一个令人感兴趣的大空隙，很多人都猜测在这个空隙当中应当存在一颗“失踪”的行星。在匈牙利天文学家弗兰兹·艾克塞瓦·冯·扎克（当时在德国哥达市工作）的敦促下，总计 24 位天文学家收到了关于联合寻找“失踪”行星的邀请函。但是这份名单上的其中一个人——在巴勒莫工作的西西里人朱塞佩·皮亚齐在收到邀请之前就已经发现了一些东西。

1801 年 1 月 1 日，皮亚齐在进行日常观察时发现了一个不在图录上的天体，在刚刚开始的时候它像一颗星星一样闪耀着，但是在接下来的观察中它发生了移动。刚开始，皮亚齐以为那是一颗彗星，并在 1 月 24 日向一些同行写信宣布了自己的发现，但是在这个时候，另一种猜想就已经渐渐开始浮现在他的脑海了。他在信中如此写道：“这个天体的移动如此缓慢而稳定，这让我不禁好几次想到它会不会不是彗星，而是一种更好的东西。”很显然，那个“更好的东西”指的就是行星。

皮亚齐在 1801 年 2 月 21 日由于身体不适暂停了观察工作，但是在同年 4 月时他将自己的观察细节全部传播了出去。由于地球围绕太阳进行轨

矮行星谷神星的伪彩色卫星图像，由 NASA 黎明号空间探测器的分幅式相机拍摄。

道运动，在 4 月的时候已经不能够通过太阳的刺眼光芒观察到那颗猜测中的行星了。但是对于德国数学家卡尔·弗里德里希·高斯来说，他之前的观测数据已经足够用于计算出这个天体的轨道，并且预测出当地球沿着轨道再走多远时能够在哪里观测到它。有了这个预测的支持，冯·扎克和另外一个德国人海因里希·奥伯斯分别独立地在 12 月 31 日观察到了这个天体，证实了它的轨道的存在，让所有人都确信了它就是一颗行星。理论计算和实验观察紧密结合，完成了对一个猜想的证明，这一切是如此优雅。

新行星被发现后，皮亚齐获得了为它取名字的权利。他提议叫“Ceres Ferdinandea”，这是罗马诸神中的农业之神和西西里之王的名字。但是就像威廉·赫歇尔对天王星的命名一样（见 53 页），“Ferdinandea”很快就被抛弃了，变成了 Ceres——“谷神星”。这并不是故事的结尾，在 1802 年 3 月 28 日，奥伯斯在寻找谷神星时，在与太阳距离相同的地方又发现了一个相似的天体，这就是智神星。不久之后，在火星和木星之间的缺口处人们发现了更多的天体在环绕着太阳进行轨道运动，赫歇尔将它们命名为“小行星”。这是因为“它们就像小星星一样，几乎无法区分开来。即使从其他方面考虑，这也不是一个恰当的称呼，但是由于它们行星一般的外观，我更希望称呼它们为小行星，如果出现了其他更加恰当的称呼的话，我为自己保留更改这个称呼的自由”。[11]

最开始，人们认为小行星带是碎裂后的行星残骸，后来人们经过几十年更加细致的研究证明了它们更像是太阳系形成过程中遗留下的一些残骸。那些没能形成行星的碎片或许是由于木星的重力的影响，这颗巨大的行星从这一区域抛射出去的碎片比我们今天能够观察到的还要多。那些迄今为止仍然能够观察得到的天体在太阳系中所处的区域现在被称为小行星带。那里直径大于 100 千米的小行星数目超过 200 颗，还有数百万个更小的天体，但是总质量只有月球质量的 4%，其中最大的 4 颗小行星——谷神星、智神星、灶神星、健神星加起来就已经达到了小行星带总质量的一半。

仅仅谷神星一个就占了小行星带总质量的 1/3，并且它还是一个直

朱塞佩·皮亚齐（1746—1826），意大利天文学家，发现了最大的小行星——谷神星。为了纪念皮亚齐，后来发现的小行星 1000 以他的名字命名。

径为 950 千米、每 4.6 年绕太阳一周的球形的天体，而较小的小行星是岩块和冰块以不规则的形状团聚而成的。由于除了赫歇尔的说法之外，对于小行星这种叫法人们之前没有明确的定义，谷神星曾被认为是太阳系已知的最大的小行星。由于谷神星自身足够大，能够在自身引力作用下变为球形，国际天文学联合会在 2006 年将它归类为“矮行星”。

No.26 用氢气高飞

首次被证实的人类搭乘热气球飞行的著名事件发生在 1783 年 10 月 19 日，蒙哥尔费兄弟（约瑟夫－米歇尔和雅克－艾蒂安）设计了一个使用热空气产生浮力的热气球，并且向震惊的巴黎群众演示了这一技术。这种技术的明显缺点是热气球在飞行过程中必须要带着火，一旦火熄灭，热气球就无法停留在空中。但是即使在 1783 年，从波义耳定律（见 30 页）以及亨利·卡文迪许和约瑟夫·布莱克等人对气体的研究也可以清楚地知道，一个充满氢气的气球应该能穿过大气一直上升。这激发了另一个法国人雅克·查尔斯的想象力，他设计了一个丝绸做成的氢气球，并且用橡胶涂覆其表层以保证气密性。

1783 年 8 月 27 日，第一个查尔斯型气球从战神广场（现在是埃菲尔铁塔的位置）起飞。它是一个容积为 35 立方米的球体，能够提升 9 千克的重物。在经过了持续 45 分钟向北 21 千米的飞行后，它降落在了戈内斯，当地的农民认为这是魔鬼的把戏，用刀子和铁叉将它砍成了碎片。

1783 年 12 月 1 日，距离蒙哥尔费兄弟的第一次飞行不到两个月，查尔斯在杜乐丽花园放飞了一个载人氢气球，载着他与尼古拉斯－路易斯·罗伯特，正是后者提出了用橡胶涂覆丝绸做成氢气球的方法。这只氢气球的容积为 380 立方米，约有 40 万人——巴黎人口的一半，包括本杰明·富兰克林和约瑟夫·蒙哥尔费——见证了氢气球的升空。氢气球到达了海拔 550 米的空中，经过 2 小时 5 分钟飞越 36 千米后，在日落时降落在内斯勒拉瓦莱厄。在刚刚日落后查尔斯和罗伯特毫发无损地从氢气球中走出来。随后查尔斯再次独自起飞，到达了足以再次看到太阳的海拔 3 000 米处，但是耳朵的剧痛迫使他释放氢气并着陆。

查尔斯和罗伯特将气压计和温度计带到氢气球上以测量大气的气压和温度，但是这些做法是非常次要的考虑。第一个真实的科学意义上的气球是一个充满氢气的查尔斯型气球，由约瑟夫·路易斯·盖－吕萨克和让－巴蒂斯特·毕奥在1804年放飞。盖－吕萨克十分了解气体的特性，并在1802年提出了盖－吕萨克定律，该定律说明如果气体的质量和体积保持恒定，则气压正比于温度[在现在所说的热力学温度（单位：开尔文）下，零开尔文是零下273.15摄氏度]。他还发现等体积的气体在升高相同温度后，膨胀的体积相同。这在今天通常被称为“查尔斯定律”，因为雅

1804年，约瑟夫·路易斯·盖－吕萨克（1778—1850）和让－巴蒂斯特·毕奥（1774—1862）乘坐气球升空，这是第一个用于科学研究的气球。

克・查尔斯在18世纪80年代中期发现了该定律，但是由于他当时没有公布这一发现，后人认为盖－吕萨克独立发现了这一定律。

1804年8月24日，盖－吕萨克和毕奥在工艺美术学院的花园一同乘坐气球升空。这次飞行的目的是测量不同海拔磁场的改变以及大气成分和湿度的变化。他们到达了海拔4 000米处，并且注意到地球的磁场随着海拔的升高并没有明显的变化，但并没有获得任何其他有意义的科学结果。几周之后的9月16日，盖－吕萨克找到了一个更大的气球，开始了一次独自飞行。这一次气球将他带到海拔7 016米处（作为比较，珠穆朗玛峰的高度为8 848米）。这比任何人曾经到达的高度都要高。在这一海拔处，盖－吕萨克记录的温度为零下9.5摄氏度（冰点以下9.5摄氏度）。他停留在这一高度测量了大气的湿度、地球磁场等。磁场测量的结果表明，以他的仪器的精度，即使到了这样的高度，磁场仍然是恒定的。但是他注意到自己有着严重的呼吸困难，并且这一海拔处空气非常干燥，他的嘴巴和喉咙干燥到了连吞咽一片面包都感到非常疼痛的程度。他也记录了自己增加的脉率。由于盖－吕萨克在飞行过程中的不同海拔处收集了大气的样本，他能够在巴黎的实验室中舒适地分析这些气体，而不是在气球携带的篮子里用冻僵的手指艰苦地完成所有工作。这些分析表明大气的组成不会随着海拔的升高而改变。

No.27 光是一种波

艾萨克・牛顿曾经将光看作小粒子流从物体上弹开或者在拐角处被偏折，用以解释光被镜子反射以及被棱镜折射（弯折）的现象。尽管荷兰人克里斯蒂安・惠更斯和与牛顿同时代的罗伯特・胡克各自建立了一种涉及波的其他解释（或者说模型），但并没有实验能证明这些观点，牛顿的模型在长达一个多世纪的时间里主导了科学界的思想。后来，英国博学家托马斯・杨提出了一个可以证明光像波一样传播的实验。

18世纪90年代，当杨在剑桥大学时，他开始用声音做实验。他意识到声音以波的形式在空气中（或者在另一种介质中）传播，并且他对干涉现象很感兴趣，他注意到，当两个声波互相影响时，会叠加形成一个强噪声，或者相互抵消形成一个弱噪声。这启发他思考波的普遍性质，

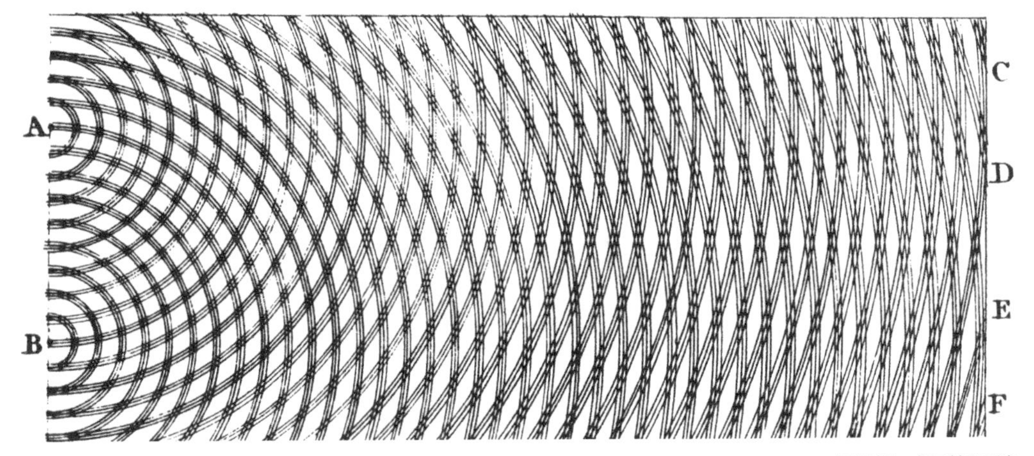

托马斯·杨对相干波的描绘。摘自他的书《自然哲学与机械工艺课程》。

并且提出了一个验证光的波动模型的实验。

首先，他用一台叫作波动箱的设备研究水波的行为，也就是观察布满涟漪的一池浅水。当杨（或任何其他人）将有一道小缝的墙放在池中时，在墙的一边产生的涟漪将通过小缝向墙的另一边以半圆形传播。如果把有两个孔的第二面墙放在这些传播着的水波前面，从这两个孔传播开的涟漪将彼此干涉，在两个波纹的波峰叠加处形成巨大的波动，而在一个波纹的波峰与另一个波纹的波谷叠加处形成非常小的波动。这就是干涉图样。

19 世纪初，杨用这一实验研究光，并且不断完善，直到得到清晰的结果。在一个暗室中，他将一个有着小针孔（或用刀片划的缝）的简单的纸板屏放在光源前，在屏的另一边放置一个有两个孔（或缝）的屏，再用一个空白屏承接通过整个实验系统的光。到达最后的这面屏的光形成了明暗条纹的图样，与水波－池塘实验中水波形成的干涉图样完全相同。毫无疑问，光像波一样传播。这个实验被称为“杨氏双缝实验”，或者更口语化地被称为“双缝干涉实验”。这一实验十分简单又令人印象深刻。正如 1803 年当杨将实验结果呈递给英国皇家学会时所说的：“我将要陈述的实验……可以被轻而易举地重复，只要是在太阳照耀的地方，每个人使用手边的材料就能实现。”

然而还是有持怀疑态度的人。牛顿被摆在令人敬畏的位置，一些人拒绝接受他的观点存在错误这一说法；用两束光形成暗条纹这一想法也使他们感到困惑。但是几年之后，法国人奥古斯丁·菲涅耳证明了这的确是可能的。

波通过障碍物。同心圆形的波从障碍物（底部框架的黑线）上的两个孔发出。它们起源于遇到平放着的障碍物的平行波（在底部）。从两个点波源或每个孔经过的波形成半圆形，呈扇形散开。当同心圆形波相遇并彼此通过时形成干涉图样。

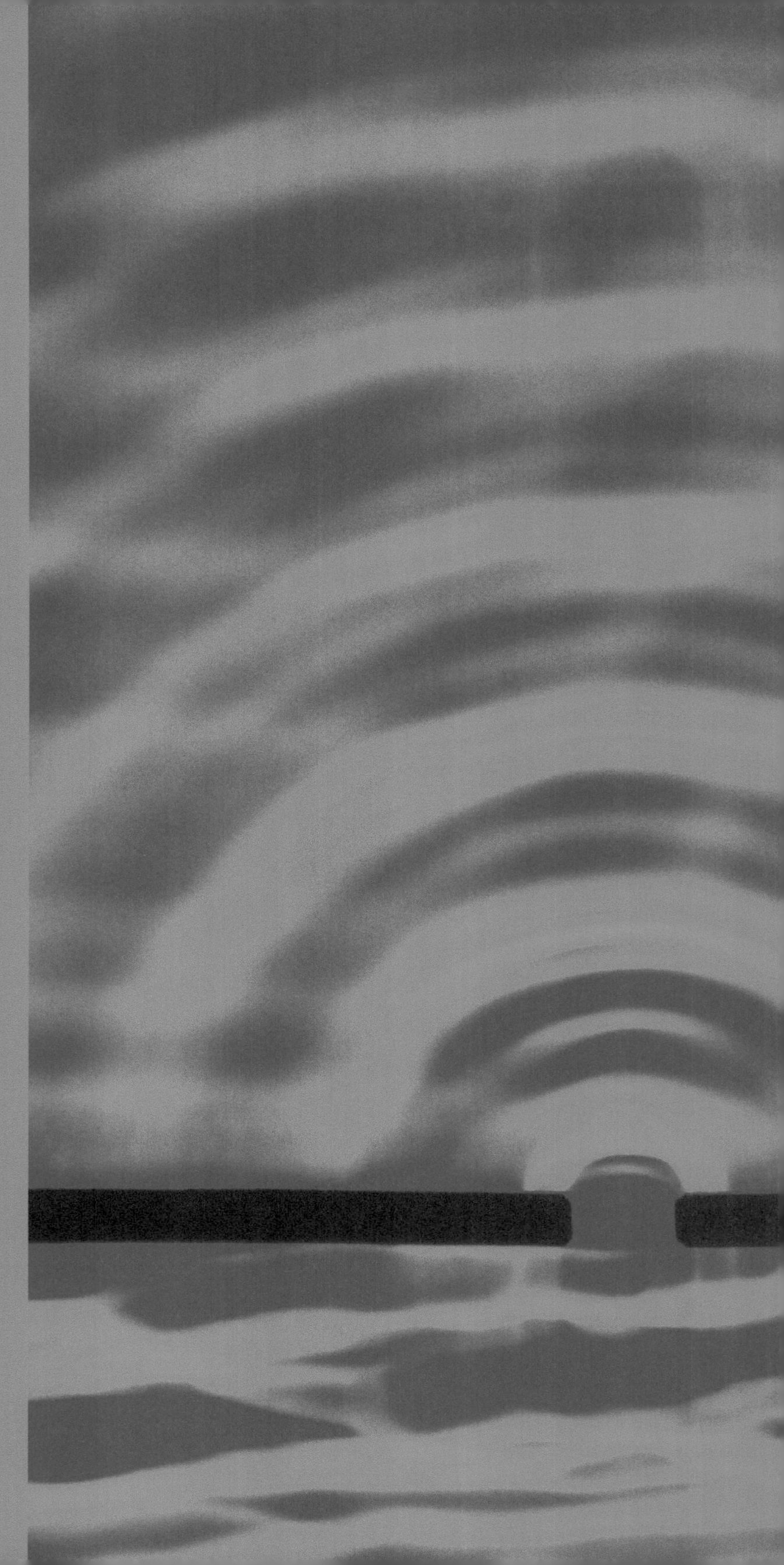

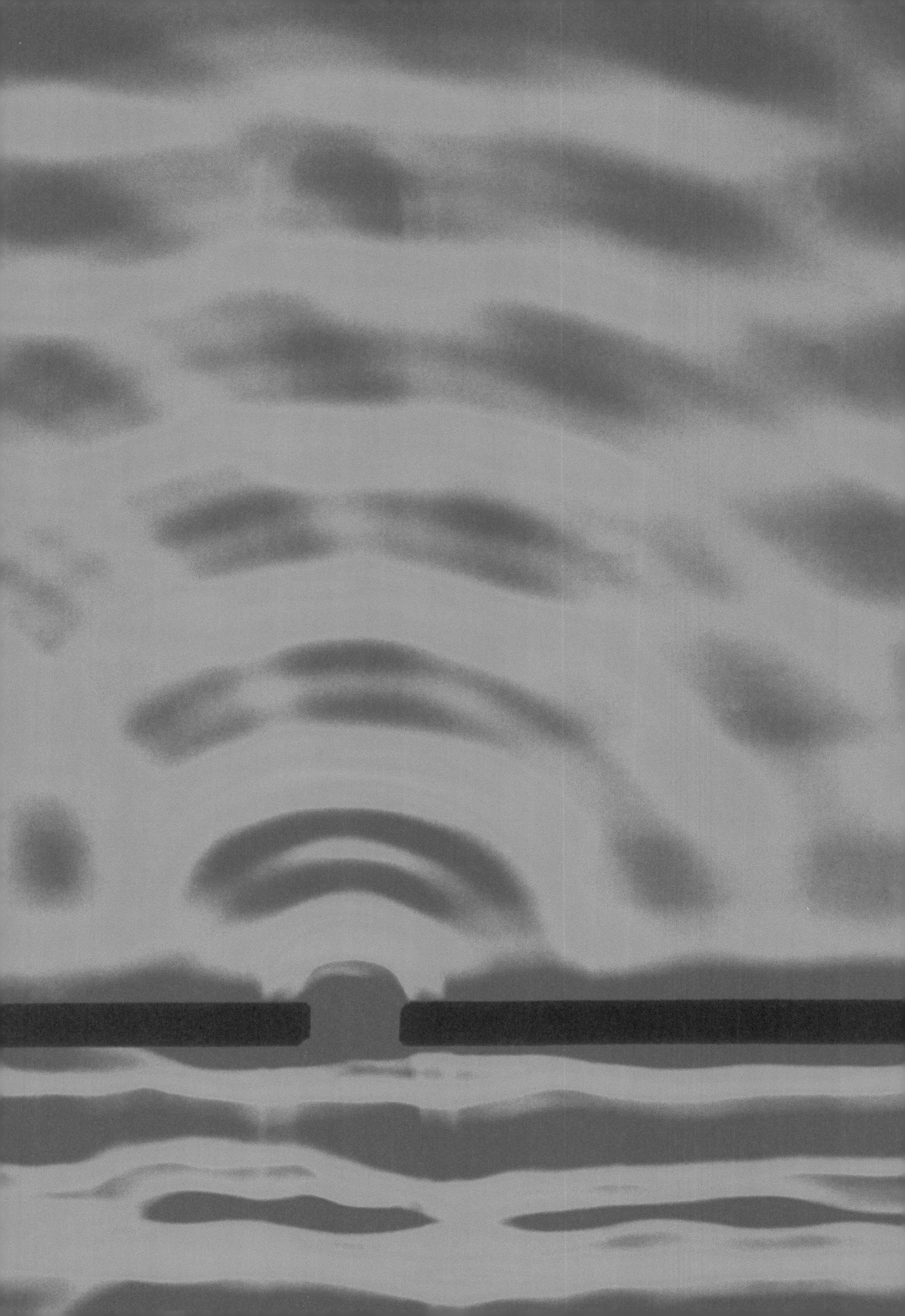

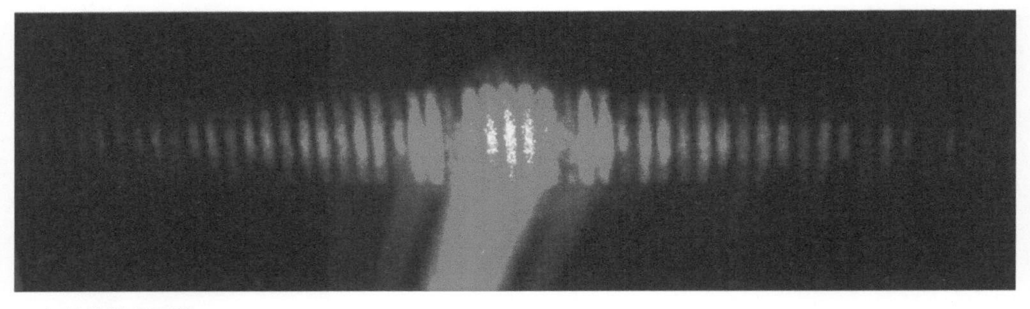

一个现代版的双缝干涉实验，诠释了光的波动本质。

在拿破仑战争时期，在法国的菲涅耳似乎还不知道杨的工作。他独立地建立了光的波动模型，并且写了文章参加 1817 年法国科学院为征集使光在拐角处弯曲（微小角度）的衍射现象的解释而举办的比赛。其中一位大赛评委西蒙 – 丹尼斯 · 泊松指出了菲涅耳模型中他认为是绝对错误的一个地方。根据波动模型，如果一个小的圆形物体，例如一块铅弹丸，被放置在一束光前面，光会弯曲，绕过物体在物体后面的屏上形成一个亮的光斑，而“常识”和粒子模型的结论都认为在那里应形成暗斑。因此评委们安排了一个实验来证明（正如他们所预料的那样）菲涅耳是错的。但是这一实验的结果却是形成了后来被称为泊松斑的亮斑，这恰恰是波动理论所预测的结果。这是以证明一个理论是错误的为目的进行的实验，但它却证明了该理论是正确的。最终，菲涅耳赢得了大奖，而光的波动理论也由此建立了。尽管在某些人看来这一切不可置信，可要知道即使是牛顿也不总是对的。

No.28 原子的发现

19 世纪初原子的发现源自于不同领域的实验和观察得到的证据的积累，约翰 · 道尔顿将这些实验和观察的结果放在一起进行论证，最终使得原子被发现。道尔顿终其一生都对气象学很感兴趣，而他向着原子理论迈出的第一步就是认识到了大气是由不同种类的气体混合而成的，这些气体有着不同的化学性质，没有沉淀成不同的几层，而是相互混杂着。尤其令气象学家们感兴趣的是，当水蒸发到空气中时，蒸汽和已经存在的空气会混合在一起，和空气同时同地存在，而不是把空气推开，制造出一个在空气之上或之下的水蒸气隔离层。

这提醒了道尔顿，水蒸气和空气一定是多个粒子中间隔着很大的空间的结构。读者可以用装满一盒子的鹅卵石来类比，虽然鹅卵石之间存在着一些空隙，但是却容不下更多的石块了，而分散的沙子却可以倒进鹅卵石之间的空隙，同样装进这个盒子中——同样体积的空间。道尔顿的实验说明，在特定温度下，由特定体积的气体造成的压强是其组分中每种气体单独造成的压强之和。举个例子，一个容器中装了一升的二氧化碳，其压强为一个大气压，另外一个容器中装了一升的氮气，其压强也是一个大气压，若将两个容器中的气体压入同一个一升的容器中，那么得到的压强将会是两个大气压。这就是著名的道尔顿分压定律，是道尔顿在 1801 年提出的。

也是大约在那个时间段，道尔顿还发现了另外一个定律。虽然这个定律没有以他的名字命名，但是他更清晰地论证了这个定律。通过加热不同的气体并测量它们的压力，道尔顿发现“所有的弹性流体在同一个压强下被加热时膨胀的体积相同”。他所采用的方法是使用一个立式汽缸，在汽缸中使用活塞对一定量的气体进行密封，在活塞上放置重物使得它能够提供一个稳定向下的压力。当汽缸被加热时，气体开始膨胀，在恒定的压力下推动汽缸向上移动。可以用小孩子玩的气球进行一个简单的定性示范实验来证明这个理论。如果这个气球在室温下膨胀到了最大程度，它的表面就会紧绷得像一面鼓一样。但是如果在冰水中对气球进行冷却，里面的气压就会下降，气球的表面就会开始松弛发皱。事实上，就是气体收缩了。如果再加热气球，其表面又会重新紧致起来。如果使用液氮对气球进行冷却，就能够看到更加具有戏剧性的示范效果。同样，在相同的压力下，如果温度更高，气体需要占用的体积就更大。

气球随着加热体积膨胀。左侧的气球用液氮冷却到零下 198 摄氏度。气球中的空气分子在冷却时能量更低，运动速度更慢，对气球内壁的压力更小，因此气球收缩到更小的尺寸。右侧的气球加热到室温并且其内的空气恢复到正常的体积。在这种情况下，空气分子有更多能量，运动速度更快，因此对气球内壁施加更大的压力，使气球膨胀到较大的体积。

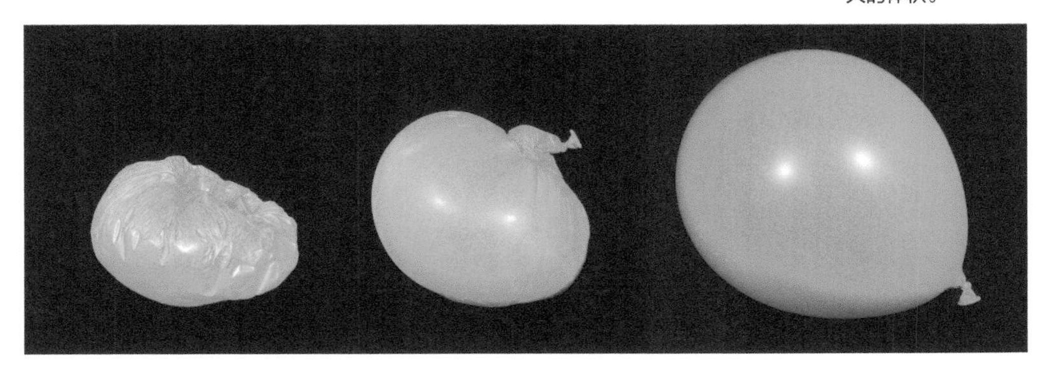

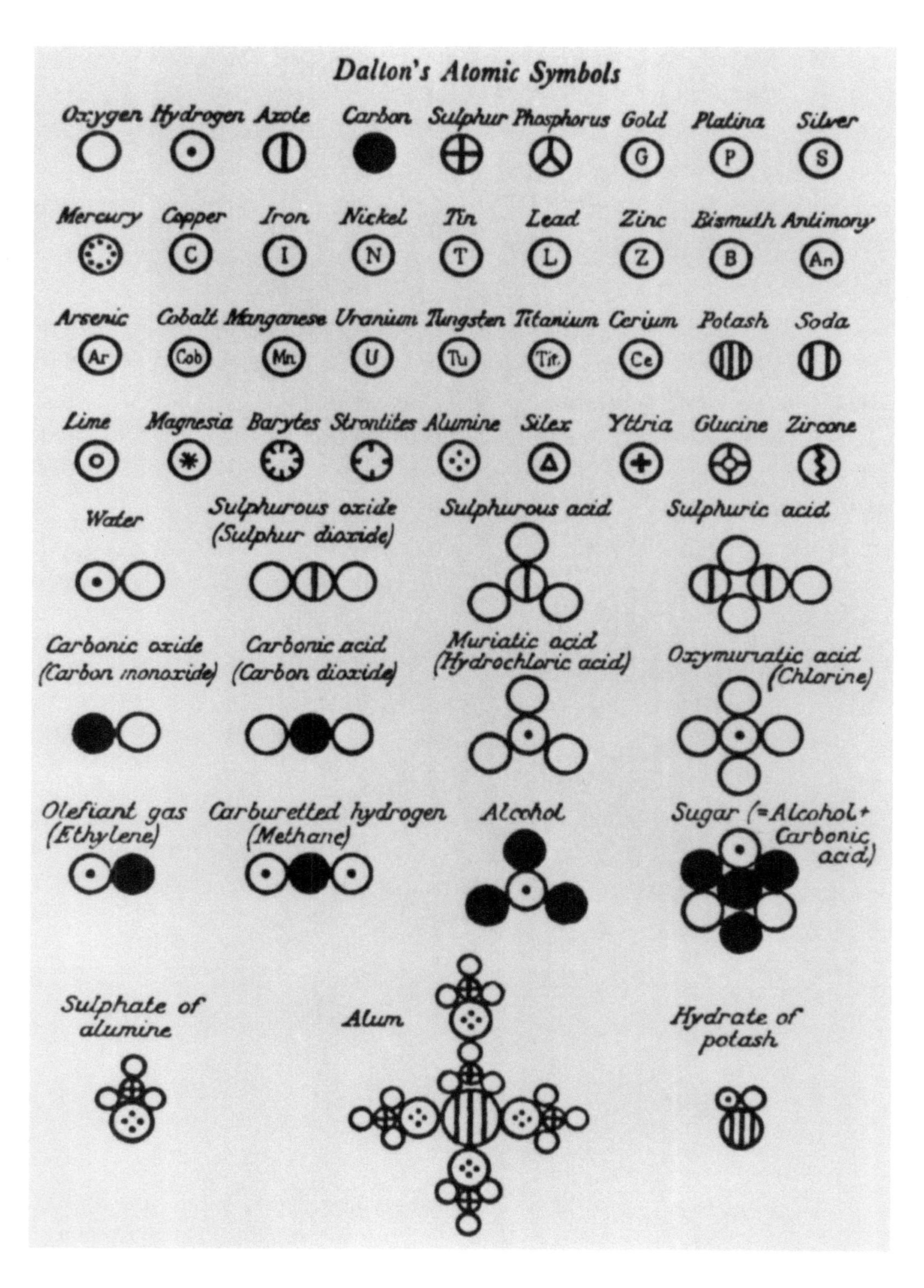
Dalton's Atomic Symbols
Oxygen
Hydrogen
Azote
Carbon
Sulphur
Phosphorus
Gold
Platina
Silver
Mercury
Copper
Iron
Nickel
Tin
Lead
Zinc
Bismuth
Antimony
Arsenic
Cobalt
Manganese
Uranium
Tungsten
Titanium
Cerium
Potash
Soda
Lime
Magnesia
Barytes
Strontites
Alumine
Silex
Yttria
Glucine
Zircone
Water
Sulphurous oxide (Sulphur dioxide)
Sulphurous acid
Sulphuric acid
Carbonic oxide (Carbon monoxide)
Carbonic acid (Carbon dioxide)
Muriatic acid (Hydrochloric acid)
Oxymuriatic acid (Chlorine)
Olefiant gas (Ethylene)
Carburetted hydrogen (Methane)
Alcohol
Sugar (=Alcohol+ Carbonic acid)
Sulphate of alumine
Alum
Hydrate of potash

对页：约翰·道尔顿的原子符号表。尽管他在原子理论与化学反应方面有正确的观念，但他对一些元素和化合物的确认现在被证明是错误的。例如石灰是钙的一种化合物，而水并不是HO。

法国人约瑟夫·路易斯·盖－吕萨克在一年后也注意到了同样的现象，但是他发现，早在1787年，他的同胞雅克·查尔斯就已经发现了这一点，不过雅克·查尔斯没有公开自己的工作，所以消息没能传开。因此，盖－吕萨克建议以“查尔斯定律”的名称对这一现象进行命名（见75页）。对这一定律简洁明了的解释是：气体由原子构成，在更高的温度下，它们会由于某种机制彼此远离。

所有的这些让道尔顿产生了这样的想法：不同的气体是由不同的原子构成的，其质量、大小均不相同。于是他设计了一系列包含多种反应的化学实验来比较不同组分所占的比例。除了这些之外，通过研究乙烯（烯烃气体）和甲烷（矿坑气），他发现虽然这两种气体都是由碳和氢组成的，甲烷的碳氢比却恰好是乙烯的2倍。这样的发现让他对原子理论做出了更加完整的阐述，并且在1808年发表。这个理论总结起来就是如下几条。

物质是由看不见的粒子，也就是原子组成的。

每一种元素都由同一种类的特定原子组成，因此原子的种类和元素的种类一样多，特定元素的所有原子都完全相同。

原子是不可改变的。

当元素结合在一起形成化合物的时候，化合物的最小组分是每种元素以特定比例和数量结合而成的一个原子团。

在化学反应中，原子不会被创造，也不会被破坏，只是重新进行了排列组合。

上述的这些理论是我们现在对于物质结构理解的基础，当然原子不再被认为是不可分割的。

No.29　电气科学

在亚历桑德罗·伏特发明了电堆（电池）后不久，英国化学家汉弗莱·戴维研究了电学和化学之间的关系。这是一个科学和技术相互促进、共同发展的经典案例。科学发现促进了电池的发明；而电池又成为电流的源头，在后来的科学研究中被投入使用，这又会反过来促进新技术的发展（见92页），以此类推。正如常常被证实的那样，一种新工具的可用性意味着可以开始着手进行大量类似的尝试，来对物质世界的性质进行研究。

戴维从“伏打电堆所产生的电是电堆中正在进行的化学反应的结果”这一正确的推论出发，开始观察当不同的物质被通入电流时，会激发什么样的化学反应。他最主要的发现就是在许多情况下，电流的作用是把化合物“打破”成它的组成部分，这个过程现在被称作电解，这促进了一些新元素的发现，特别是金属元素。

戴维在 1800 年定居布里斯托后开始研究电流的作用，不久之后他就凭借在水中通入电流证实了电学和化学之间的联系。他将一根导线连接到电池的正极（后来被称作阳极），浸没在一个水槽的一端，另外一根导线连接到电池的负极（后来被称作阴极），浸没在水槽的另外一端，此时水中会有电流通过。电流的影响就是在阳极产生了氧气气泡，同时在阴极产生了氢气气泡，当然了，戴维已经知道氢气和氧气相结合就形成了水。水被电分解成了自己的组成元素。

碳电弧灯。

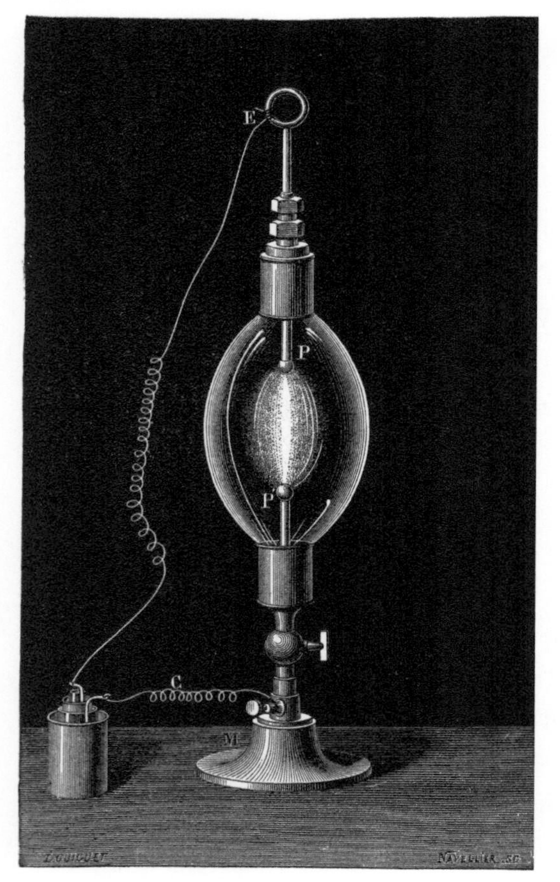

戴维对于这种现象的研究不得不暂时搁置，因为他在 1801 年要搬去伦敦的皇家科学院（新建的）接任新工作。在 1802 年他成了那里的化学教授，他的工作在很长一段时间内占用了他大部分的时间，直到 1806 年他才进行了包括电解在内的 108 个系列实验。实验装置完善的最关键一步是将两根导线（阳极和阴极）连接到浸没在被研究物质中的金属板或金属棒上。戴维在当年上交给英国皇家学会的报告中记载了他的工作结果，然后在 1807 年他继续进行电解熔融盐的实验。他用苛性钾（现在称为氢氧化钾）制出了钾，用苛性钠（现在称为氢氧化钠）制出了钠。这个实验本身十分简单。碳酸钾存在于草木灰中，戴维将草木灰浸湿后收集在一个小坩埚之中，就像电解

19 世纪的版画，汉弗莱·戴维（右侧）在所谓的碱金属和碱土金属中用电解的方法分离金属元素。

水一样将电流通入浸湿的草木灰，碳酸钾在足够的热量下熔化了，钾出现在了阴极周围。在这之前没有化学家能够将钾和钠这两种金属分离出来，戴维证明了尽管它们很相似，但它们仍然是不同的金属。这个成果是如此重要，即使英法两国当时正处在战争之中，戴维还是获得了法国颁发的年度动电最佳成就奖以及 3 000 法郎的奖金。

在之后的实验中（事实上是使用不同的物质进行相同的实验步骤），戴维分离出了镁、钙、锶和钡。1809 年，他进行了一些稍稍偏离这些工作的实验：在将两根从电池上延伸出来的导线接在木炭的相反两端时创造了或者说发现了电的新用法——电流通过木炭并对其加热，最终木炭开始发光——戴维发明了弧光灯形式的电灯。至此，他在电学领域的实验研究宣告结束，虽然他还做了很多其他的事情（包括分离出并且命名了氯气）。1812 年他的成就赢得了巨大的尊重——他被封爵了。这不仅仅是个人层面上的荣誉，也是科学技术史上的里程碑（艾萨克·牛顿是由于政治原因被封爵的），这意味着在 19 世纪初期的社会中，科学的重要性在不断增加。

No.30 定量化学

在约翰·道尔顿和汉弗莱·戴维的工作基础之上，瑞典化学家永斯·雅各布·贝采利乌斯向原子、分子和化学的现代理解迈出了重要一步。他由异性电荷互相吸引意识到，如果水电解成氢（被吸引到带负电的阴极）和氧（被吸引到带正电的阳极），那么水一定是由氢原子和氧原子因为某种形式的电荷吸引——氧原子总体带负电荷，而氢原子总体带正电荷（用现代术语来说，这种带电粒子被称为离子）——而聚集在一起的。

为了深入研究，贝采利乌斯进行了一系列实验，在这些实验中他测量了多种化合物中不同元素的比例。他的目标是“寻找无机本质的成分结合在一起的、确定的简单比例”。一个典型的例子是，在氢气气流中加热氧化铁，所有的氧元素被提取出来并与氢元素结合形成了水；他对其他金属氧化物进行了相似的实验。通过比较实验开始时氧化物的质量和实验结束时最后的质量，能够知道化合物中氧元素的质量和铁元素的质量。像研究金属氧化物一样，贝采利乌斯研究了两种硫的氧化物（现在称为二氧化硫和三氧化硫）中氧和硫的比例。为了使他

贝采利乌斯制作的元素化学符号表。

Element	Berz.	present
Aluminium	Al	
Argentum (Silver)	Ag	
Arsenic	As	
Aurum (Gold)	Au	
Barium	Ba	
Bismuth	Bi	
Boron	B	
Calcium	Ca	
Carbon	C	
Cerium	Ce	
Chromium	Ch	Cr
Cobalt	Co	
Columbium	Cl (Cb)	Nb
Cuprum (Copper)	Cu	
Ferrum (Iron)	Fe	
Fluoric Radicle	F	
Glucinum	Gl	Be

Element	Berz.	present
Hydrargyrum (Mercury)	Hg (Hy)	Hg
Hydrogenium	H	
Iridium	I	Ir
Magnesium	Ms	Mg
Manganese	Ma (Mn)	Mn
Molybdenum	Mo	
Muriatic Radicle (Chlorine)	M	Cl
Nickel	Ni	
Nitric Radicle	N	
Osmium	Os	
Oxygenium	O	
Palladium	Pa	Pd
Phosphorus	P	
Platinum	Pt	
Plumbum (Lead)	Pb (P)	Pb

Element	Berz.	present
Potassium	Po	K
Rhodium	Rh (R)	Rh
Silicium	Si	
Sodium	So	Na
Stibium (Antimony)	Sb (St)	Sb
Strontium	Sr	
Sulphur	S	
Tellurium	Te	
Tin	Sn (St)	Sn
Titanium	Ti	
Tungsten	Tn (W)	W
Uranium	U	
Yttrium	Y	
Zinc	Zn	
Zirconium	Zr	

的实验结果以一种清晰的、易于理解的形式呈现出来，他发明了以元素名称或拉丁语名称首字母来表示元素的系统；如果两种元素的首字母相同，则再加一个字母区分［例如，碳（carbon）记为 C，则钙（calcium）记为 Ca；硫（sulphur）记为 S，因此硅（silicon）记为 Si］。

永斯·雅各布·贝采利乌斯（1779—1848）。

为了将上述表示元素的系统转化成可以表示分子结构的系统，贝采利乌斯需要知道不同元素原子的相对质量。他将氢原子的质量设定为 1 个单位，按比例计算出其他元素的原子质量。起初，化学家假定水含有相同数量的氢原子和氧原子，用新的表示法写成 HO，造成了一些混乱。但是后来人们发现如果一个水分子含有两个氢原子，那么一切都会

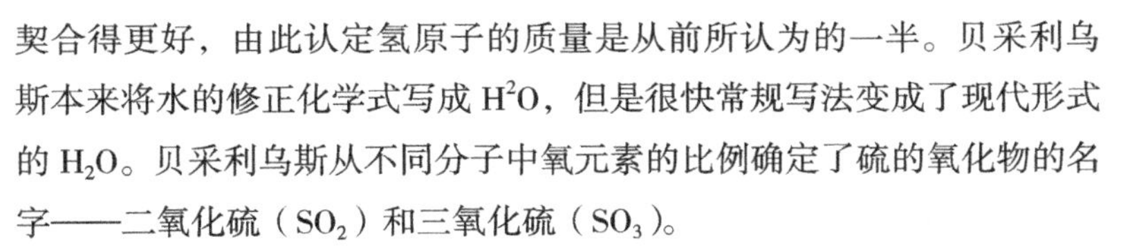

契合得更好，由此认定氢原子的质量是从前所认为的一半。贝采利乌斯本来将水的修正化学式写成 H^2O，但是很快常规写法变成了现代形式的 H_2O。贝采利乌斯从不同分子中氧元素的比例确定了硫的氧化物的名字——二氧化硫（SO_2）和三氧化硫（SO_3）。

在现代化学惯例与贝采利乌斯的习惯之间还有另一个重要差别。贝采利乌斯将单位原子质量定义为一个氢原子的质量，而现代化学则定义为碳的最常见形式（同位素）碳 -12 的质量的 1/12。然而这一微妙的差别只对化学家和物理学家非常重要。

1818 年，贝采利乌斯发表了一张表，给出了近 2 000 种化合物的化学组成，以及当时已知的 49 种元素中的 45 种的原子质量（实际上是相对于氧原子的质量）。他亲自确定了 39 种元素的原子质量，其余 6 种是他的学生确定的。采用贝采利乌斯的系统需要列出很多元素，因为在实验过程中贝采利乌斯和他的学生们确认了很多“新”元素，包括铈、硒、钍、锂、钒，以及几种稀土元素。在 1819 年，他写道：“每种化合反应完全且唯一取决于两种相反的力，即带电粒子中同性电荷之间的斥力和异性电荷之间的引力，而每种化合物的组成部分必须通过电化学反应结合在一起”。[12]

但是贝采利乌斯仍然认为生物的化学不同于非生物的化学，并且涉及一种“生命力”。他杜撰了“有机化合物”一词来指代在生物化学中

看起来很特别的碳基分子，而其余的化合物则被他称为“无机的”。对这一化学上的误解刚好在贝采利乌斯发表他的元素化学符号表（见86页）的10年后终结。

No.31 思考火焰的力量

在詹姆斯·瓦特的实验之后，蒸汽机的快速发展几乎全部基于实验和错误尝试的结果。工程师们发现了什么能够对蒸汽机的运转起作用，却并没有一个正确的理论来解释其中的原因。在19世纪20年代，这一情况被一个法国人用相反的方式纠正了过来。工程师们都是修补机器来让它工作，但是萨迪·卡诺则完全在脑海中构想出他的“实验”，并且在纸上进行计算，由此成功找出了机器工作的原理。这种“思想实验”在那以后的几十年被证明为科学的发展打下了基础。

这不仅仅体现了抽象思维的重要性。卡诺想要解答的问题之一是蒸汽机有没有一个效率的极限，如果有的话，这个极限是多少。这有着极大的实际意义，因为它决定了一个完美的，或者说是接近完美的“理想”机器会消耗多少燃料（在那个时候，燃料是煤）。

卡诺想象出了一个理想的蒸汽机，它的活塞在汽缸中运动，从一个热的“蓄水池”（在真实的蒸汽机中是燃气）和一个冷的“蓄水池”之间的过渡区域（存在温差）吸取能量，这个“冷水池”在现实中会是一

伯恩利皇后街纺织厂锅炉中燃烧的燃料。这里的织机是用蒸汽机驱动的。该纺织厂建于100多年前，被认为是世界上唯一一个还在运作着的蒸汽驱动的纺织厂。在它的全盛期，锅炉每天能消耗6吨煤。

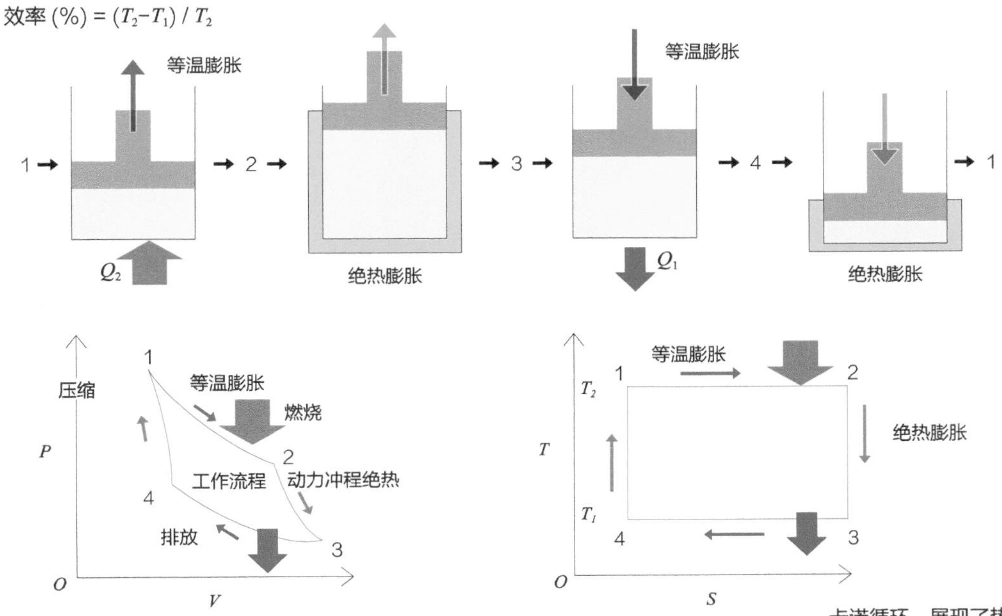

卡诺循环，展现了热机运行过程中压强/体积和温度/熵是怎样改变的。

罐水甚至是空气。卡诺描述了在一个4步的流程中都发生了什么，这个描述现在被称作卡诺循环。首先，汽缸中的空气在热水池的作用下在恒温状态下膨胀（等温膨胀），把活塞推出去。然后，气体继续膨胀，但是温度开始趋向于冷水池的温度（绝热膨胀）。在第三步中，气体在低温下恒温地压缩，同时伴随着压缩过程，热量从气体流入冷水池。最后，气体被进一步压缩，同时被加热到热水池的温度。最后一步现在被称为等熵压缩，这个词后来才被创造出来。在循环的最后，整个系统中的所有物质都回到了起始点，但是这只在有火焰提供能量来保证热水池的温度时才成立。事实上，这个循环把热水池中的热量传递到了冷水池当中。

卡诺通过计算在这个流程的每个阶段中所做的功，证明了所有在同样的温差下工作的、完全可逆的热机拥有相同的效率（也就是说，它们需要用同样多的燃料来做相同的功），这就说明了卡诺循环是利用任何一对温度之间的温差最有效的方法。当然了，一台现实中的蒸汽机是不可能达到这种效率的，因为它会在工作过程中损失热量，并且还有摩擦损失。但是，卡诺说明了就算是有一个特别好的工程师能够克服上述的困难，对于一个热源来说，可以提供的功也有一个确切的极限，并且用其他的流体来代替蒸汽也不能改变这个极限。即使可能制造出比蒸汽机的效率高的机器，这些机器的效率也不会比一个遵循卡诺循环的理想机器更高，并且卡诺手都没有脏就做到了这一切！

卡诺循环的一个重要特征就是热机在热水池的温度升高时会变得更有效。几十年后，鲁道夫在以自己名字命名的机器——鲁道夫油机的设计中应用了这一特征，这个机器中的热水池的温度比蒸汽机的高得多。

1824 年，卡诺在论文《关于火之驱动能力的思考》中发表了自己的发现。在这篇论文中，他写道："火之驱动能力与用来实现它的介质无关，它的大小只会被发生热量交换的两个物体之间的温差影响。"这是热力学第二定律（热力学最重要的定律之一）的前身。这也是用来量化物质损失事实的第二条定律，并为我们提供了衡量"时间之箭"的标尺。但是在当时，卡诺工作的重要性并没有被人们认识到。一部分原因是卡诺本人去世比较早，只能由鲁道夫·克劳修斯和威廉·汤姆森（开尔文勋爵）重新发现他的想法，并正式确立了热力学和熵的概念，熵也就是用来衡量宇宙无序度的量。在这个方向上前进的下一步将会分别由迈尔和焦耳（参见 103 页）来完成。

No.32 一个随机的运动

在一系列的研究中，实验和观察同步进行，其中就有原子存在的证明。关键的实验日期是在 1827 年，但是其观察要回溯到罗马时代，而关于究竟发生了什么的正确解释直到 20 世纪才给出。

我们都看过灰尘的微粒在一束阳光中飞舞，这是因为有些运动是由于对流和其他的空气流动形式引起的。但是罗马人卢克莱修指出还有一些其他的事情在发生。公元前 60 年左右，在《物性论》（*De Rerum Natura*）中，他这样写道："让阳光射入房间，当阳光洒在阴暗的地方，观察一下发生了什么。你会看到很多小微粒通过各种方式混合在一起，它们的舞动展示了我们肉眼不可见的物质的运动。这舞动来自于可以自己运动的原子，然后这些原子的冲撞导致小微粒开始了运动，进而轰击一些更大的微粒开始运动。因此这种运动从原子层面开始逐渐上升到我们肉眼可见的层次，那些我们在日光下看到的不停运动的微粒是由不可见的风推动的。"[13]

散布在空气中的面粉颗粒展示了布朗运动。

没有人注意到卢克莱修的这个猜想。荷兰人英根豪斯在1785年就注意到煤粉在酒精的表面不停地跳舞，这令他困惑不已，但是他没有进一步观察。这一步留给了英国植物学家罗伯特·布朗，他进行了关键性的、关于著名的布朗运动的实验。

1827年，布朗在利用显微镜观察花粉粒时，注意到当小的微粒（细胞器）从那些漂浮在水中的花粉粒中排出来时，微粒以一种不平稳的、十分曲折的形式运动。刚开始布朗以为那些微粒是有生命的，是在水中到处游泳，但是作为一名非常严谨的科学家，他使用同等大小的、无生命的物质微粒（例如水泥）对他的想法进行了验证，然后发现任何物质的悬浮在液体中（事实上悬浮在空气中的烟尘颗粒也一样）的小微粒都会以这种方式运动。

从19世纪60年代起，得益于原子假说在科学家认知中的地位越来越高，有人提出微粒的运动是它们被悬浮于其中的液体的原子或分子不停撞击导致的，但是想要用原子或者分子的撞击来解释运动，原子或分子就必须和微粒近乎同样大小，能够在显微镜下被观察到。在19世纪末，法国的路易－乔治·古伊和英国的威廉·拉姆齐分别提出了一种

阿尔伯特·爱因斯坦（1879—1955）。

对于这个现象的统计学机制的解释。

他们指出，如果在液体中的微粒被来自四面八方的微小原子或分子不停地撞击，虽然它经受的来自各个方向的力的均值都相同，但是会有一个时刻，撞击在它的一侧的原子或分子恰好多于在另外一侧撞击它的原子或分子，微粒就会猛地向另一侧运动。然后另外一个统计学的波动会将它推向一个随机的其他方向。他们两个人都没有对这个过程是如何进行的做出解释，这一工作留给了阿尔伯特·爱因斯坦。他在1905年对布朗运动是如何进行的做出了精确的数学解释（爱因斯坦实际上没有看古伊和拉姆齐任意一人的论文，他是自己把这一切做出来的）。他计算出这个现在被称为布朗运动的曲折运动会使得微粒在每一次反冲力的作用下向随机的方向运动，但是过去很长时间之后沿直线测量微粒远离自己的起始点的距离，会发现与它受到第一次反冲力后过去的时间的平方根成正比，所以它在4分钟内移动的距离是它在1分钟内移动距离的2倍。这个结论由让·皮兰在1908年用实验证明是正确的。爱因斯坦写信感谢他说："我曾以为精确测量布朗运动是不可能的，这是一个靠运气的题目，但是你解决了它。"皮兰在1926年凭借他的工作获得了诺贝尔奖。

到了20世纪的末期，一些人声称布朗可能并没有看到他所声称看到的现象，因为他的简易显微镜并不够好。但是显微镜学家布莱恩·福特在之后利用布朗最初使用的显微镜之一重做了那个在19世纪20年代进行的实验，证实了布朗确实是观察到了布朗运动。

No.33 电流的磁效应

在19世纪的早期，电学就像化学一样，持续不断地促进着物理学的发展。丹麦人汉斯·克里斯蒂安·奥斯特一度对电和磁都感兴趣，在1820年4月21日，他发现了一些前人没有注意到的东西。根据奥斯特自己的记录，他当时是在进行讲演，展示变化的磁场和电学现象，他把展示用的仪器放在面前的桌子上。奥斯特敏锐地注意到，当一根导线与电池连接的时候，一个靠近那根导线的普通的指南针发生了偏转。他发现了这两个现象之间存在着直接的联系，但是没有把观众的注意力导向他注意到的现象——奥斯特准备在公布这个发现之前，掌握更多确切的实验结果。

在那一年的晚些时候，奥斯特通过将导线连接在电池上来使放置在导线附近的小磁针变换方向，证实了导线中的电流创造了一个围绕着导线的环形磁场。这个发现使奥斯特感到十分困惑，那个移动了的小磁针并没有因被吸引而指向导线，同时也没有因被排斥而背向导线，它似乎是想要指向与导线垂直的方向。当磁针在导线正上方，或者正相反，在导线的正下方的时候，磁针与导线的角度为直角。除此之外，将导线反接在电池上就可以通过导线将小磁针引向相反的方向。由于无法解释这个现象，奥斯特发表了一篇文章来讲述他发现的现象，然后邀请其他的科学家给出解释。这个难题很快就被一个叫作安德烈 – 玛丽 · 安培的法国人解开并获得了很大的进展，不仅仅是在实验方面，安培同时还提出了第一个尽管不完备但是贴近事实的电磁学（这是后来的称呼）理论。

安培是在 1820 年弗朗索瓦 · 让 · 阿拉戈在巴黎进行奥斯特实验的演示时注意到奥斯特的发现的。这启发了他的下一步实验，在这个实验中，他发现了除奥斯特的实验外的其他现象——将两根互相平行的导线通电，当它们通入方向相反的电流时，其间的作用力会使两根导线相互排斥，但是通入方向相同的电流时，两根导线则会相互吸引。他发现上

载流导线的周围产生了磁场。对于一根长直导线，磁力线围绕导线形成圆圈，这里用小罗盘围绕在这样一根导线的周围来表示。

述作用力的大小与导线中通过的电流的大小还有导线的长度相关，同时还遵循平方反比定律，也就是当其他的变量都保持不变的时候，当两根导线被移到之前距离的 2 倍远处时，力的大小要除以 4（即力的大小变为原来的 1/4），以此类推。当安培自己想要提出来这一结论的时候，这让人联想到了艾萨克·牛顿关于万有引力的平方反比定律的“发现”。读者可能会疑惑安培是如何测定电流的大小的，他是通过自己发明的一个用来量化电流大小的装置来完成的。这个装置使用一个可以自由移动的小磁针，通过小磁针偏转角度的大小来指示导线中电流的大小。后来这个装置发展成了人们熟知的检流计（galvanometers），用来纪念路易

汉斯·克里斯蒂安·奥斯特（1777—1851）与一名助手一起观察一个演示电流对罗盘指针的影响的实验。

吉·伽伐尼（Luigi Galvani），当然电流的单位还是以安培的名字命名。

即使还有其他的研究者独立地取得了相同的成果，考虑到实际的影响力，关于电磁学的最重要的发现也被认为是安培做出的。这个发现就是当电流通过以螺旋形缠绕的导线时（安培称之为螺线管），所产生的磁场与一个条形磁铁周围的磁场恰好相同：N 极在一端，S 极在另一端。这是电磁继电器的基础，这个装置的工作原理是通电时对一块金属产生朝向线圈的拉力，断电时释放这块金属。这一发现也是电动机的基础（见 97 页）。

安培在将电和磁统一在一起的尝试过程中只完成了一部分工作，但还是提出了“电动分子”的假说，在他的假说里这种粒子带着电荷沿导线移动，这种粒子除了名称以外已经和电子没什么区别了。1827 年，他把自己所有的想法和实验数据收录在了一本伟大的书里——《电动力学现象的数学理论》，安培在这本书里引入了“电动力学”这一术语。詹姆斯·克拉克·麦克斯韦，一个活跃于 19 世纪的、成功提出电学和磁学能够统一在一起这一理论的英国科学家写下了这样一段话：“安培借以建立电流间机械作用规律的实验调查是科学史上最伟大的成就之一。”

No.34 生命力学说的破灭

曾经存在过这样一个学说，认为有一种特殊的生命力量在有生命的物质中起着某种作用，但是在无生命的物质中却不存在这种力量。人们用了很长的时间才淘汰这一学说，这一过程中关键的一步是在 1828 年踏出的。这一年，德国化学家弗里德里希·维勒发现合成一些“有机”化合物是有可能的，而在这之前人们认为只有在生物体——公认的“试管”中才能做到这一点。

弗里德里希·维勒（1800—1882）。

回到 1773 年，法国科学家伊莱尔·罗埃尔从包括人在内的各种动物的尿液中分离出了一种被称为尿素的物质的晶体。这对于生命力学说的支持者已经是一个难题了，因为尿素看起来是一种相对简单的化合物（在现代，用符号 $H_2N—CO—NH_2$ 来表示），很难被看作是复杂到需要在生命力的影响之下才能制造出来的物质。维勒在开始做一系列实验时，也像许多同时代的人一样是一个坚定的生命力学说的支持者。在实验中他试图通过氯化铵与氰酸银反应制造氰酸铵，但让他惊讶的是反应尿素分子。

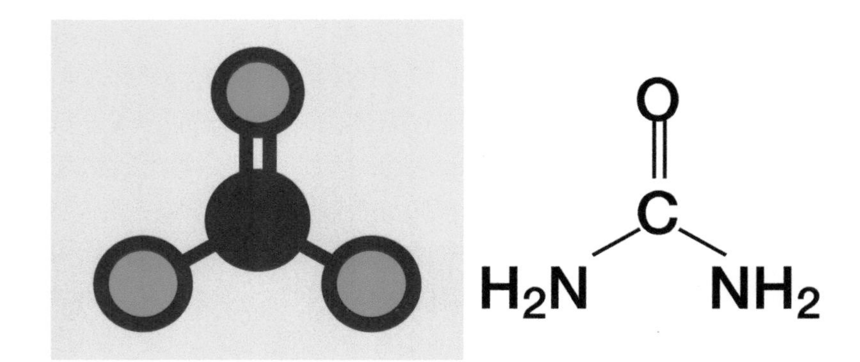

制得的晶体与他发现的晶体——尿素的晶体（氰酸铵分子与尿素分子包含的原子是一样的，但是排列方式不同）——一模一样。维勒写信给贝采利乌斯，说他可以“不通过人或狗的肾脏制得尿素”。但是他并没有因为自己的这个发现而感到开心，他告诉贝采利乌斯，“科学的巨大悲剧（是）用丑陋的事实来屠杀美丽的假说”。然而，任何违背实验事实的就是错的。

但是这并不能宣判生命力学说的破灭。尿素是一种相对简单的“有机”物，所以有可能它只是一种特殊情况。很多其他的、更复杂的化合物除了活着的生物具有外，仍然没有办法人工制得。对于“生命力没有必要”这一观念的广泛抵制一直到19世纪40年代才渐渐消失。然而在1845年，另一位德国科学家阿道夫·科尔贝开始有意证明有机化合物可以通过将二硫化碳添加到醋酸中由无机物制得。由于二硫化碳可以通过它的组成元素简单制得，整个流程包括了一系列被称为全合成的化学步骤。这就是从简单的前体到一个有机化合物的完整合成，其中没有包含任何生物手段。

19世纪中期的全合成冠军是巴黎人米奇林·贝特洛。他在1855年用乙烯合成了乙醇。在这之前，乙醇的制造方式是使用酵母菌（一种生物手段）让糖发酵。而乙烯是一种无机分子。贝特洛确信所有的有机化合物都能通过一种严谨的全合成流程从简单无机物中制得。因此，他启动了一个雄心勃勃的计划，试图从简单的无机物开始，一步一步构造出越来越复杂的化合物，最后合成所有已知的有机物。他计划从简单的碳氢化合物（类似甲烷的物质）开始，然后是醇类（包含一个羟基）、酯类（里面的羟基被替换成了一个更复杂的“烷氧基”团）、有机酸（包含更加复杂的基团），以此类推。他的成就包含了蚁酸（蚂蚁用来蜇人的化学物质）的合成、乙炔（就像汉弗莱·戴维那样，通过电击氢气包围下的碳电极获得）以及苯（通过在玻璃试管中加热乙炔获得）的制取。苯的合成尤其重要，因为每个苯分子包含了6个结成环形的碳原子。苯在原油（源自生物有机体的遗骸）中天然存在，但是通过合成苯，贝特洛开启了化学的一个新分支，它包含了研究这种现在被称为芳烃的环状分子的反应。

不像维勒，贝特洛是一个彻底的福音派支持者，他认为所有的化学过程都基于可以研究和测算的物理力量，就像是在机械过程中涉及的力量一样。他的全合成大项目雄心太大，以至于一个人根本无法完成，但是他所做出来的已经足以证明利用从生物体内发现的、被统称为CHON的4种元素——碳（C）、氢（H）、氧（O）、氮（N）制造出有机物是可行的。他在有机化合物合成领域的明确工作——《合成有机化学》在1860年出版，恰如敲响了生命力学说的丧钟。

No.35 发电

两个关键性的发明引领了技术革命，一个是蒸汽机，而另一个可以说更重要的就是发电机和电动机的组合了。有很多人对这一发明做出了贡献，其中最关键的实验是由在英国皇家科学院工作的迈克尔·法拉第完成的。

有关奥斯特发现电流的磁效应的新闻引起了法拉第对电学领域的兴趣，他意识到一根带电的导线会被迫在固定的磁体围成的圆中移动，并在1821年设计了一个实验证实了这一猜想。他将磁铁垂直地固定在盛放在玻璃容器的水银中，并将导线通过支撑件悬挂在容器正上方，导线的端部与水银相接触。水银既是液体也是电的导体，所以导线在通电时就可以在不打破电路循环的情况下在水银中进行旋转。当导线通过水银接触到电池两极时，它固定在盘子上的一端确实开始围绕着磁铁进行旋转，这正是法拉第想要看到的结果。这一设计的一个变体就是将导线垂直固定住，使磁铁可以自由旋转，这样在导线中通入电流时磁铁就会开始围绕导线进行旋转。这就是电动机设计所依据的基本原理——将电能转化成机械运动。但是随后法拉第开始了在其他领域的工作，主要集中在化学领域并在 1825 年成了英国皇家科学院一个实验室的主任，在此期间他进行了一系列有关科学的演讲。这些让他没有足够的时间投入到电学领域的研究中，所以他在 19 世纪 30 年代初才转回头来继续之前的研究。他想要解决的问题是：如果可以通过在导线中通入电流来在它的附近产生磁场，那可不可以利用磁场在附近的导线中产生电流？

那个时候，已经有几个人发现将罗盘磁针悬挂在水平旋转的金属盘上方的时候磁针会发生偏转，但是没有人知道这个现象的原理是什么。法拉第的工作给出了答案，但是他发现的与他刚开始想要寻找的并不一样。

英国物理学家迈克尔·法拉第（1791—1867）实验室的部分复原图，现在是英国皇家科学院的一部分，位于法拉第曾经工作过的地下室。

1831 年，法拉第在他的实验中使用了一种改进形式的螺线管。他使用了一个用大约 2 厘米厚的铁弯曲而成的、直径约为 15 厘米的金属圆环，在环的两侧就像常规的螺线管那样缠绕上导线，一个线圈连接到电池上，另外一个连接在一个灵敏电流计上。法拉第想要看到的是在第一个线圈通过电流时第二个线圈中产生了电流，也就是电流计发生了微小的偏转。他猜想当第一个线圈中通过电流时在铁环中产生的感应电动势使得在第二个线圈中产生了电流。

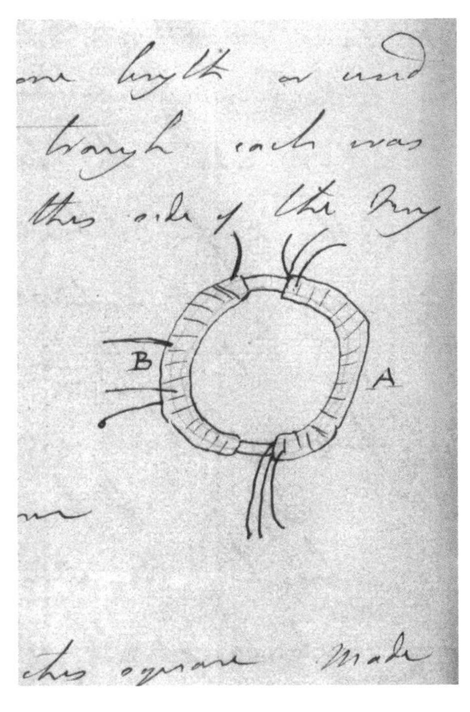

迈克尔 · 法拉第笔记中的一页，日期是 1831 年 8 月 29 日，显示了笔记和一幅电磁感应环的图解。

但是他看到的现象是：当稳定的电流通过第一个线圈时，电流计没有任何反应。但是在 1831 年 8 月 29 日一件令法拉第惊讶的事情发生了，他注意到电流计的指针只在他刚刚给第一个线圈通电的瞬间发生偏转，然后立刻回落至零。当电流被断掉时，指针又会再次发生偏转。通过这次以及更多的实验，法拉第证实了稳定的电流在铁环中产生的是稳定的磁场，这不会诱导电流的产生，但是只要第一个线圈中的电流发生变化，这就意味着铁环中的磁场开始发生变化，这时就有电流产生了。不久后他发现把普通的条形磁铁在螺线管中拿进拿出时，只要磁铁是在线圈中移动就会产生电流。就像移动的电荷可以产生磁场一样，移动的磁场也可以产生电荷。

在前面的旋转盘实验中，实验现象产生的原因是金属盘相对于罗盘磁针移动时在金属盘中产生了流动的电流，而这些电流又产生了磁场，从而对磁针产生了影响。法拉第的成就使得在需要的时候或多或少的发电成了可能——只需要利用机器将磁铁不停地围绕适当缠绕的导线旋转，或者将导线在磁场中移动，只要发生了相对移动就可以。就像电能可以转化成机械运动那样，机械运动也可以转化成电能了。同时电可以在一个地方产生，然后通过导线运输到另外一个地方，用来驱动电动机。就在法拉第在他的实验室中发现电流计指针抖动后的半个世纪——1881 年 5 月——世界上第一辆电车在柏林附近的里希特菲尔德接受了测试。

No.36　一次令人振奋的体验

查尔斯·达尔文最著名的成就是他的自然选择学说，这一学说解释了进化是怎样发生的，但是在开始注意进化之前他曾是一位地质学家，并且以他在著名的贝格尔号（又称“小猎犬号”）的航海中有关南美洲的地质观测记录在科学界闯出了名声。这些记录中最令人激动的部分是有关他对一次大地震的亲身体验的内容，通过对这次地震的观察他获得了对安第斯山脉和其他山脉起源的正确解释。

1835年2月20日，达尔文在智利上岸，地点靠近瓦尔迪维亚，在此他经历了一次地震。他写道：“我正躺在树林中休息，地震突然发生了，并且持续了2分钟，但是给人的感觉时间似乎要漫长得多。大地摇晃得非常明显……很像是某种移动……是那种滑行在被体重压弯的冰上的感觉。强烈的地震瞬间破坏了我们与大自然最古老的关联，坚固的大地在我们脚下像液体上面的薄壳一样移动。”[14]

贝格尔号的船长罗伯特·菲茨罗伊迅速将他的船驶到海面上，沿着海岸线一路向北向着康塞普西翁航行，去尽可能为当地人提供帮助。他们在3月4日到达了这座满目疮痍的城市。就在这附近，达尔文看到，沿着海岸线，岩石层升高到满潮线的上方，上面覆盖着死去的以及将死的贝类，包括贻贝和帽贝，还有海藻。很明显地震使陆地抬升了。菲茨罗伊认为这一定是暂时的现象，陆地很快就会回到原来的位置，但是达尔文意识到这是个长期的影响。他曾阅读过一位先驱地质学家查尔斯·莱尔的工作文件，莱尔在他的著作《地质学原理》中描写道，解释地球的形貌所需要的全部并不是《圣经》描述的那种灾难，而是像发生在我们周围的那些变化一样的渐变在漫长岁月的积累。莱尔在18世纪80年代苏格兰的詹姆斯·赫顿的影响下产生了这种想法。按照赫顿的观点，地球的起点消失在时间的迷雾中，就他对地质记录的观测而言他找不到“起点的遗迹，终点的预期”。这一观点全然不顾当时东正教坚信的地球只有大约6 000年历史的说法。这种被称为“均变论”的相当新潮的观点与陈旧

查尔斯·达尔文（1809—1882）。

位于阿根廷境内的巴塔哥尼亚的上升海滩。摘自《小猎犬号之旅：查尔斯·达尔文的日记研究》的第一个插图版（1890）。

的“灾变论”观点形成了对比，“灾变论”认为，是今天所不可见的那种突然的剧烈变化形成了山脉、海床和地球表面的其他特征。莱尔是主张“均变论”的重要人物。

与《圣经》中描述的洪水相比，即使是达尔文遇见的那次大地震也只是一种渐变，并且对于智利来说是很平常的现象。如果一场地震能够显著地抬升陆地，那么经过莱尔所讲述的时间尺度，整个安第斯山脉就可以从大海中升上来。当达尔文在从海水中升上来的岩石上方发现了古老贝壳的分层时，他找到了证明过去曾经发生过相似的地震并且造成了相似高度的抬升的可靠证据。

在一次内陆远征中，他甚至在山间找到了已经石化了的海洋贝壳。所有的这一切适时地为达尔文提供了在漫长时间里进化通过小变化的相似积累过程起作用的时间框架。他总结道：“几乎无从怀疑，这样巨大的攀升曾经被这些连续的小抬升影响……通过不知不觉的缓慢上升过程。”并且当达尔文提出他的自然选择学说时，他在自己的书中对莱尔给了他“时间的礼物”——足够长的时间让自然选择发挥进化的作用——表示了感谢。

“在薄冰上滑行”这一类比也让达尔文开始思考地球看似固态的表

面以下是什么，并且得到了出色的现代结论："几乎可以肯定，这里有一个蔓延的地下熔岩湖……我们可以肯定地得出结论，那些缓慢地、一点点地抬升大陆的力量，与那些在连续时间内从火山口喷射出火山物质的力量是相同的。出于很多原因，我相信在这条海岸线上大地频繁震颤是由于地层的分裂、在陆地上升时必然随之而来的张力导致的，此外，地表还被火山喷出的液态熔岩覆盖。"[15]

No.37 血液热量

最重要的物理学定律之一就是能量守恒定律：能量既不会产生也不会消失，只能从一种形式转化为另一种形式（换言之，你不能无中生有）。一个体现能量守恒定律的日常例子就是当一辆汽车制动时，汽车运动的能量（动能）转化为摩擦在制动系统中产生的热能。在制动系统逐渐冷却的过程中，这些热能缓慢地耗散到外界，但是这些能量永远不会消失。领会到能量守恒定律的第一人是德国医生尤利乌斯·罗伯特·冯·迈尔，他是19世纪40年代东印度群岛上的荷兰船只的随船医生。

迈尔的"实验"包含了切开水手的静脉放出一些血液。这在当时是一种治疗多种疾病的惯用方法，而在热带地区这也是一种标准惯例，因为医生们相信放出一点血液会帮助人们应对高温。重要的是放血要切开静脉而不是动脉，因为动脉血的压力比静脉血高。动脉血携带着从肺部获得的氧气，呈现红色；静脉血流回肺部，呈现暗紫色，尽管当静脉血暴露在空气中时会迅速变成红色。当迈尔在爪哇岛切开一名水手的静脉时，他惊讶地发现其中的血液就像动脉血一样鲜红——甚至起初他以为自己误割了动脉。随后他对全体船员做了验证，他谨小慎微地只割开静脉，发现了同样的现象。

尤利乌斯·罗伯特·冯·迈尔（1814—1878）。

这强调了科学中探秘精神的重要性——或许我们应该称之为科学精神。在迈尔来到东印度群岛之前，一定有许多医生曾经注意到在热带地区静脉血的颜色是鲜红的，但是迈尔是第一个认为这是一个值得研究

的现象，并且做实验力求查明发生了什么的人。

迈尔了解拉瓦锡（见56页）的工作，拉瓦锡发现恒温动物通过一种利用空气中的氧气将食物中的成分缓慢氧化的方式保持温暖，就像空气中的氧气和木头或煤接触以维持火的高温一样。他正确地推断出赤道地区的人们静脉血呈现鲜红色的原因是，相比于其他地区，他们的体内消耗了更少的血液，因为当环境温暖时人体不需要“燃烧”那么多氧气去维持体温。他在理解这一现象方面有了巨大飞跃，他意识到能量的所有形式——太阳的热量、肌肉的能量、燃煤产生的热能等——都是可以互相转化的。热量，或者能量永远不会产生，而是只能从一种形式转化为另一种形式。

图中装置展示了肌肉中的能量是怎样通过搅动一桶水转化为热量的。

回到欧洲后，迈尔写下了他的猜想，并且尝试发表科学论文，希望引起人们对这一猜想的注意。但是不幸的是，因为他从来没有接受过物理学的培养，他的文章很难理解并且含有错误。起初，他无法发表任何东西。虽然他后来开始学习物理并且发表了关于膨胀气体的热效应的研究成果，但当时很少有人留心他的工作。这项工作留给了英国物理学家詹姆斯·焦耳，焦耳通过一系列实验独立地发现了功与热之间的关系，其中最著名的实验是下降的重物通过绳子和滑轮与置于一桶隔热的水中的桨轮相连，在重力作用下下降的重物将重力势能转化为桨轮的转动动能，而转动动能又使水的温度升高。迈尔的同胞赫尔曼·冯·亥姆霍兹通过焦耳的工作得知了这一猜想，他在1847年发表了能量守恒定律的定义性声明，此时这一观点得到了广泛的关注。虽然亥姆霍兹是从焦耳的论文中了解到这一观点的，但最终迈尔也获得了他应得的声望。

能量守恒定律是如此重要，以至于它被称为热力学第一定律。它说明了一个孤立系统的总能量是不变的，不过重要的是我们要铭记我们居住的星球并不是热力学条件下的孤立系统，因为它是从太阳获得能量的。然而迈尔是当时根据对19世纪中叶的物理学的最好理解指出太阳在几千年后会将能量耗尽的人之一。这一谜团将由放射现象的发现来解开（见152页）。

No.38 火车上的小号手

有时实验会导致新的发现，比如伽伐尼实验中抽搐的蛙腿（见59页），而有时新观点或假设会带来证明其正确的实验并将它们变成理论。当科学知识发展时，这两个过程之间有一种协同作用。天文学家所使用的两个最重要的工具之一，现在被称为多普勒效应，就体现了这种作用。

19世纪40年代，克里斯蒂安·多普勒在位于布拉格的捷克理工大学（即捷克科技大学的前身）工作，他了解到了当时托马斯·杨和奥古斯丁·菲涅耳（见76页）建立的光的波动性理论。他意识到如果一个光源向着观察者移动，观察者看到的光波会被压缩变短（向着光谱的蓝端移动）；如果光源远离观察者移动，光波会被拉长（向着光谱的红端移动）。他联想到这将会影响人类对观察到的恒星颜色的判断，并且在1842年发表了一篇文章——《论双星及天空中其他恒星的色光》，引起了人们对此的关注。他写道："没有比这更容易理解的事了，对于一个观察者，如果他迎着一列波快速前进，那么这列波的两个端点之间的路径长度和持续时间一定会变短，而如果他背对着这列波逃开，则路径长度和持续时间会变长。"

他是对的，但是他认为这会影响对恒星颜色的判断的观点被证明是错的。恒星并没有运动得那么快，以至于它们的运动会对其颜色产生可以察觉到的影响，不过在一个多世纪以后，一个相关效应被证明对研究远得多的、被称为类星体的天体很重要。他发现的多普勒效应也适用于在空气中传播的声波。如果声源向着你运动，声波被压缩为音调较高的声波；如果声源远离，它被延伸为音调较低的音符。在今天，人们对这一效应非常熟悉，当一辆救护车快速驶去时，我们会注意到汽笛的音调降低了（"下行多普勒"效应）。但是在19世纪40年代人们怎样验证这一观点呢？

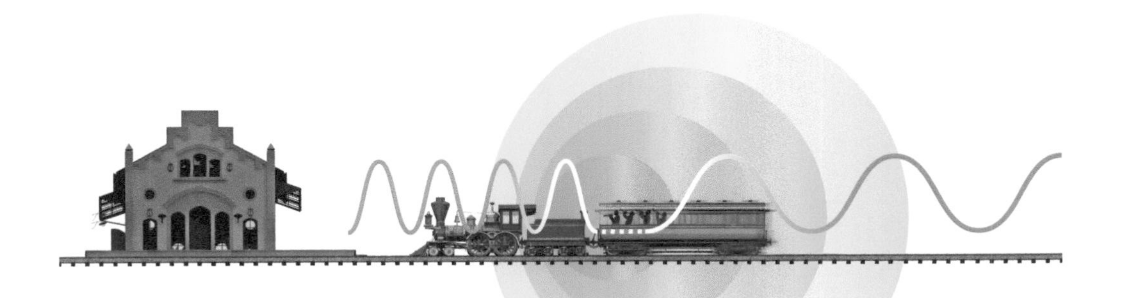

多普勒效应。乘坐火车的号手吹奏小号的声波在火车前方被压缩，使音调变高；而在火车后方被拉伸，使音调变低。

1845 年，荷兰人克里斯托夫·伯伊斯·巴洛特设计了一个卓越的简单实验来测试这种效应。当时可以找到的最快的交通工具是蒸汽火车，他安排了一群号手，在沿着乌特勒支到阿姆斯特丹的铁路行驶的火车的一节开放车厢里，吹奏着某一个音符经过另一群在铁路旁倾听的乐师。这些乐师有着完美的音准，能够精准地描述当火车经过他们时音调的变化。所以这一实验证明了多普勒的主要假设。但是伯伊斯·巴洛特也第一个指出了多普勒效应会影响恒星被观察到的颜色的观点是错误的。

然而故事还没有结束。1848 年，法国人希波吕忒·斐索意识到，约瑟夫·夫琅禾费研究的光谱中的某些暗线会因多普勒效应移动。当时人们还不知道这些线的来源（见 115 页），但是它们出现在太阳光光谱的精确波长处。如果这些线移向红端（红移），它们移动的量可以用来测量恒星远离我们的速度；而如果它们移向蓝端（蓝移），则可以被用来测量恒星靠近我们的速度。1868 年，当英国天文学家威廉·希金斯第一次测量几颗恒星相对地球的移动速度时运用了这一判断。在双星系统中，当一颗恒星围绕另一颗恒星运动时，多普勒效应使这些谱线来回移动，提供了恒星运动速度的度量。结合其他观测，这一方法使人们能够测量双星系统的质量——与听取火车上的号声相去甚远。

值得指出的是，尽管许多流行的报道将著名的宇宙学红移归因于多普勒效应，但事实上并不是多普勒效应。虽然前者（指宇宙学红移）是依据遥远天体的光谱中的特征谱线向光谱的红端移动（向更长的波长）以同样的方式测量的，但并不是由这些天体（遥远的星系和类星体）的运动引起的，而是因为在宇宙膨胀的过程中空间本身将光波不断拉长。

No.39 冰的速度

一些实验，比如法拉第尝试用铁圈产生诱导电流的实验，产生了意料之外的结果，但是为我们带来了强有力的新认识。另一些实验恰好得出了实验者期望得到的结果，提供了让怀疑者们相信新理论的正确性的有力证据。瑞士地质学家路易斯·阿加西在19世纪30年代为了证明他提出的地球曾经被冰覆盖的论点就做了这样一个实验。

当时，人们对在欧洲的不同地点发现的岩石的起源有争议——这些岩石远离它们本该属于的岩石层。对此，传统的解释是这些被称为漂砾的岩石是被《圣经》中的大洪水带到各处的。但是少数人认为这些岩石是在一个漫长的冰河世纪随着北方和山上的冰川漂移到现在的地点的。阿加西起初对大洪水的故事深信不疑，并且在1836年怀着找到证据、反驳冰川运动观点的目的，到山区进行了一次实地考察。然而，他很快就意识到这些漂砾的分布，被冰川的作用打磨得十分光滑的岩石表面，被冰川裹挟的石块在岩石上留下的划痕，以及其他证据都在支持冰川运动的观点。他开始拥护这一观点，并在1837年创造了"冰期"（德语为Eizeit）一词。同年，他以瑞士自然科学学会会长的身份在他的会长报告中引入这一词汇来呈现这些证据，并对他的同事们说："考虑到我们刚刚所描述的不同事实之间的密切联系，作为解释侏罗山脉漂砾成因的理论，如果不能同时解释土地呈抛光状的表面，鹅卵石的形成和它的圆形形态，沙子立即被附着在被抛光的土地上，以及巨大的盖层断块呈角状，这样的理论是令人难以接受的。而上述这些现象有力地印证了我所熟知的所有（其他）关于漂砾运输的假设。"[16]

路易斯·阿加西（1807—1873）。

然而他在瑞士自然科学学会的同事嘲弄了他的这一观点，因此他设计了一个实验来测试冰移动岩石的力量。

这一实验无疑很简单：他在瑞士阿勒冰川一块

路易斯·阿加西在1842年建造的、用于研究瑞士阿勒冰川运动的小房子。

露出地表的岩石上建造了一个小房子，并将它作为一个观测站（事实上是一个小屋）。他将木桩钉进附近的冰中，并且在每年夏天回到这里，测量木桩被像结冰的河一样向山下流动的冰川带动了多远，再钉入更多的木桩。3年之后，他发现冰移动的速度远比他预想的要快。他推测在比较近的过去瑞士并不是被阿尔卑斯山脉上的几块冰川所覆盖，而是被从高高的阿尔卑斯山脉延伸到瑞士西北部山谷的一整块巨大的冰盖所覆盖。这块冰盖应该曾经被侏罗山脉阻挡，在山脉后堆积起来达到了山脉顶峰的高度。同类事件应该曾经发生在整个欧洲，甚至发生得更早——那是在大冰期。

1840年，阿加西出版了《冰川研究》一书，清楚地列出了冰期的证据，并对冰期进行了详细说明。这本书在当时造成了轰动，尤其是因为阿加西散文般的叙述风格："地球曾经被埋葬了西伯利亚猛犸象的巨大冰盖所覆盖，这块冰盖一直向南方蔓延到存在漂砾的地方。在阿尔卑斯山脉、波罗的海以及德国北部和瑞士的所有湖泊形成之前，这块冰盖就填满了欧洲大陆所有不平坦的地方。它延伸到地中海和大西洋的海岸线之外，甚至完全覆盖了北美洲和俄罗斯。当阿尔卑斯山向上抬升时，冰盖像其他岩石一样被推起，从抬升造成的裂缝中脱离出来的碎片落在冰盖的表面，没有变成圆形（因为它们没有受到摩擦），顺着冰盖的坡度向下滑去。”[17]

同样是在1840年，阿加西到英国访问。他对苏格兰进行了一次实地考察，在那里他遇到了一些当时首屈一指的地质学家，阿加西直接向他们展示了支持冰期理论的证据。资历最高的两位地质学家威廉·巴克兰和查尔斯·莱伊尔被说服了，并且在当年的年末在伦敦地质学会的两次会议上，这两位被安排与阿加西共同发表了关于冰期理论的论文。1840年11月18日和12月2日的两次论文展示，标志着冰期理论摆脱了孤立地位，不过当时人们并没有对为什么地球曾在过去如此之冷（见250页）做出解释。

No.40 吸收辐射热

约翰·丁达尔（1820—1893）。

19世纪50年代末，爱尔兰物理学家约翰·丁达尔在英国皇家学会工作，在那里他的工作与迈克尔·法拉第晚年之时的工作相同。丁达尔对威廉·赫歇尔（见69页）发现的“辐射热”（红外辐射）产生了兴趣。从前的科学家，尤其是法国的约瑟夫·傅里叶推测地球大气的作用就像一张毯子，封存热量，保持地球表面温暖。丁达尔做实验测量了不同大气成分吸收红外辐射的能力，使这些观点有据可依。

在他的实验中，实验气体被储存在一根长玻璃管中，两端用在红外波段没有吸收作用的透明水晶密封，管的一端与热源接触。红外辐射通过管中的气体在管的另一端出现，照射在一个叫作热电堆的敏感探测器上，这种探测器可以将温差转换为电流。热电堆的另一端与另一个标准热源接触。热电堆产生的电量依赖

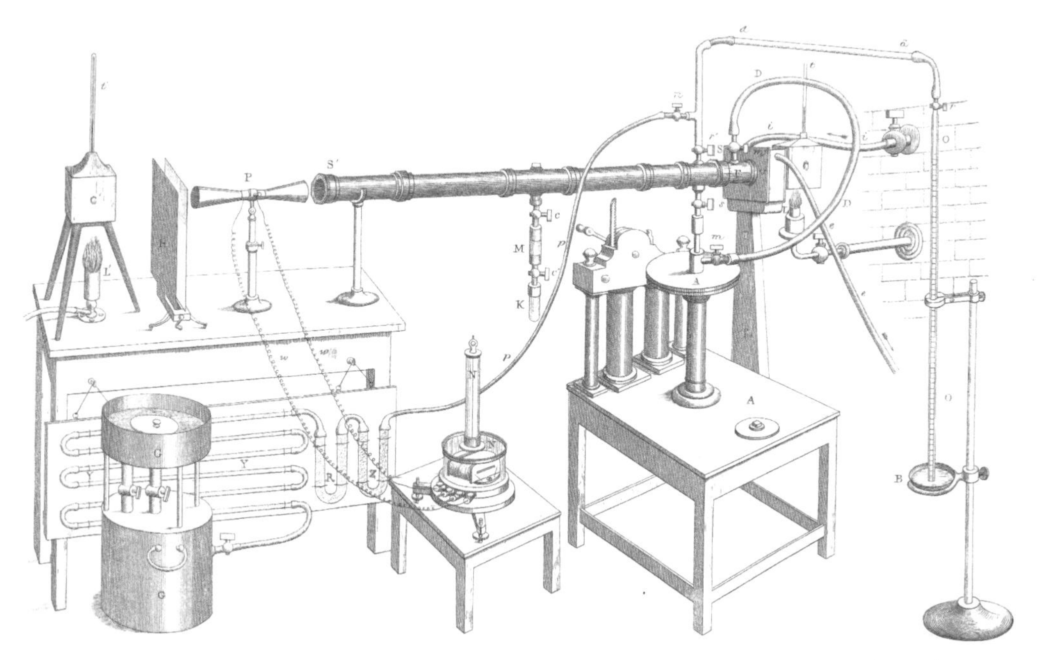

丁达尔用来测量不同气体的红外吸收能力的实验装置。

于其两端的温差，并且用电流计测量电流来显示管中气体吸收了多少红外辐射热。这一装置称为分光光度计，非常敏感，即使是人体的热量也可以对实验产生干扰，因此研究者不得不远远地在实验室另一端用望远镜观察电流计指针的偏转。就像丁达尔在皇家科学院的一次演讲中所描述的："我的助手站在几米远处，我在他面前打开热电堆。即使在这么远的距离，他的脸辐射的热量也会使电流计的指针发生 90 度的偏转。当我把仪器对着墙壁，估计墙壁的温度比平均室温略低，电流计的指针回落，转向零度的另一端，针尖的负偏转说明电堆感受到了墙壁的低温。"[18]

丁达尔测量了氮气、氧气、水蒸气、二氧化碳（当时被称为碳酸）、臭氧、甲烷，以及其他碳氢化合物的相对红外吸收能力。他发现最易吸收红外辐射的气体是水蒸气、二氧化碳，以及像甲烷一样的碳氢化合物。氮气作为地球大气的主要成分并不会显著地吸收红外辐射，我们呼吸的氧气也不会——尽管氧气的三原子形式臭氧会吸收红外辐射。他的实验结果出现在 1861 年皇家学会的贝克尔演讲中，并且后来他在自己的书中和其他演讲中对此进行了详细描述。

这启发丁达尔建立了对冰期的出现的第一个科学解释。水蒸气是最易吸收红外辐射的物质，但是丁达尔认为空气中水蒸气的量受二氧化碳的量所影响。如果有更多的二氧化碳，大气就会储存更多热量，地球就会更温暖一些。这会使海洋蒸发出更多的水蒸气，这又促进了气候变暖。他说，如果空气中没有这些气体的存在，地球将“紧紧地被冰霜铁腕压制”。他认为这可以作为对路易斯·阿加西（见 106 页）描述的冰期的解释。在以前，空气中的二氧化碳和水蒸气比现在少，因此地球也要比现在更冷一些。然而这并不是全部情况，这是对冰期循环（见 250 页）的现代解释之一。在冰期循环中，很小的温度改变也会被这样的“反馈”过程放大。

丁达尔还正确地解释了辐射造成了热量损失，进而导致夜间温度下降和露或雾的形成，并且发明了一种测量每个人呼出的二氧化碳的量的方法，这种方法至今仍被医院用来监测被麻醉后的患者。

丁达尔关于“冰霜铁腕”的评论的正确性可以通过比较地球与月球的温度来证明。没有空气的月球与地球表面每平方米接收到相同的阳光和热量，但是月球的平均温度（对整个月球表面，白天和夜晚的温度取平均值）是零下 18 摄氏度，然而同样做平均处理的地球的平均温度是 15 摄氏度。尽管会有一点热量从地球内部散逸出去，但地球与月球的平均温度差——33 摄氏度，几乎完全是由吸收红外辐射的大气的加热效应造成的，这一过程在今天常被称为温室效应。

No.41 帕森斯城的利维坦

19世纪 40 年代，罗斯伯爵三世（威廉·帕森斯）建造了世界上最大的望远镜，并用它研究了银河系之外的其他星系，观测天文学开始进入现代时期。

罗斯在 1822 年至 1834 年期间担任国会议员，然而他在 34 岁那年辞去职位，投身于天文学。他非常富有，其财力允许他在爱尔兰比尔城堡的祖宅上建造一系列望远镜，最后建造的是一个有着抛光金属镜（由“反射镜”制成，材料为约 2/3 的铜和 1/3 的锡）的反射式望远镜，口径 180 厘米，被称为“帕森斯城的利维坦”。这一巨大仪器的镜筒被安装在两座高 15 米、相距 7 米的石塔之间，通过绳子和滑轮系统升降，以便指向不同的高度。但是它不能横跨天空去追踪天体，只能观察那些因

帕森斯城的利维坦。尽管望远镜在 1908 年被拆解了，但 20 世纪 90 年代人们又重建了一个复制品。此处现在是一座博物馆。

为地球旋转落入望远镜视野中的事物。伯爵不得不从零开始研究建造利维坦的技术，这既是因为望远镜特殊的尺寸和设计，也是因为从前的望远镜制造者总是保守他们的行业秘密。与他们不同的是，罗斯伯爵对他的工作持开放态度，并且在 1844 年，即开始建造仪器的两年之后将制作 3 吨镜子的金属的技术细节——铸造、打磨、抛光——提供给了贝尔法斯特自然历史学会。在接下来的一年即 1845 年，他开始使用这座望远镜进行观测，但是由于爱尔兰发生饥荒，他在接下来的两年内全身心地尽他作为“地主”的职责，直至 1847 年才开始实施观测的完整计划。

罗斯对天空上被称为星云（来源于“云”的拉丁语）的模糊光斑非常感兴趣。他曾借助 90 厘米口径的反光镜，为几个星云制作了素描图（在天文学摄影出现之前），其中包括一个他觉得看起来像螃蟹的星云，他将它命名为蟹状星云。他用 180 厘米口径的望远镜，能够看到星云的更多细节。他还第一个看到 M51 星系，它有着螺旋结构，就像搅拌一杯咖啡中的奶油所得到的图案，因而 M51 星系又被称为涡状星系。

当时，对于这些星云的本质人们有两种看法：一种看法是它们是在重力影响下坍缩形成新的恒星和行星的过程中的气体云；另一种看法是星云是由许多恒星构成的，它们距离我们太远，因而太模糊，难以被单独分辨出来。罗斯是第二种观点的忠实支持者，而约翰·赫歇尔（威廉·赫歇尔的儿子，天文学家，见 54 页）是第一种观点的领航人物。直到 20 世纪，观测装置足够精细（用比利维坦更大更好的望远镜，在摄影术的帮助下）后，两个人的观点才都被证明是对的。一些星云是我们的银河系内形成恒星的气体云（有些是星球爆炸的碎片，例如巨蟹座内的 M44 星云），但是其他的，包括涡状星系 M51，是与银河系相似但是更远的庞大星系。

当然，利维坦也可以用于研究近在咫尺的事物，这给非天文学家们留下了深刻印象。爱尔兰国会议员托马斯·勒弗罗伊说：“木星通过普通镜片观察时不会比一颗恒星大，用裸眼观察它的大小大约是月球的两倍……但是为运用这个巨大的怪物而想出所有方法的天才的能力超过了设计和制造这台仪器所需的智慧。这座望远镜重 16 吨，然

罗斯伯爵三世威廉·帕森斯（1800—1867）手绘的涡状星系 M51（也被称为 NGC 5194），发表于 1850 年。

而利用特殊的装置，罗斯伯爵能单手将它原地抬起，并且两个人就可以将它轻松地抬升至任何高度。”[19]

伯爵三世逝于1867年，而他的儿子劳伦斯，伯爵四世，一直到1890年还在使用这座望远镜。他的另一个儿子，查尔斯，因发明了蒸汽涡轮机而闻名。利维坦年久失修，于1908年被部分拆除，不过它在20世纪90年代被用一块铝质镜子（原来的镜子存放在伦敦的科学博物馆）重建，现在这里建造了一座博物馆。第一座镜子比利维坦还要大的望远镜是位于美国加利福尼亚州威尔逊山的2.5米口径的胡克望远镜，直到1918年才开始投入使用，比罗斯首创性的观测晚了63年。

No.42 争论与控制

在科学领域，名誉并不总是归于它所属之处，尤其是面对“悬而未决”的问题，并且由不同的人在几乎同一时期获得研究成果时。在手术中第一次使用麻醉剂就是一个恰当的例子。这一名誉给了美国人威廉·莫顿，他在1846年10月16日将这一技术应用于波士顿的马萨诸塞州综合医院。他的确使用了这种方法，并且为此做了许多宣传。但是在美国佐治亚州杰克逊郡的农村工作的、名声较小的克劳福德·朗才是应用麻醉剂的第一人（克劳福德·朗是约翰·亨利·霍利迪医生的堂兄弟，因是怀亚特·厄普的牙医朋友而闻名）。与莫顿不同，朗对麻醉剂进行了更深入和科学的调查研究，包括对照试验的使用。

在19世纪40年代初，众所周知，人在吸入乙醚后会产生精神愉快甚至意识不清的感觉——当时在某些地区，人们使用乙醚制作“兴奋剂”，在聚会上使用它，这被称为“乙醚嬉戏”。在没有对作用机制进行系统研究的情况下，乙醚偶尔会被用来缓解拔牙的疼痛。朗改变了这一切。1840年3月30日，在第一次使用乙醚的手术中，朗用吸收了乙醚的毛巾使患者失去意识，在几个医学生面前切除了患者脖子里的两个肿瘤之一。患者没有任何感觉，直到朗给她看了取出来的肿瘤，她才相信已经做了手术。在6月6日，朗为她切除了第二个肿瘤。

接下来，朗进行了进一步的手术：故意在一些手术中使用乙醚，而

莫顿乙醚吸入器的复制品，与1846年马萨诸塞州综合医院使用的相似。玻璃容器中含有浸透乙醚的海绵，患者通过容器口吸入乙醚蒸气。

在另一些手术中不使用乙醚，以便证实它的确是关键因素。像他后来所写的："我真是幸运极了，能够遇到两个病例，让我令人满意地验证乙醚的麻醉能力。这些患者之一，玛丽·文森，我在同一天为她切除了3个肿瘤；吸入乙醚只在切除第二个肿瘤的手术中使用了，对止痛非常有效，而在另两个手术中，她受尽了切除肿瘤的痛苦。在另一个病例中，我切掉了一个黑人男孩伊萨姆的两根手指；这个男孩在一次切除中以乙醚麻醉，而另一次切除中没有使用，他在未使用乙醚的手术中感到痛苦，而在另一个手术中毫无感觉。"[20]

朗对于他的工作很公开，这些工作在当地很出名，并且被他的一些同事模仿，但是他一直到1849年都没有发表他的工作成果或者试图传播这些消息。他甚至在1846年在乙醚的帮助下为他的妻子接生他们的第二个孩子，而一年之后詹姆斯·辛普森在英国独立地开创了产科麻醉术。但是威廉·莫顿在1846年实施他广为人知的乙醚麻醉的示范手术时对这些一无所知。

莫顿在学生时期从牙科学院和医学院退学，但是他在哈佛大学做医学生的短暂时光里参加了化学讲座，了解到乙醚具有可使人昏迷的作用。当时他因没有资质，被禁止从事牙医行业的工作。1846 年 9 月 30 日，莫顿使用乙醚实施了一次无痛拔牙。马萨诸塞州综合医院的外科主任约翰·沃伦看到了对这一成功手术的新闻报道，邀请莫顿在他切除一位患者（52 岁的印刷工人爱德华·吉尔伯特·阿尔伯特）的肿瘤时帮他实施麻醉。1846 年 10 月 16 日的这一场手术是在很多学生和外科医生的面前进行的，并在公众中广为流传。根据目击者的描述，在手术结束之后，患者被询问他在手术过程中有什么感觉，他说“感觉我的脖子被擦伤了”。在几周之内，这个消息传到了欧洲，12 月 21 日，罗伯特·利斯顿在伦敦大学学院的医院进行的一次手术中使用了乙醚。他评论说：“乙醚麻醉将催眠术打了个落花流水。”

这突出了麻醉带来的好处。利斯顿以“西方最快的手术刀”而闻名，他可以在两分半的时间内切除一条腿。这样的速度对于帮助病人熬过手术痛苦的折磨、犯更少的错误，以及发展更复杂的方法来应对比从脖子上切除肿瘤或砍掉一条腿更复杂的手术来说十分重要。

No.43 从火光到星光

1802 年，英国科学家威廉·海德·沃拉斯顿在研究阳光通过玻璃棱镜形成的光谱时，注意到彩色的图案被暗带隔开，他认为这些暗带只是不同颜色之间的空白，因此并没有跟进这一发现。但是他公开了这一发现，这引起了德国物理学家约瑟夫·冯·夫琅禾费的兴趣，他在 19 世纪 10 年代研究了这一现象，并对太阳光谱进行了更细致的研究。夫琅禾费发现光谱被非常多的细暗线而非几条暗带穿过。最终，他确认了这些暗线中的 574 条。如今有更多的暗线被确认，太阳光谱中的所有暗线都被称为夫琅禾费线。光谱中的一小段紧密排列的细线，看起来就像是条形码上的细线。它们是如何形成的呢？

这一问题的答案最终将会揭示太阳和其他恒星的组成，它来自德国人罗伯特·本生和古斯塔夫·基尔霍夫在 19 世纪 50 年代和 60 年代的工作。这个本生就是以著名的煤气灯的发明而闻名的本生，而本生煤气灯也是本生和基尔霍夫所做的实验的关键所在。

煤气灯的燃料来自于当时德国海德堡市为家庭提供的燃气。这种燃气是由煤燃烧获得的，在本生灯中这种燃气与氧气结合可以产生明亮的火焰，而通过加入微量的不同物质可以改变火焰的颜色。化学家利用这种“焰色反应”，通过火焰的颜色分辨物质。例如钠使火焰呈现黄色，而铜使火焰呈现蓝色。因此当把普通的盐撒在火焰上，火焰变成黄色时，我们就可以知道盐中存在钠。基尔霍夫意识到使用光谱可以进行更细致的分析。因此本生和基尔霍夫搭建了一台设备来观察光谱，设备包括一条可以让光线通过的狭缝，使光束变窄的瞄准仪，一个使光色散形成彩虹图案的棱镜以及一个类似于显微镜上的目镜的装置。这是第一台光谱仪。

当海德堡的这两位科学家使用光谱仪分析火焰发出的光时，他们发现，每一种元素在高温时都会在精确的波长处产生明亮的谱线——对于钠，谱线位于光谱的黄色部分，而铜的谱线位于光谱的绿色 / 蓝色区域，

右图：约瑟夫·冯·夫琅禾费在 1814 年和 1815 年绘制的太阳光吸收谱线，黑线（光的缺失）是因为太阳外层的某些化学元素吸收了特定波长的光而形成的。

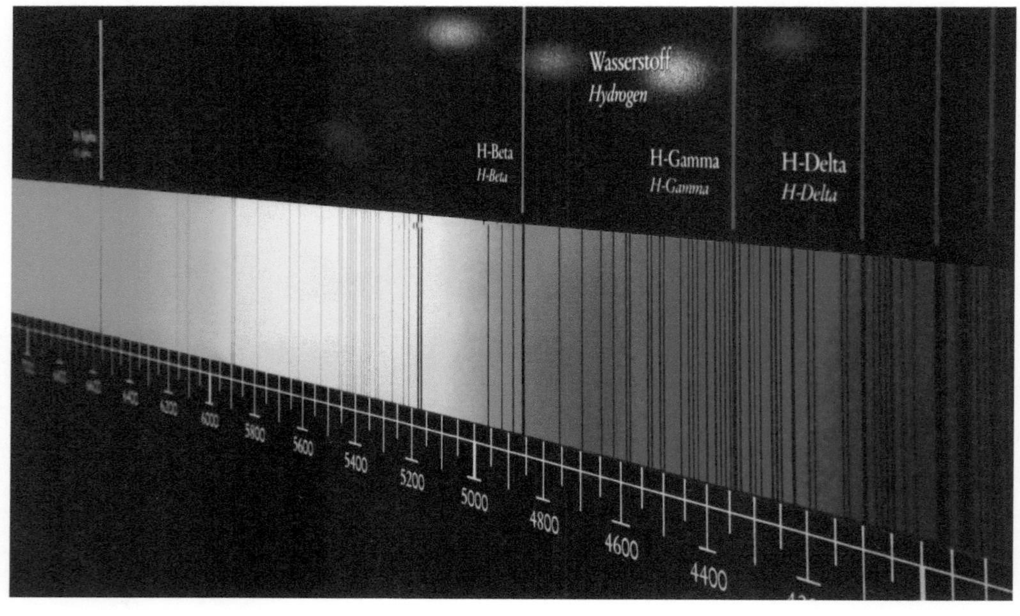

下图：部分太阳光谱，显示了夫琅禾费线。上方标记的是氢（德语 Wasserstoff），巴耳末系的 α、β、γ 和 δ 线，并且在太阳光谱上标注了它们的位置。

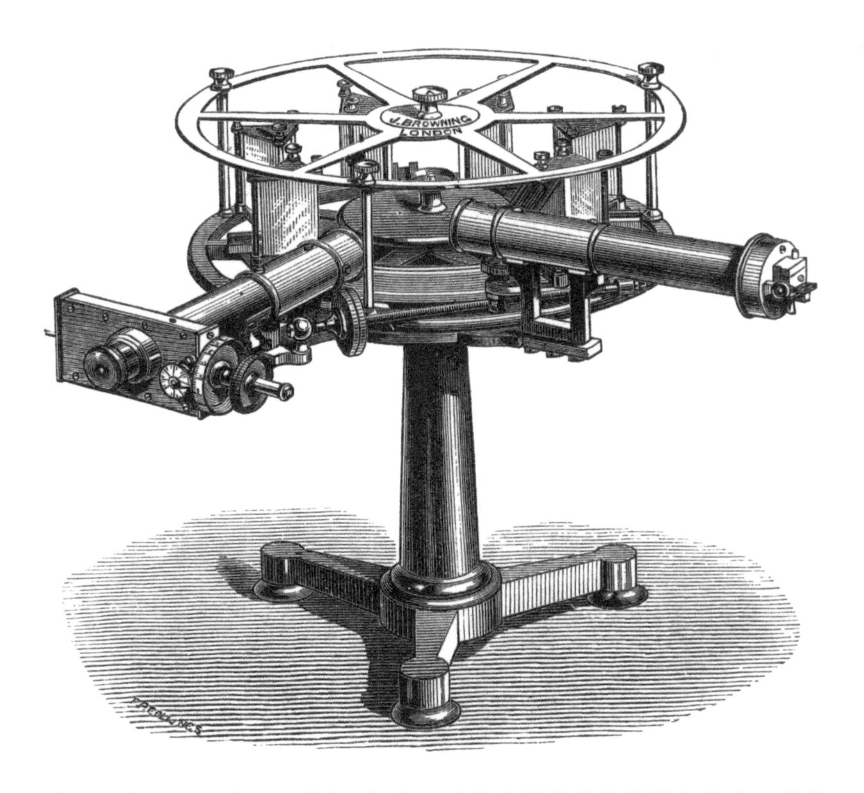

一台早期的光谱仪。

诸如此类。一天晚上，他们看到 16 千米之外的曼海姆燃起大火，并且他们能够在海德堡的实验室里使用光谱仪分析火光，从而确认了火焰中存在锶和钡产生的谱线。

几天之后，本生和基尔霍夫离开实验室沿着内卡河散步，讨论他们在大火中看到的东西。基尔霍夫后来回想起本生说了一些话，类似于"如果我们能确定曼海姆大火中燃烧的物质，那么我们也应该能对阳光做同样的事"。

"但是，"他补充道，"人们会说我们想做这样一件事一定是疯了。"

遵循着河边的对话，他们真的分析了太阳光的光谱，发现夫琅禾费确定的很多暗线在波长上精确地与在实验室中被加热的多种元素产生的明线处于光谱的同一位置。基尔霍夫很快解释了正在发生的事：这些线之所以是暗的，是因为存在于太阳外层的元素比内层的元素温度更低。当更热的内层发出的光通过外层的较冷区域时，元素吸收光，将光谱上特定波长的光移除，而非在光谱上增加明线。但是关键点在于这些暗线在光谱上的位置与被加热的元素产生的明线的位置相同，所以构成太阳的元素就可以被确定了。

1859 年 10 月 27 日，基尔霍夫的发现在于柏林召开的普鲁士科学院会议上公之于众。如今这一天被视为天体物理学学科诞生的日子，尽管“天体物理学”一词直到 1890 年才被创造出来。当时，没有人知道谱线是如何产生的。但是这并没有关系，即使不理解原理，在 19 世纪 60 年代之前，人们还是能够发现太阳的构成，并且很快就使用相同的方法查明了其他恒星的组成。

No.44 预防胜于治疗

伦敦医生约翰·斯诺将观察与实验相结合所取得的成就，使医学在 19 世纪中叶得到了迅猛的发展。斯诺来自英国北部，1831 年，在那里，18 岁的斯诺帮助人们摆脱了霍乱爆发带来的困扰。在他搬到伦敦并取得了医学专业学位后，1854 年，另一场霍乱爆发了，这促使他想要弄清疾病的传播方式。

约翰·斯诺（1813—1858）。

在路易斯·巴斯德（见 124 页）的工作使人们了解了细菌之前几年，人们普遍认为类似霍乱等疾病是通过“坏空气”或瘴气传播的。1854 年爆发的那场霍乱以伦敦布罗德街（后更名为布罗德维克街）附近的苏豪区为中心。霍乱从 8 月 31 日开始爆发，在 3 天之内就有 127 人死亡。尽管大多数当地人逃离了这一区域，到了 9 月 10 日已经有 500 人死亡，总计 616 人死于这场霍乱。

斯诺对瘴气这一观念产生了怀疑，决定通过采访当地居民，并以在地图上标记受害者住所的方式找出霍乱爆发的源头。结果显示，霍乱爆发的中心位于布罗德街附近，在那里有一口当地居民用来取水的水井。斯诺用显微镜研究了水井中的水并用化学方法分析，但是找不到任何可能引发霍乱的证据。然而，他确信这口水井的水一定对这场霍乱的爆发负有责任，并劝说教区当局拆

在约翰·斯诺将伦敦的霍乱爆发与受到污染的水井相联系后绘制的漫画，展现了死神正为人们供应被霍乱病毒污染的水。

掉压水机的手柄，以便人们不能再继续使用它。

正如他写道的："关于发生在这一水井周边的死亡事件，据我了解有 61 例死者曾经常或偶尔饮用过从布罗德街的水井中取出的水……在伦敦除了习惯饮用上述水井的水的人群以外，其他的人群没有霍乱爆发或流行。

"我在第 7 个（病例）出现的晚上拜访了圣詹姆斯教区的安保会，并向他们描述了上述情况。因为我所说的情况，压水机的手柄在次日就被拆除了。"[21]

霍乱渐渐消退了，就像斯诺自己承认的那样，这场霍乱无论如何或许高峰期已过："毫无疑问死亡率已经大为降低，就像我曾经说过的，通过霍乱爆发后迅速采取的人口迁移策略。但是在停止使用井水之前霍乱的侵害远不会削减，难以判断这口水井是否依然含有活跃状态的霍乱病毒，抑或不知因何缘故，井水已经没有病毒了。"[22]

其他的观察也印证了斯诺的看法。附近的一家济贫院收容了超过500名贫民，无一人感染霍乱——济贫院有自己的水井。而附近的啤酒厂的工人由于可以免费饮用啤酒，所以从来不喝那口水井里的水，也远离了这场霍乱（我们现在知道通过发酵可以杀灭霍乱病毒，即霍乱弧菌）。斯诺后来说明，依靠萨瑟克－沃克斯豪尔自来水厂供水的人群有更高的霍乱发病率，这家自来水厂的水取自被污水污染的泰晤士河。而布罗德街的水井曾与一个仅仅相距1米的、被旧垃圾坑内的污水污染过的水井相连。

斯诺被称为流行病学的创始人，但是他通过绘制霍乱爆发地图来定位病源的方法，可能是源自于英国西部的一名医生——托马斯·夏普特所著的一本书，这本书讨论了1831年在英国埃克塞特爆发的霍乱。夏普特绘制了霍乱爆发的地图，不过基本上没有评论这幅地图可能的意义，而斯诺却将相似的地图作为工具。

斯诺也是一位基于恰当的科学基础发展麻醉术的先驱。他是第一位计算使用乙醚和三氯甲烷（又称氯仿）的合适剂量，而不是乐观地进行猜测的医生，这让在外科手术和分娩中使用麻醉剂更加安全可靠。他亲自使用氯仿为维多利亚女王诞下她9个孩子中最小的两个（1853年出生的利奥波德和1857年出生的碧翠丝）时缓解疼痛。维多利亚女王在她的日记中写道："斯诺医生给予了神圣的氯仿，而它的效果是不可估量地令人心生安慰、镇静和愉悦。"而斯诺对女王的唯一评论是"女王陛下是一位模范患者"。

No.45 确定光速

尽管自从奥利·罗默（见38页）的工作之后，人们就知道光速是有限的，但直到19世纪下半叶，光速才被精确测量出来。测量方法是由法国物理学家希波吕忒·斐索开创的，后来被他的同胞莱昂·傅科改进。在 1862 年，傅科测量的光速值的误差是现代值的 1%。

斐索在 19 世纪 40 年代末第一次在地面上对光速做了精确测量。他使用了一个切割出缺口的可转动金属齿轮，就像碉堡上的城垛。一束光通过金属齿轮的缺口，并通过在蒙马特和叙雷纳的山顶之间一段 8 千米的距离，然后被一面镜子反射回来并通过齿轮的下一个缺口。只有当齿轮以正确的速度转动，使缺口在光通过时处于恰当的位置，才能实现上述过程。通过调整齿轮的速度，直到能实现这一过程，斐索能够测量光完成这一段旅程所需要的时间，由此测量得到的光速为 313 300 千米 / 秒，与现代测量值的偏差不足 5%。他还说明了光在水中传播的速度比在空气中慢，这是对波动模型的主要预测。而与之竞争的粒子模型则预测光在水中传播得更快。

$$\nabla \times E = -\frac{1}{c}\frac{dB}{dt}$$

$$\nabla \times B = \frac{\mu}{c}\left(4\pi i + \frac{dD}{dt}\right)$$

$$\nabla \cdot D = 4\pi\rho$$

$$\nabla \cdot B = 0$$

麦克斯韦方程组，包含光速或任何其他电磁辐射的常数 c。

傅科也采用了一种包含反射周围的光的实验方法，但是是以多米尼克·弗朗索瓦·阿拉戈发明的旋转镜的概念为基础的。这一方法是使光从一个旋转镜反射到一个静止镜，最后再反射回旋转镜。当光传播时，旋转镜转动了一个小角度，因此光束会偏转一个与两面镜子之间的距离有关的角度，傅科可以证明光在水中比在空气中传播得慢。随后在 1862 年，他测得光速为 298 005 千米 / 秒。光速的现代测量值是 299 792.458 千米 / 秒。

光速具有深远广泛的应用。恰好是在傅科进行这些实验的时候，苏格兰人詹姆斯·克拉克·麦克斯韦在法拉第工作（见 97 页）的基础上开始着手建立电磁学的数学理论。他建立了一组描述电和磁之间所有相互作用的方程，包含了对电磁波的数学描述。这组方程自动含有一个常数（现在记为 c），是这些波在空气中传播的速度。（这

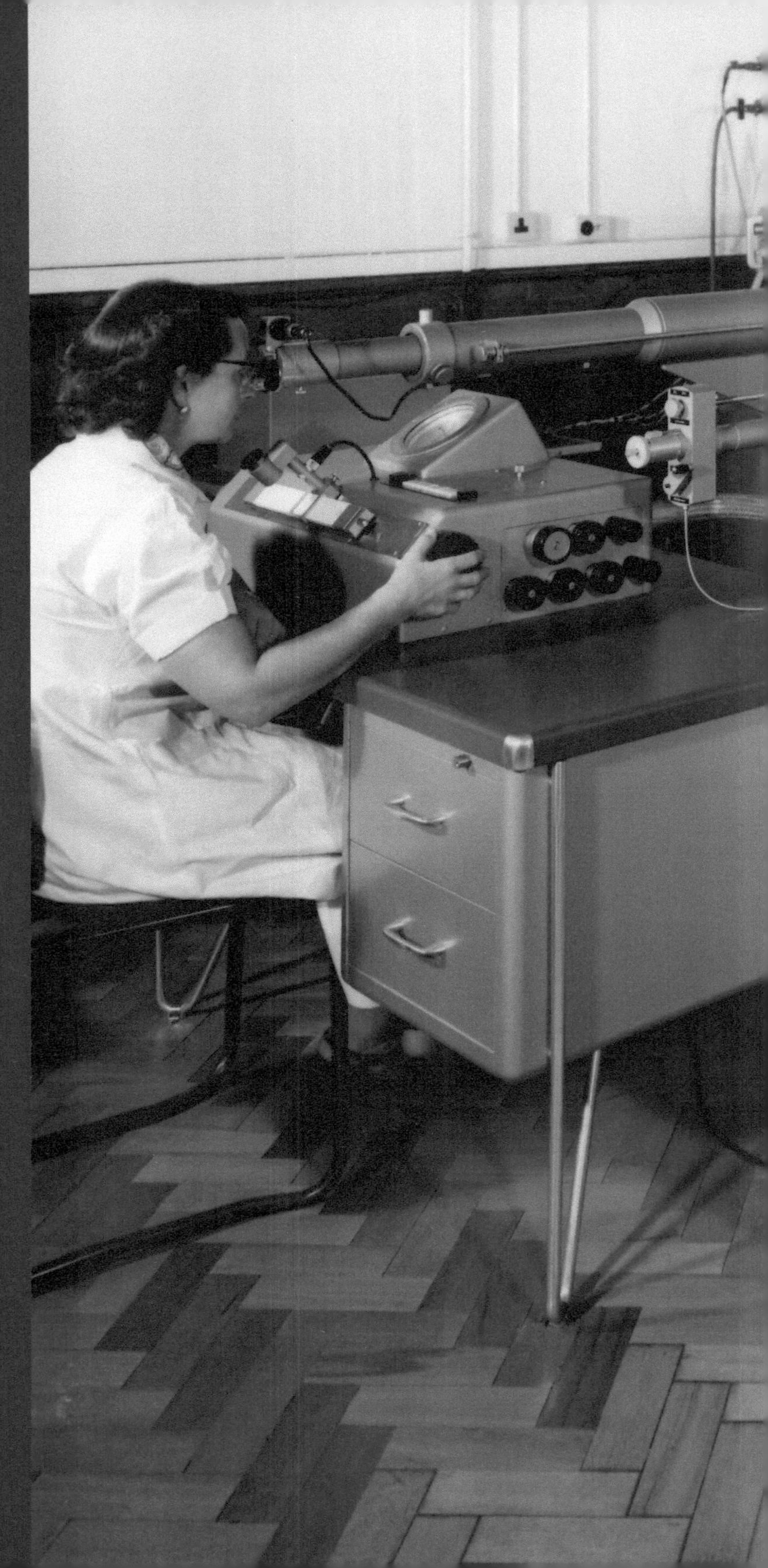

研究者通过一台干涉比较仪，用微波确定1米的精确长度。在1983年，1米被重新定义为光在1/299 792 458秒于真空中通过的距离。（1963年拍摄于英国特丁顿的国家物理实验室。）

个常数并不是麦克斯韦加入方程的，而是来自于计算，没有刻意寻找。）这一速度与傅科测量的光速相同。麦克斯韦写道："这一速度与光速如此相近，根据电磁学定律，似乎我们非常有理由断定光本身（包括热辐射和其他辐射，如果存在的话）是一种以波的形式在电磁场中传播的电磁扰动。"他所说的"热辐射"，当然就是指红外辐射，而所提及的"其他辐射，如果存在的话"将被证明是预言（见141页）。

然而，这组方程没有涉及波源的速度，或者测量它们的观察者的速度。这组方程表明，任何观察者以任何速度运动，对任何光波进行测量都会获得相同的速度，无论这些波的波源是什么。这使很多人困惑不解，他们为找到相对于运动的地球（见138页）行进方向不同的光束的速度差付出了艰苦的努力。然而，这些努力都没有成功，没办法证明麦克斯韦方程组是错误的。阿尔伯特·爱因斯坦跳出这些方程并忽视了相关实验（甚至那些当时他或许还不知道的实验），使得光速为恒定值这一发现成了他发表于1905年的狭义相对论的理论基石。

这一切是如此重要，以至于在1983年，取代依据光在1秒内行进的米数来测量光的速度的做法，1米这一长度本身被国际度量衡大会重新定义为"真空中光在1/299 792 458秒内传播的距离"，通过该定义将光速的值设定为299 792 458米/秒。

No.46 细菌的灭亡

法国的路易斯·巴斯德在19世纪后期的工作，证明了疾病是由于外界细菌入侵人体造成的，并且驳斥了复杂生命可以由非生命体通过"自然发生"来产生的观点。在1854年，巴斯德成了利尔大学的化学教授，在那里他的职责还包括就当地工厂存在的实际问题提出建议。他的成名源于他帮助啤酒酿造厂找到了防止啤酒变酸的方法。

巴斯德在显微镜下研究了酸啤酒，发现它充满了大量的小生物。人们以前认为这些污染物是啤酒变酸过程的产物，但是巴斯德认为它们是啤酒变酸的原因。他说明了发酵是自然生成的酵母引起的，并且将用注

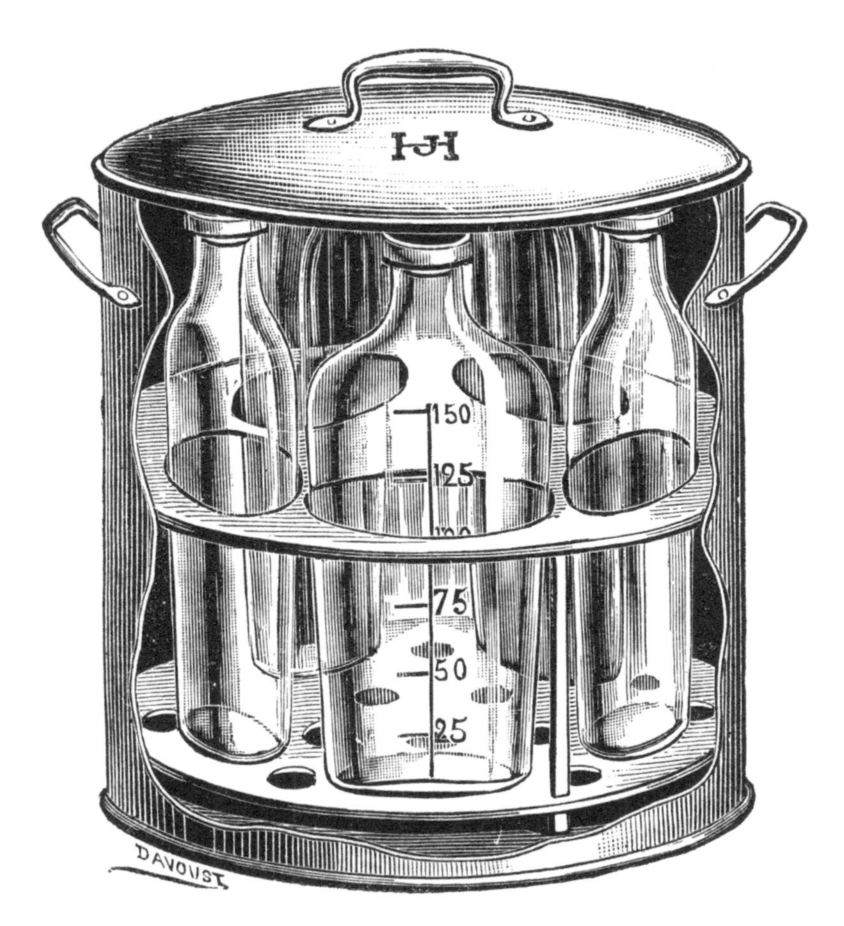

19 世纪的牛奶灭菌装置剖面图，展示了被设计用来灌满牛奶瓶并且在灭菌前密封的容器内部。

射器从葡萄里吸取的葡萄汁放在一个经过灭菌的容器中后葡萄汁是永远不会发酵的，因为酵母只存在于水果的表面。变质的葡萄酒和啤酒的酸味是由来自外界的污染造成的，这些污染物引起了啤酒中乳酸的产生。牛奶也有同样的问题。巴斯德发现将牛奶加热至 60~100 摄氏度，然后再将其冷却，杀灭那些入侵的生物（细菌），能够防止牛奶变酸。这一在 1862 年得到验证的方法称为巴氏灭菌法。

但是这仅仅是一个开始。尽管巴斯德并不是提出疾病的微生物理论的第一人——持这一观点的人在 19 世纪 50 年代仍然是少数，而且被医疗机构叫嚣着反对——但他促进了这一观点的发展，他认为通过防止微生物侵入人体可以预防疾病。这促使其他人发展了防腐剂的使用以及提升了外科手术的洁净度，使得医院的患者死亡率急剧下降。在另一系列的实验中，巴斯德在细颈瓶中加热肉汤，进行高温灭菌，然后将肉汤通过有过滤器的细管与空气连通，过滤器可以防止污染物进入，因而肉汤里没有生成任何东西。他写道："自然发生论的教条主义再也无法从这一简单实验的致命一击中恢复过来。没有证据可以表明微生物可以在没有细菌、没有与它们相似的母体的条件下来到这个世界。"

巴斯德持续研究疾病，并发现了相当于疫苗的致病介质的弱化形式的制作方法。与爱德华·琴纳（见 66 页）的开创性工作不同——琴纳使用了一种天然而又较弱的疾病（牛痘）来提供免疫力以对抗致命疾病（天花）——1879 年巴斯德发现为鸡注射偶然放置了一个月的鸡霍乱菌的培养液，会令这些鸡变得不太舒服，但是后来它们又康复了。在他的助手要将"错误的"培养液扔掉时，巴斯德阻止了他。他意识到这些鸡或许现在已经对这种病有免疫力了，而事实证明的确是这样。巴斯德以类似的方式发明了炭疽和狂犬病的疫苗，以不同手段弱化（或杀灭）细菌，并提议琴纳的术语"疫苗"应该被用于所有经人工弱化的病原体。

在狂犬病的防治工作上，巴斯德因为自己冒险轻率的举动陷入了可能造成严重后果的困境中。狂犬病疫苗是由一位医师埃米尔·鲁克斯发明的，他是巴斯德的同事，当时这种疫苗已经在 50 只狗的身上试验成功。1885 年 7 月 6 日，一个名叫约瑟夫·迈斯特的 9 岁小男孩被一条疯狗咬了，并被送到巴斯德那里。在与他的团队讨论情况后，迫于时间紧急，巴斯德亲自为男孩注射了疫苗："这个孩子的死亡似乎无法避免了。可以想见，我怀着忐忑和令人痛苦的焦虑之情，决定在迈斯特身上试一下对狗屡试不爽的方法。结果，在被疯狗咬后 60 小时，在德尔斯·威尔皮安和格兰歇在场时，小迈斯特被皮下注射了半管死于狂犬病的兔子的脊髓。这些脊髓在充满干燥空气的细颈瓶中保存了 15 天。在接下来的日子里我又对他进行了新的接种。就这样，我为他接种了 13 次。在最后的几天，我给约瑟夫·迈斯特注射了毒性最强的狂犬病毒。"[23]

巴斯德并不是一位有专业资质的医师，如果小迈斯特的情况不乐观，他将会陷入巨大的麻烦之中。幸运的是，孩子康复了，随之而来的积极正面的宣传促进了人们对疫苗的广泛接纳。

No.47　进化论的繁荣

查尔斯·达尔文通过对生物界的观察建立了他的自然选择理论，同时他也为验证理论做了实验。这些实验中最重要的一些在他的著作《不列颠与外国兰花经由昆虫授粉的各种手段以及杂交的好处》（通常简称为《兰花的授粉》）中有详细描述，这本书出版于1862年，在《物

彗星兰，也被称为达尔文兰。这种兰花是达尔文在乘坐贝格尔号（又称“小猎犬号”）航行过程中发现的。彗星兰的花蜜管可以长达30厘米，吸引了马岛长喙天蛾，这种天蛾有长达30厘米的喙，用来进食和为花授粉。

种起源》出版3年后。

《兰花的授粉》第一次具体地解释了自然选择是怎样影响兰花和昆虫的进化的。尽管这本书的销量没有《物种起源》那么高，它却成了生物学家们必读的经典，并且直到今天还在影响他们的思想。达尔文的实验涉及观察、解剖植物以了解它们的内在运作方式，用人工授粉的方法把一朵花的花粉传递给另一朵花。他对植物极其精确的解剖揭示了这些植物从前无人知晓的特征，包括瓢唇兰属的成员，它们有着非常不同的花，曾被看作完全不同的物种，实际上却是同一种植物的雄株与雌株。

19世纪50年代，达尔文搜集了证据，证明了植物是通过采食的昆虫将花粉从一朵花传到另一朵花的过程授粉的，因此植物不会自己授粉。这是自然选择理论的重要原理，因为这样的异花授粉产生的多样性使进化发挥了作用。后代从每个亲本继承了一部分特征，这使它们有可能与它们的亲本产生不一样的性状。有利的差别得以传播并保留下来，而有害的差别则被淘汰。

尽管达尔文在肯特住家附近很少看到昆虫正在为兰花授粉的行为，但是他每隔一段时间就去检查一下这些花，发现它们的花粉被动过了，证实了曾经有昆虫在这些花上逗留过。在《物种起源》中，达尔文介绍了共同进化的概念——昆虫和植物世世代代，通过共同进化彼此适应——并且写道："花和蜜蜂可能会通过不断展现对彼此稍微有利的身体结构，来同时或相继逐渐改变自己，以更好地彼此适应。"昆虫进化得更擅长从花朵中采蜜，而花朵则进化得能将花粉更有效地沾在觅食的昆虫身上。

达尔文从不列颠群岛以及更远的通信者那里获得了不同的兰花。这引发了一项令人激动的发现和一个可测试的科学预测。当昆虫落在兰花的一大片突出而且较低的花瓣上时，它将它的头和喙向下伸进花的中央去采蜜，这就给了植物把花粉块沾在昆虫身上的机会。（除非昆虫在进食时，喙是盘绕着的，但是当需要的时候可以弹出。）如果昆虫很容易就能采到花蜜，花粉就不会附着在昆虫身上。但是如果太难于采蜜，昆虫又不会来采食。因此植物进化得使喙接触到花蜜的难度增大，但又绝非完全做不到。变异意味着在每一代植株中那些无法被采蜜的变种无法存活下来，而那些太容易被采蜜的变种产生的后代没有那些变化得刚好合适的植株产生的后代多。与此同时，喙更长的昆虫更容易采到花蜜并且茁壮成长，留下更多的后代。

随着昆虫的喙的增长，花的进化倾向于更难于被采蜜；当花蜜更难采集，昆虫偏向进化出更长的喙，由此展开了一场“军备竞赛”。植物逐渐进化得更加难以被采蜜，而昆虫则逐渐进化出更长的喙——共同进化。最后，一种植物和一种昆虫彼此之间适应得非常好，以至于它们离开对方都无法存活——这种昆虫只采食这种植物的花蜜，而这种植物只通过这种昆虫授粉。达尔文的实验和解剖工作展现了彗星兰（来自马达加斯加的兰花）的花蜜只能通过一根有着“惊人”（他的原话）长度——大约 30 厘米的管子采集到。当他第一次拿到这种花的样本时，他将这一消息告知一位朋友，惊讶地说道：“天啊，什么样的昆虫能够吸食到这种花的花蜜啊？！”这意味着需要一种那时仍然未知的、有着 254~279 毫米长的喙的昆虫来为它授粉。他在《兰花的授粉》中写道：“在彗星兰的蜜腺与某种蛾子的喙之间存在一场竞赛。”这种昆虫是天蛾的一种，后来在 1903 年，达尔文逝世后的 21 年被发现。它被命名为马岛长喙天蛾，因为达尔文预言了它的存在。

马岛长喙天蛾，发现于马达加斯加岛。

No.48 苯环蛇舞

分子苯是由好像手拉手彼此相连的碳原子构成的环形结构，这一发现开创了化学的新分支，最终深刻解释了生命分子的本质。苯环的具象化归功于德国人奥古斯特·凯库勒，他在1865年发表了自己的观点。但是这一发现所依据的大部分实验工作，是由在巴黎工作的苏格兰人阿奇博尔德·斯科特·库珀在19世纪50年代，以及在维也纳工作的德国人约瑟夫·洛施密特稍晚一些完成的。虽然凯库勒自己也做了实验，但是这些实验和其他研究者的实验相似，而且库珀最先做了这些实验，所以这里我们将会描述他的方法。

这项工作中的重要化合物因为它们令人愉快的气味被称为“芳香族化合物”。它们可能由苯产生，我们知道它们的分子结构以苯环为基础，因此，含有一个苯环或者其他平面环的所有化合物现在都被称为芳香族

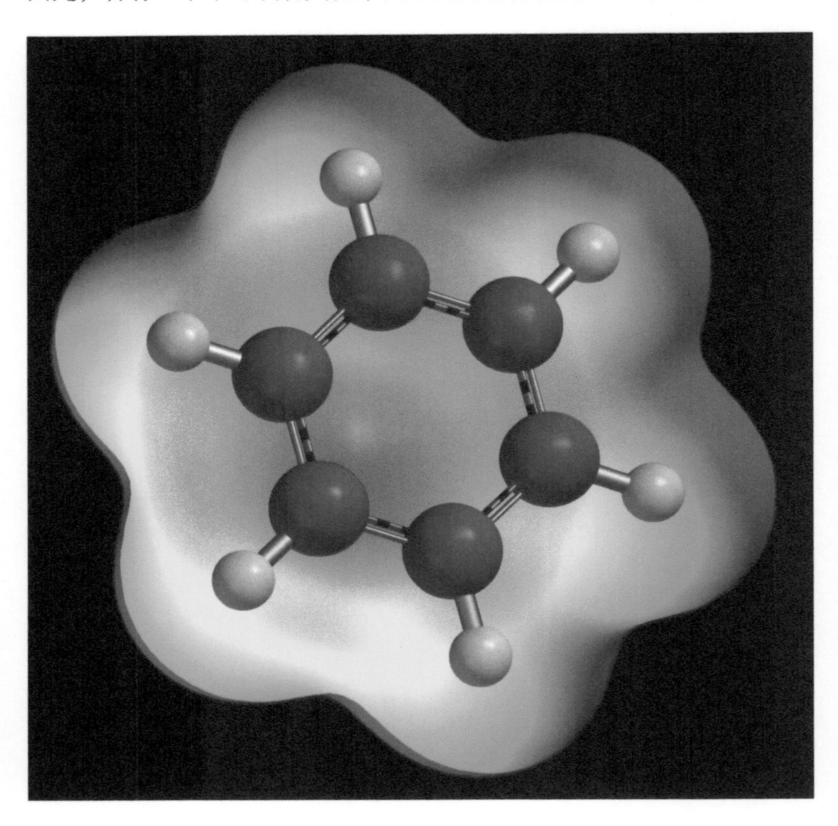

苯分子的模型。黑色的是碳原子，灰色的是氢原子。碳原子之间的键是介于单键与双键之间的特殊化学键。

化合物，无论它们闻起来气味如何。

苯的化学式非常特殊——C_6H_6，说明每个分子由以某种方式连接的 6 个碳原子和 6 个氢原子构成。在 1865 年之前，仅仅是碳原子与氢原子是怎样连接的就是一个谜题，但是作为向着解决苯的结构迈进的一步，库珀将苯转化为含有羟基（—OH）的相关化合物来进行实验。这些化合物包含 C_6H_7OH 和 $C_6H_6(OH)_2$。他也研究了水杨酸——$C_6H_4(OH)COOH$，并且试图寻找可以解释这些化合物的性质的理论结构。在做这些工作时，他第一个发现一个碳原子可以与另一个碳原子相连形成链，并且第一个试图描绘苯分子中碳原子的物理排列。早在 1858 年，库珀就基于他的工作写了一篇论文并交给他的实验室主任查尔斯·阿道夫·武尔兹，请他呈递给法国科学院，因为武尔兹拖延了几个星期，到了当年 6 月这篇论文才被送到法国科学院，此时已经是凯库勒发表文章宣布相似结果之后的一个月了。因此凯库勒得到了库珀认为他应得的那份荣誉。库珀为此与武尔兹大吵了一架，而武尔兹则将库珀赶出了实验室。随后库珀没有进一步在这一方向上开展研究，而将这条道路让给了凯库勒。

弗里德里希·奥古斯特·凯库勒·冯·斯特拉多尼茨，通常被称为奥古斯特·凯库勒（1829—1896）。

在当时，原子有一定的“价”的观念已经建立了。这是一种对原子之间形成化学键的能力的度量。氢的化合价是 +1，所以可以形成 1 根键；氧的化合价是 −2，所以可以形成 2 根键。在水分子（H_2O）中，一个氧原子的两根键分别与两个氢原子的两根键相连，表示为 H—O—H。碳的化合价是 +4，因此很容易理解甲烷（CH_4）的结构。但是库珀意识到了某些时候碳原子的性质类似于化合价是 +2 时的情况。这发生在一个双键将碳原子和其他原子连接时，比如二氧化碳（CO_2）可以表示成 O = C = O。凯库勒最初排斥这种观点，但是这后来成了启示他发现苯环结构的关键特征。

“启示”是一个恰当的词，因为据凯库勒称，这个谜团的解决方法是在梦中出现的。在 1861 年，洛施密特发表了几种分子的建议结构的绘图，这几种分子包括一些芳香族化合物。但是对于芳香族化合物的情况，他在本该出现苯的位置画了一个圆环来代表苯分子未知的结构。他并不像人们有时错误地宣称的那样，认为这一结构真的是圆环。或许这些画在潜意识里影响了凯库勒，凯库勒在 1865 年发表了他对苯分子的看法。很久以后，他说这一灵感来自他的一个白日梦，在梦中他描绘了一条正咬着自己尾巴的蛇，像神话中的衔尾蛇。这一看法是有用的，因为在 6 个碳原子形成的环中，每个原子在一边以一根单键与一个原子相连，在另一边以一根双键与另一个原子相连，留下第 4 根键可以自由地与一个氢原子、任意其他原子或其他环相连。这一开创了化学研究新领域的发现，其重要性由生命分子 DNA 和 RNA 的结构是以芳香族环为基础的事实所彰显。

No.49 修道士与豌豆

有时候实验的意义起初不会被广泛地领会到，因为它们几乎没有得到宣传，或者是因为它们并不适用于当时主流的思维框架，又或者像格雷戈尔·孟德尔研究豌豆遗传的实验一样，两者兼具。

孟德尔是布尔诺（当时是奥匈帝国的一部分，但是现在在捷克共和国境内）修道院的一位修道士，也是一位曾在维也纳大学求学的、训练

圆粒（右侧）和皱粒（左侧）。格雷戈尔·孟德尔研究了豌豆的类似性状。

有素的科学家。在当时这并不是一个不寻常的组合——同一座修道院中可能既有植物学家又有天文学家，这里是文化和宗教的中心。孟德尔在社区的主要角色是当地学校的一名教师，但是从1856年起他也有时间进行一系列验证遗传学理论在豌豆植株的培育中起作用的实验。

奥地利植物学家格雷戈尔·约翰·孟德尔（1822—1884）。

他选择了豌豆，因为他知道豌豆有着与众不同的纯一传代的特质，可以进行统计分析。他研究的性状包括种子是褶皱的还是光滑的，或者是黄色的还是绿色的，等等。他像一位物理学家一样进行生物实验，实施可重复的实验，坚持详细记录，并且应用适当的统计测试来分析实验现象，这使他的工作在当时显得

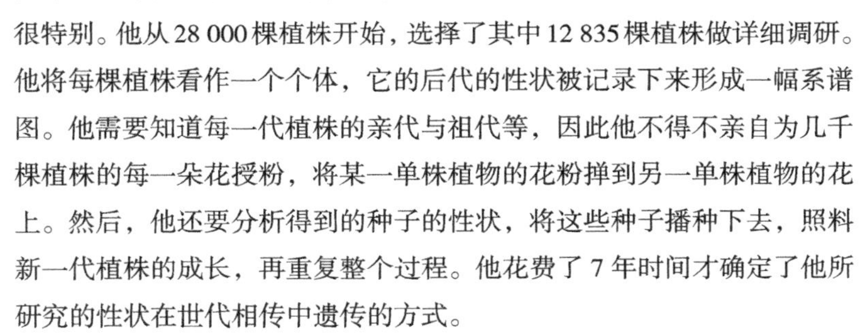

很特别。他从28 000棵植株开始，选择了其中12 835棵植株做详细调研。他将每棵植株看作一个个体，它的后代的性状被记录下来形成一幅系谱图。他需要知道每一代植株的亲代与祖代等，因此他不得不亲自为几千棵植株的每一朵花授粉，将某一单株植物的花粉掸到另一单株植物的花上。然后，他还要分析得到的种子的性状，将这些种子播种下去，照料新一代植株的成长，再重复整个过程。他花费了7年时间才确定了他所研究的性状在世代相传中遗传的方式。

孟德尔总共研究了7个性状，不过我们通过上述种子褶皱/光滑的例子就能够理解他的发现了。他发现植物中有一种物质从一代传给下一代并且决定了后代的性状。我们现在知道这种物质是一组基因，并且我们将用这一术语描述孟德尔的发现，尽管他本人并没有使用这个词（他称之为遗传因子）。孟德尔的统计表明他所研究的性状与一对基因相关：一个基因对应褶皱，记为R；一个基因对应光滑，记为S。每棵植株有从每个亲本遗传一种基因的可能性，因此它的基因可能是RR、RS或者SS。它又将一种可能性传给它的下一代。带有RR或者SS的植株别无选择，只能相应地传给下一代R或S。但是带有RS的植株可以将R传给它后代中的一半，将S传给后代中的另一半。基因型为RR的植株总是长出种皮褶皱的种子，基因型为SS的植株总是长出种皮光滑的种子。但是基因型为RS的植株将会长出什么样的种子呢？孟德尔的统计结果表明这种情况下基因R被忽略了，所有的种子都是光滑的。

证据来自于将总是长出褶皱种子的RR植株与总是长出光滑种子的

SS 植株杂交获得的杂交植株。将这些杂交植株自交，获得的后代中只有 25% 长出了褶皱种子，而另外 75% 都收获了光滑种子。这是因为后代中 25% 的基因是 RR 型，25% 是 SS 型，剩下的 50% 不是 RS 型就是 SR 型，这两种情况都会生成光滑种子。

孟德尔的实验结果在 1866 年发表，但是并没有人欣赏其价值。直到 19 世纪末，当其他研究者独立地发现了相同的遗传法则时，他的论文被重新找到，他才获得了属于自己的荣誉。孟德尔发现的遗传定律对于理解自然选择的进化理论有重要意义。首先，它们解释了为什么后代的性状不是它们的亲本特征的混合表现型。R 植株与 S 植株杂交获得的子代及孙代所产生的种子不是褶皱就是光滑，并没有出现带有轻微褶皱的折中情况。自从 1859 年达尔文的《物种起源》出版以来，折中性状就是一个主要谜题，因为折中混合表现型将会去除（或者至少削弱）自然选择过程所带来的多样性。其次，孟德尔说明了每一种性状都是独立遗传的。例如，无论豌豆是绿色的还是黄色的，都不会影响它是褶皱的还是光滑的。20 世纪初，托马斯·亨特·摩尔根向着理解进化论的机制迈出了一步（见 171 页）。

No.50 “无”的重要性

19 世纪最重要的发明之一来源于研究真空中电子行为的实验，这启发人们发现了原子并不是不可分的。尤利乌斯·普吕克是 19 世纪 50 年代在波恩工作的德国物理学家，他想研究真空中电子的行为，于是请他的同事海因里希·盖斯勒，一位技艺精湛的玻璃吹制工，为他的实验制作适合的玻璃容器，以及一个能将空气从容器中排出的泵。玻璃管（称“盖斯勒管”）的两端分别密封住一根导线，与金属盘相连，但是它们之间留有一段空隙。当它们与电源相连时——通常是从迈克尔·法拉第的工作发展而来的感应线圈（见 97 页）——电流从阴极通过真空区到达阳极。这就好像在汉弗莱·戴维的实验中电流流过液体的方式（见 83 页），不过在玻璃管中只有一条气体流动的痕迹。

普吕克注意到无论从阴极发出的是什么，都会使盖斯勒管的玻璃阳极附近发光（说明有阴极射线撞击它），并且用磁场可以移动光斑。他也发现管中气体（例如氖气或者氩气）的运动轨迹，使整个管内发出不同颜色的光。他是第一个发现这些光的谱线是与发光元素相关的人，不过他并没有像罗伯特·本生和古斯塔夫·基尔霍夫那样充分地研究这一发现（见115页）。

在19世纪80年代之前，盖斯勒管被作为装饰品制造和销售（有点像流行于20世纪60年代的熔岩灯）。它们有着各种各样的形状，包括有几个球形灯泡沿管排布的螺旋形管（像一串洋葱），以及含有不同气体的彩色运动轨迹、能产生漂亮的色彩变化的更加奇特的设计。在20世纪初，人们意识到盖斯勒管可以用于商业应用，比如在1910年，有色玻璃管开始被用来制作广告标牌。这些有色玻璃管最初被称作氖管或霓虹灯，不过它们也会填充其他气体。

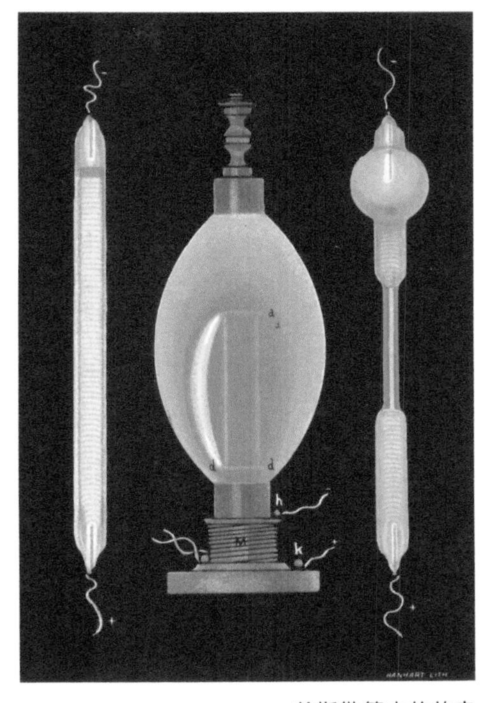

盖斯勒管中的放电现象。

与此同时，盖斯勒管正被科学家们尝试着应用于以其他用途为目的的科学研究中。19世纪70年代早期，英国物理学家威廉·克鲁克斯在伦敦推出了盖斯勒管的改进版，称为克鲁克斯管。克鲁克斯管的关键改进之处是，采用查尔斯·吉明翰制作的真空泵，玻璃管内的真空压力低于盖斯勒管。盖斯勒管在内部气压为千分之一大气压的条件下工作，而克鲁克斯管内部的气压可以降低到几亿分之一大气压，几乎比盖斯勒管中的气体稀薄10万倍。这有助于克鲁克斯以及其他研究者进一步探究这其中发生了什么。当他们从克鲁克斯管中抽出更多空气时，一片暗区（现在称为克鲁克斯暗区）在发光气体中从阴极附近开始产生。随着气压的降低，暗区沿着玻璃管蔓延，但是阳极后侧的玻璃管却开始发光。在辉光中，阳极本身显现出清晰的影子和明锐的边沿。

很明显阴极发出了某种物质，并且这种物质一定沿着直线传播，留下了影子。1876年这种物质被德国物理学家欧根·戈尔德施泰因称为阴极射线。当更多气体被抽出玻璃管时，能够阻碍这些射线传播的气体分子也更少，因此射线可以在碰撞到一个气体分子并发光之前传播更远的距离。最终（在足够低的气压下）射线可以从阴极沿着直线向阳极传播，但是许多射线飞过阳极打在玻璃管上。普吕克用一个简洁的例子说

克鲁克斯放电管的现代版实验显示了放置在电子路径中的金属十字架的投影。投影表明阴极射线沿直线传播。

明了这一点，他把阳极做成了马耳他十字的形状，射线飞过它后，在其后侧的荧光材质上留下了明锐的十字形阴影。

20 世纪，这些玻璃管的实际应用促成了 1906 年真空管（电子阀）的发明，这是无线电、电视以及其他放大器中的晶体管的前身，后来采用阴极射线管构成的早期电视屏幕出现。在科学领域，阴极射线管是发现 X 射线（见 148 页）和电子（见 150 页）的工具。阴极射线实际上是克鲁克斯管中被加速到 60 000 千米 / 秒的电子束流，这一速度大约是光速的 1/5。

No.51 感受压缩

在 18 世纪中叶，卡尔 · 林奈以及其他研究者发现并研究了热电效应。所谓热电效应是指，当某种晶体被加热时，在晶体相对的两端会产生电势差（一个电压）。人们认为这一效应可以这样解释：热导致的晶体拉伸破坏了晶体中负电荷与正电荷的平衡。这启发一些人想到，用物理方法压缩晶体可能也会产生相同的电效应，但是直到19世纪80年代初法国的兄弟俩雅克·居里和皮埃尔·居里才进行了实验，证明事实的确如此，并且他们还测量了石英、电气石、黄玉、蔗糖以及罗谢尔盐晶体（酒石酸的晶体）受热时产生的小电压。他们将这种效应称为压电效应（piezoelectricity，源于希腊语 piezein，意思是“压”）。

1881年，卢森堡的加布里埃尔·利普曼预言逆向的压电效应也应该存在，即如果在晶体两端加电压，晶体将会发生形变。紧随其后，居里兄弟进行了一系列更进一步的实验，证明了这一预言。当施加在晶体两端的电压改变时，晶体也会相应地发生拉伸和压缩。

这些效应不仅仅发生在类似于石英一样的传统晶体中，在陶瓷甚至是诸如骨头等生物材料（对科学家来说它们是“晶体”，因为在它们的结构中存在原子的重复构型，就像壁纸的重复图案）中也会发生。晶体结构是由带正电或负电的单元（带电的原子，或者说离子）构成的，它们的排列方式使整个晶体呈电中性。存在压电效应的物质的原子有特定的构型，这种构型使晶体在被挤压时一些原子靠得更近或者离得更远，改变了电荷的平衡，结果造成晶体一端带正电，另一端带负电。这是一种很微弱的效应，在典型的晶体中，该效应的形变量约为晶体原尺寸的0.1%。

图中，右侧是法国物理学家保罗·朗之万（1872—1946），他是皮埃尔·居里的学生。

骨头的压电特性有重要的生物学功能。当一块骨头受力时，受力区域会产生局部电效应，产生的电荷会吸引构筑骨骼的成骨细胞，在受力区域沉积钙及其他矿物质，在最需要坚固之处增加骨骼的密度。

直到第一次世界大战时，压电效应在人们看来还仅仅是一件奇事。但是在此期间用电流驱动晶体振动的逆向压电效应突然间变得重要起来，因为法国物理学家保罗·朗之万（皮埃尔·居里的学生之一）和他的同事用逆向压电效应

20 世纪 20 年代早期的留声机。

制成了能够探测潜水艇的超声波装置——现代声呐装置的先驱。几乎同一时间，在这个法国的科研团队尚未知晓的情况下，英国曼彻斯特的欧内斯特·卢瑟福以及他的同事们也建造了一个类似的搜索潜水艇的探测器。振动的晶体能产生超声啁啾，从船体发出在水中传播，遇到潜水艇便会反射回来被船上的水听器探测到。这样的超声波发生器被称作超声换能器。尽管在 1918 年，朗之万的团队的确探测到了 1 500 米深处的潜水艇的回声，这一设备的发展仍然过于迟缓，未能及时对第一次世界大战产生影响。不过在第二次世界大战中它成了对抗 U 型潜水艇（德国的一种潜水艇）的战略装备。

人们普遍认为朗之万的工作开启了对超声学及其应用的研究。不过自 1918 年以来，压电效应也开始被用于很多其他领域。在麦克风中，振动的声波挤压晶体，产生的电流通过放大器或记录装置。这也是老式留声机的工作方式，唱针的针尖在塑胶唱片上转动时因唱片沟槽的波动而发生振动，产生变化的电流。压电效应的逆效应（换能器的工作原理）被应用于石英表或石英钟中，电池提供的电流使晶体以某一已知的精确速率快速振动。用电子装置控制降低石英晶体的振动频率，使其稳定地发出嘀嗒声，从而就可以使计时器表盘上的指针转动了。压电效应最基础的应用是点燃煤气炉的火花打火机，当你按下触发开关，一块晶体被压缩，产生的电势差在一个狭窄的空隙间引发电火花。

No.52 光速恒定

光的波动学说（见 76 页）建立后，人们精确地测量出了光速，并证明光满足电磁波的麦克斯韦方程组（见 121 页）。人们很自然地假设一定存在某些物质，光波在其中传播，就像声波通过水或空气，甚至是固体传播一样。这种神秘的物质被称为“以太”。这种假设认为，麦克斯韦方程组告诉了我们光在以太中传播的速度，但是这种物质有着一些非常古怪的性质。在任何物质中传播的波的速度都取决于材料的刚度（比如声波在钢中传播的速度比在水中传播要快）。因为光速极快（差不多达到 300 000 千米 / 秒），所以以太的刚度必须非常大——远远大于钢。另一方面，因为行星和其他天体在以太中可以毫无阻碍地运动，所以以太一定非常稀薄。

19 世纪 80 年代，美国物理学家阿尔伯特・迈克耳孙将这一疑惑暂且搁置，着手研究地球在以太中运动的方式。1881 年他在德国柏林工作时完成了他的第一个实验，随后与美国俄亥俄州的爱德华・莫雷合作，进行了现在被称为迈克耳孙 - 莫雷实验的最终版本，并于 1887 年完成。

实验背后的原理是利用光束之间的干涉，这呼应了托马斯・杨和奥古斯丁・菲涅耳建立光的波动学说的历程。他们用棱镜和反射镜系统，将一束光分成两束光。所获得的这两束光的其中一束可以在一系列反光镜之间来回反射，最终到达一个探测器，另一束光可以沿着不同的光路传播恰好相同的距离。迈克耳孙推断因为地球在以太中运动，两束光通过各自光路所需要的时间将会不同，彼此的相位不一致，所以它们可以干涉并产生类似双缝实验（见 77 页）中明暗条纹的图样。当两束光之间成直角，一束光的方向与地球运动的方向相垂直而另一束光的方向与地球运动的方向相同时，将会产生最大程度的干涉效应。第一束光不会被地球与以太

阿尔伯特・迈克耳孙（1852—1931）在用光谱仪进行观察。

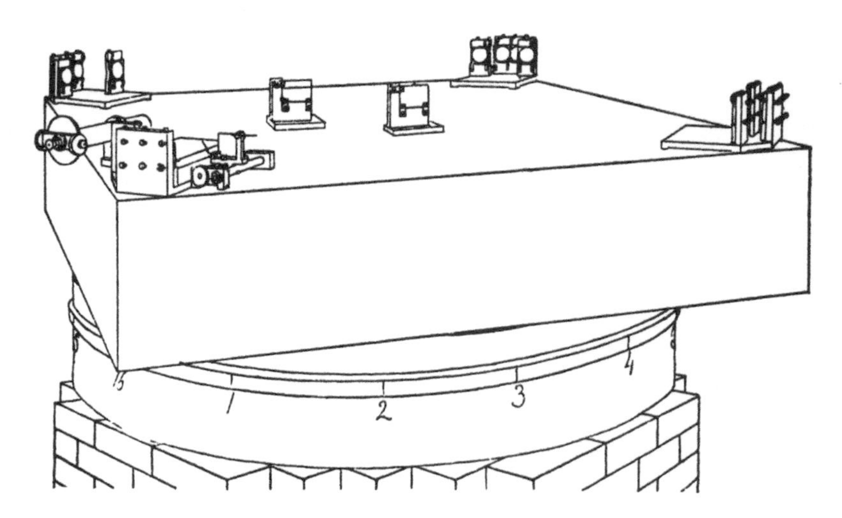

阿尔伯特·迈克耳孙和爱德华·莫雷在试图探测以太漂移时使用的装置图。这一装置放置在盛满水银的圆形铁槽中的一大块砂岩上。一个光源（图中没有画出来）发出一束白光，通过石块中心附近的半镀银反射镜。反射镜将光束分成彼此垂直的两束光。光束到达石块的一角，再被镜子反射回中央。它们通过中央的镜子，然后到达望远镜的透镜（图中没有画出来），形成干涉图样。

的相对运动所影响，而第二束光会受到全部影响的作用。该实验要求搭建实验仪器（称为迈克耳孙干涉仪）以及进行观测时务必谨小慎微。

整个实验装置放置在一大块浮在水银槽中的砂岩上，几乎没有摩擦。当砂岩被轻轻推动时，它会缓慢地在一个圆形区域旋转，而实验者则观察干涉条纹的图样是否有任何改变。这意味着他们应该可以观测到在几分钟之内砂岩相对于以太的所有可能的方位，但他们没有任何发现。以第一个实验为基础，他们在一天之内的不同时间，以及一年之内的不同时间观察地球的自转或绕太阳的轨道运动是否产生了任何可观测的效应，他们依旧一无所获。

迈克耳孙在给英国物理学家瑞利勋爵的信中写道："我们完成了测定地球相对以太运动的实验，实验结果与预计的明显不同。预计的干涉条纹的偏离应该是一个条纹宽度的40%，而实际上最大的偏离是2%，且平均偏离远小于1%——并不在正确的位置上。因为位移正比于相对速度的平方，由此得出结论，如果以太确实掠过实验装置，那么它相对于地球的速度应该小于地球自身速度的1/6。"[24]

这一实验以及它的"零结果"以两种方式深刻地影响了科学界。首先，它是确立光速是一个绝对常数（正如麦克斯韦方程组所表明的，光速必须是一个常数）的关键一步，这一结果对所有观察者都相同，无论他们怎样运动。光速恒定不变是阿尔伯特·爱因斯坦在1905年建立的狭义相对论所依据的基本假设之一，不过他是直接从麦克斯韦方程组得到这一结论的，而且并不见得受了迈克耳孙－莫雷实验的影响。其次，这一实验推动了以太概念的消亡，取而代之的是场论，该理论认为电磁场会影响光在真空中的传播。1907 年，迈克耳孙因“他的光学精密仪器，以及借助它们所做的光谱学和计量学研究”获得了诺贝尔奖。

No.53 将无线电应用于生活

电磁学、麦克斯韦方程组和光都是 19 世纪末科学实验与研究的基石。迈克耳孙 – 莫雷实验表明尝试寻找以太存在的证据是徒劳的，同时，德国物理学家海因里希·赫兹也取得了重大突破，他不仅提供了对麦克斯韦理论精确程度的进一步证明，也开辟了现代通信的新领域。

当麦克斯韦发现描述电磁波的方程决定了这些波一定是以光速传播时，他不仅推断光一定是电磁波的一种形式，而且还预测了“其他辐射”可以“依据电磁学定律在电磁场中传播”（见 124 页）。赫兹在 19 世纪 80 年代发现的这些“其他辐射”，现在被称为无线电波。

跟随着迈克尔·法拉第（见 97 页）的脚步，赫兹进行了一些实验，包括瑞斯螺线管（绕成螺线管的线圈，两端与分开一个小间隙的金属球相连）的电磁感应。他注意到当电荷从一个叫作莱顿瓶的储存装置（通过金属球）转移到其中一个线圈时，另一个线圈的空隙会产生电火花，即使两个螺线管并没有物理接触，也并没有像法拉第所做实验中的线圈那样共绕一个铁棒。有某种感应穿过了螺线管之间的空隙，使第二个螺线管对第一个螺线管的行为有所反应，产生了电火花。

为了研究这一现象，赫兹将他的实验装置按比例放大。他用一台发

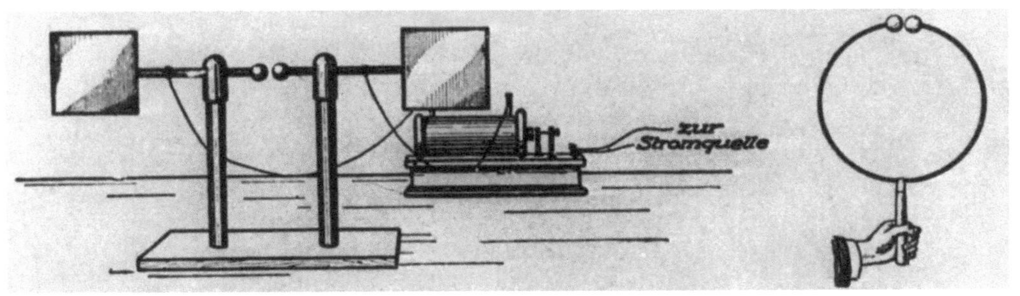

海因里希·鲁道夫·赫兹（1857—1894）发现无线电波所使用的实验装置图。

电机和一个感应线圈取代了瑞斯螺线管，而在一段长 2 米、两端连着直径 4 毫米的球的导线中间的空隙中激发电火花。长导线是电磁能量的辐射体（现代术语，指发射器的天线），与电火花相关联的电流沿着导线来回跳跃。各种各样设备的元器件都被用来探测天线辐射的波，其中最简单的是一段铜丝，直径 1 毫米，被弯曲成一个留有 7.5 厘米空隙（直径）的环形。铜丝的一端是一个黄铜球，另一端几乎要碰到球。端点与球之间的空隙可以调节，通常是几百分之一毫米。电火花越过发射器的空隙在接收器中产生相应的电火花，通过在几米的范围内改变接收器与发射器之间的距离，并且测量相应的电火花的强度，赫兹可以测量辐射波的性质。在他的另一个实验中，锌盘被作为反射器产生驻波以供研究。

通过 1886 年至 1889 年之间进行的一系列实验，赫兹发现波的长度是 4 米，是发射天线长度的 2 倍，并以光速传播。他说明这些波可以像光一样被反射和折射，也可以用凹面镜聚焦。这是对有关电磁波的麦克斯韦理论的重要证明，因为可见光的波长范围是 400~700 纳米，1 纳米是 1 米的十亿分之一。赫兹在实验中发现的电磁波的波长大约是光的波长的 1 000 万倍，但是也遵循同样的规律。

所有的发现在被收录进赫兹的书《电能传输的研究》之前，都以一系列文章的形式于 1892 年在《物理学年鉴》上发表。

这本书如今被视为经典著作，但是赫兹并不知道他的发现有哪些实际应用，他对一位学生说："无论如何它没有一点用处，这只是一个证明了大师麦克斯韦是正确的实验而已——存在我们裸眼无法观察到的神秘的电磁波，它们就在那里。"

"那么接下来会怎样呢？"这名学生问道。

赫兹回答："我想什么都不会发生。"[25]

其实他错了。他发现的波——现在被称为无线电波——彻底改变了 20 世纪人类的通信方式，成了广播、雷达、电视以及我们现在所生活的无线社会的基础。为了纪念他，频率（每秒周数）的现代单位十分相称地以"赫兹（Hz）"命名。在这一单位制下，赫兹研究的半波偶极天线产生的波的频率是几百兆赫（MHz）。

No.54 惰性气体与贵族

一个实验有时要过很久才能开花结果，这往往是因为只有有了必需的技术，人们才能够更深入地研究，以了解现象背后的原因。18世纪80年代中叶，在亨利·卡文迪许有了一个神秘的发现之后，历史就历经了这样一段漫长的时光。

卡文迪许一直在研究他所说的“脱燃素气体”（氧气）和“燃素气体”（氮气）的性质。通过在这些气体的混合物中生成电火花，他能够制备我们今天所说的各种氮的氧化物。但是在进行这些实验时他发现了一些奇怪的事：如果他从大气（大气实际上主要是氮气与氧气的混合物）中获取样本，即使他已经去除了氮气与氧气这两种气体，并且去除了所有的化学活性，样本中仍然有一点气体剩余。他写道，这些气体“刚好是燃素气体体积的1/125”。这反映了卡文迪许是一位技术精湛的实验者，不过他并不知道这些气体是什么。

这一谜团遗留了近百年。后来，约翰·威廉·斯特拉特（瑞利勋爵）进行了一些精确的实验，测量了不同气体的密度，作为测量原子质量工作的一部分。虽然瑞利是剑桥大学的一位教授，但他当时在埃塞克斯的特林村里他的私人实验室工作。1892年，他注意到，从空气中提取的氮气的密度稍大于将氨气分解获得的氮气的密度。一个很自然的解释是从空气中获得的氮气中有一些杂质，于是瑞利请他的同事对此进行研究。

亨利·卡文迪许（1731—1810）。

其中一位同事，威廉·拉姆齐，他在伦敦大学学院工作时参加了瑞利在1894年4月19日的演讲（这一演讲提到了这一谜团）。在与瑞利讨论之后，他听从了瑞利的建议，当年的8月他已经将杂质确认为一种更重的气体，这种气体不与任何物质发生化学反应，因此他将这种气体命名为“氩气”（argon，来源于希腊语，“惰性”的意思）。它占据了地球大气的0.93%，并且它是所谓的惰性气体（也称“稀有气体”）的第一个已知的例证。惰性气体有时被称为“高贵的”气体，因为它们对化学反应“敬而远之”。但是正如瑞利后来指出的，“氩气不能被认为是稀少的，一个大厅很容易就能容纳超过一个人的负重的大量氩气”[26]。

开尔文勋爵于1895年伊始在英国皇家学会上所做的主席报告中，将这一发现称为上一年度最伟大的科学事件。随后在同一年，拉姆齐和瑞利就这一发现合作发表了一篇论文，而拉姆齐接着又发现了其他气体，即现在所说的氦气、氖气、氪气、氙气和氡气。

直到后来拉姆齐才意识到为什么瑞利的演讲引起了自己的共鸣。1904年，拉姆齐因为他的工作获得了诺贝尔化学奖，在获奖感言中他说：“当时我一定是阅读了卡文迪许关于结合氮气和氧气的经典实验的著名描述，因为在我保存的1849年由卡文迪许社团出版的《卡文迪许的一生》的副本中，在他描述向氮气与过量氧气的混合物中通入电火花时他获得的少量剩余气体不超过总气体量的1/125的那一部分的对页，

威廉·拉姆齐（1852—1916）在他的实验室中。

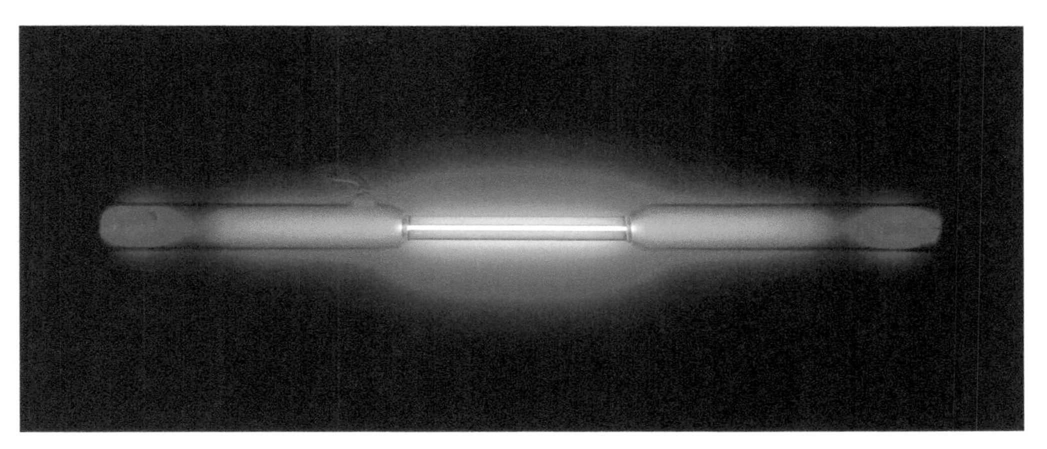

含有氩气的放电管发出具有氩光谱特征颜色的光。

我曾写下了这几个字：‘研究一下。’一定是这一事件的潜在记忆指引我在 1894 年向瑞利勋爵介绍了他发现的‘大气氮’具有高密度的可能原因。”[27]

拉姆齐获得了诺贝尔化学奖，同年，瑞利因为基本上相同的工作获得了诺贝尔物理学奖。瑞利的颁奖词是“为表彰他对最重要的气体的密度的研究，以及他在与此相关的工作中对氩气的发现”，而拉姆齐的颁奖词是“为表彰他在发现了空气中的惰性气体的工作中的贡献，以及他对这些气体的构成元素在周期表中位置的确定”。第二个颁奖词强调了这一发现的意义，以及为什么它值得这一荣誉。

惰性气体的发现对于加深人类对原子结构的理解至关重要。这些气体的构成元素在德米特里·门捷列夫建立的元素周期表中被归为一类（或族）。在 20 世纪，尼尔斯·玻尔从原子结构的角度出发建立了对化学的解释，因而这些气体的惰性可以用原子中的电子排布来解释，它们的最外层电子处于稳定组态，这些电子不能与其他原子相连。

No.55 生物化学的诞生

即使在 19 世纪末，仍然有一些德高望重的科学家（包括路易斯·巴斯德）认为生物的化学过程有些特别之处，在整个生命过程中包含某些所谓的“生命力”。1897 年，德国的爱德华·毕希纳的工作对这一观点进行了最终反驳。

爱德华·毕希纳（1860—1917）。

毕希纳决定解决发酵的问题，在当时这是一个存在分歧观点的问题。其中一个观点认为，发酵是在无氧条件下活细胞将食物（例如糖）转化为酒精和二氧化碳等更简单的化合物的过程，而为细胞提供动力的能量被释放。发酵在生物中是一个常见的过程，而毕希纳研究了酵母产生酒精这一最简单的过程。发酵被很多人视为与酵母的生命过程不可分离的生理学行为，尽管弗里德里希·维勒（见95页）早在1839年就曾嘲笑过生机论观点，讽刺地将论据总结为：“总而言之，这些纤毛虫吞下糖，从肠道排泄乙醇，而从泌尿器官排出二氧化碳。”酵母的确是生物体，并且酵母对于发酵过程是必不可少的。但是这是因为酵母细胞是活着的，还是因为它们含有一些化学物质促进（催化）了糖向乙醇和二氧化碳的转化而全然不需要生机论的帮助？在活着的酵母细胞不存在时发酵是否会发生呢？

找到答案的唯一方法就是实验。毕希纳始终都对这一问题很感兴趣，1896年当他被任命为图宾根大学分析与药物化学专业的特聘教授时，他有能力在设备齐全的实验室开展大规模的工作。到了1897年1月9日，他已经准备好了将他重要的科学论文《论无酵母细胞的酒精发酵》提交给《德国化学学会报告》期刊的编辑。

酵母细胞内的原生质被相对较结实的细胞膜包裹，很像充满了半流体物质的小泡。为了研究细胞内容物的化学组成，实验者需要将细胞压碎以去除细胞膜，因为如果他们使用了任何化学活性溶剂或高温，就会改变他们想要研究的化学物质。为了在实验过程中保证改变的最小化，尽快完成这一过程是十分重要的。

于是毕希纳从活的酵母细胞开始，用一套纯物理程序将它们杀死并还原为组成它们的化学成分。这些步骤包括将干酵母细胞、石英砂以及一种柔软易碎的、被称作硅藻土的岩石（如浮岩）混合在一起，然后用研杵和研钵研磨包括酵母细胞在内的混合物。随着细胞破碎释放内容物，混合物变得潮湿。然后挤压这种像厚面团一样的潮湿混合物就可以提取出实验所需的“组织液”。

这一过程非常高效，在使用了大量材料的情况下，用1 000克酵母仍然可以获得半升液体。当向刚刚榨取的酵母组织液中加入糖溶液时会剧烈反应，产生气体；将装有酵母组织液和浓缩糖浆混合物的容器静置几小时以后，二氧化碳气泡源源不断地产生，并且形成了一层厚厚的泡沫，表明正在进行发酵。当在血液温度条件下将糖溶解在酵母组织液中，这些效应在15分钟内就得以显现。毕希纳和他的同事们仔细研究后，确定产生的二氧化碳和酒精的比例与活酵母参与发酵产生的这两种物质的比例相同。而显微研究显示，在酵母提取物中并没有活的酵母细胞。

通过深入研究，毕希纳发现以这种方式催化糖分解的关键物质是一种酶，他称之为酿酶。酿酶是酵母细胞内部合成的一种蛋白质，因此从这种意义上来讲，生命参与了发酵过程。正如毕希纳在诺贝尔奖得主演讲中所说的（他因在生物化学研究方面所做的工作和无细胞发酵的发现于1907年被授予诺贝尔化学奖）：“当把微生物看作酶的生产者，而设想酶是一种复杂却无生命的化学物质时，酶和微生物的差别显而易见。”但是关键点在于无论酵母细胞是死是活，化学反应都会继续。酶在很多生物进程中都是至关重要的参与者，不过现在人类已经能够在没有生物体参与的情况下用化学方法合成酶了。

面包或啤酒酵母（酿酒酵母的一种）在发酵糖的过程中产生的泡沫。

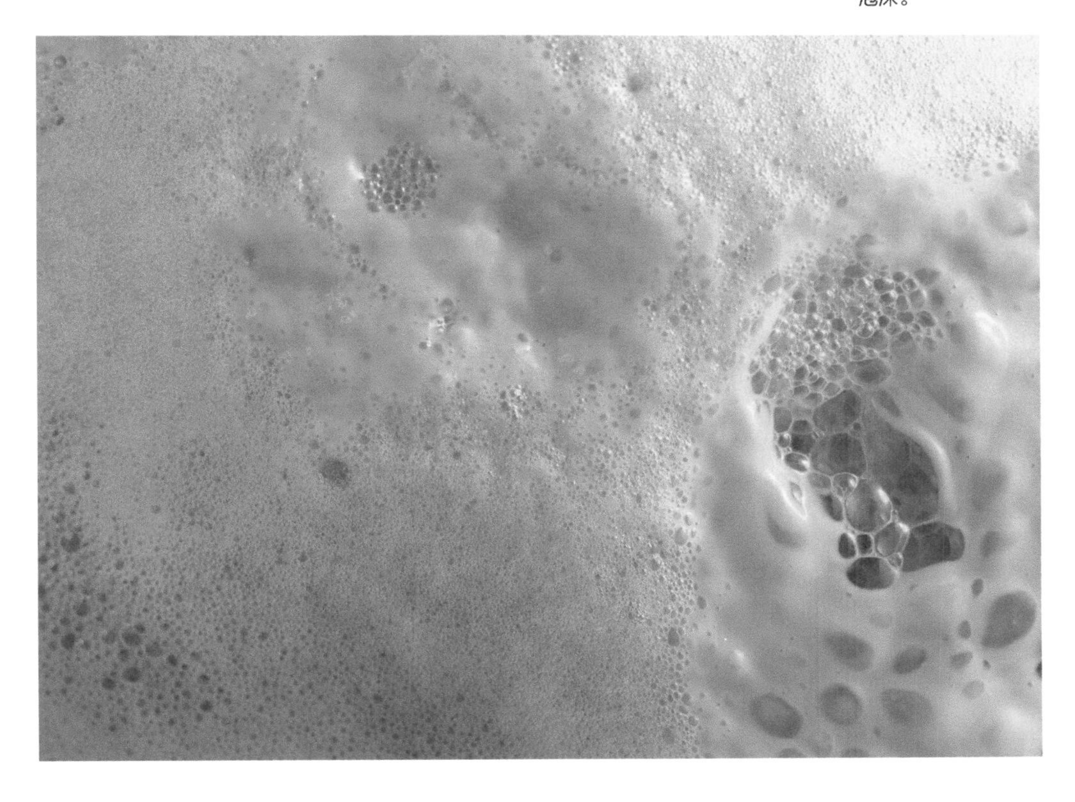

No.56 研究X射线

19世纪末物理学的发展具体而又有力地诠释了实验科学与技术之间的紧密联系。一项关键技术——真空管（或克鲁克斯管）——使人们对微观世界的理解产生了革命性的变化，并带来了原子物理学的诞生。

1894年，菲利普·莱纳德在德国跟进海因里希·赫兹的后续实验，研究阴极射线通过真空管中的金属箔的方式。因为射线通过金属箔而没有留下任何可以探测到的洞，他认为这些射线一定是波，而不是粒子。这一观点很快就被证明是错误的（见150页），但是乌茨堡大学的物理学教授威廉·伦琴在自己单独开展的实验中决定追随莱纳德的工作，去探究阴极射线是否会渗透进克鲁克斯管本身。1895年11月，伦琴开展他的重要实验时已经50岁了——他是一位有着“技术高超的实验者”声誉的知名科学家，但是仍然对新观点保持开放态度。

威廉·康拉德·伦琴（1845—1923）的实验室。

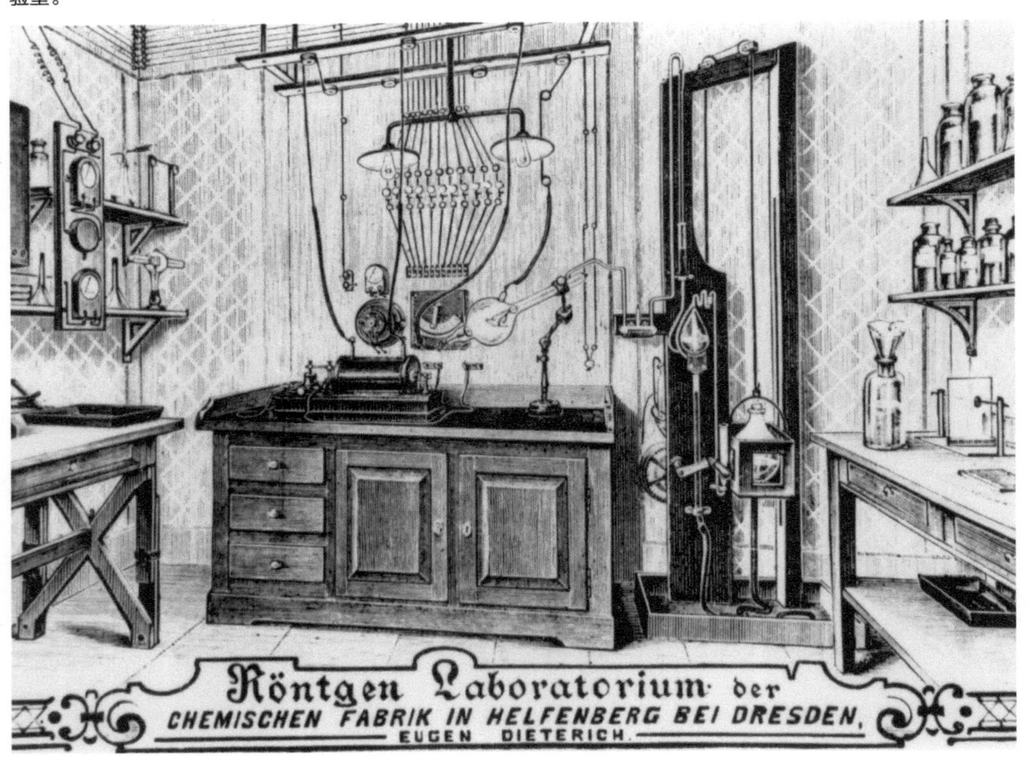

为了看看阴极射线是否能从真空管的玻璃穿出，伦琴将他的实验设备放置在暗室中，并且用一层薄薄的黑色硬纸板包裹住整个玻璃管，以防止内部的光溢出。他想要确保他的眼睛已经适应了黑暗，并且可以捕捉到他事先准备好的简易阴极射线探测器闪现的任何信号。已知涂有氰亚铂酸钡的纸被阴极射线撞击时会发出荧光，所以伦琴在暗室中放置了一块用于观察荧光的屏幕。在进行了初始实验之后，伦琴打算用一个玻璃壁更厚的真空管重复实验。1895 年 11 月 8 日，在安装好新的真空管并用黑色硬纸板遮盖之后，他打开真空管并关闭了实验室的灯，然后将氰亚铂酸钡屏幕放置在一端——仅仅是为了确保没有光从管中漏出。出乎意料的是，他在距离真空管的一端有几英尺（1 英尺 =0.3 米）的屏幕上看到了模糊的微光，光并不在阴极射线的发射线上。当真空管被打开时，某种从前未知的物质使屏幕发光。

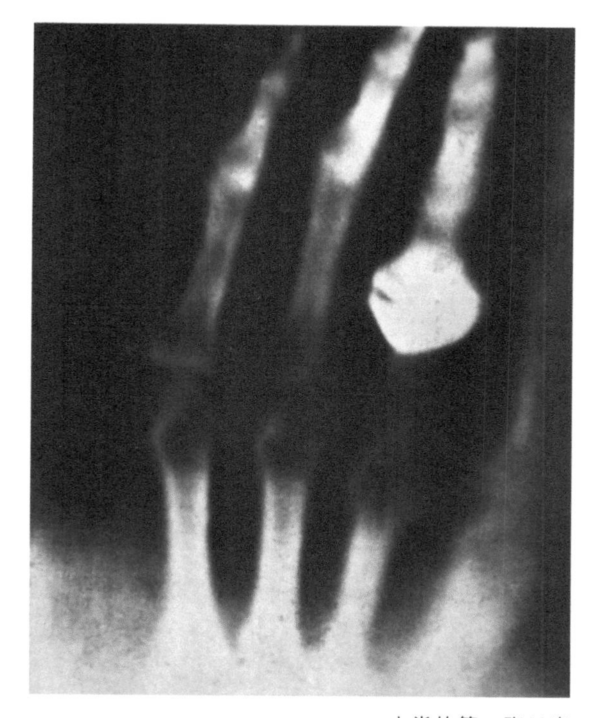

人类的第一张 X 光片（1895）。这张照片是伦琴拍摄的，照片中是他妻子戴着戒指的手。

在接下来的几周，伦琴仔细研究了他所称的“X 射线”（“X”习惯上代表未知量，令他尴尬的是这些射线在某些国家被称为伦琴射线）。他发现这些射线是在阴极射线撞击克鲁克斯管的玻璃壁时产生的，并且沿着所有方向传播。它们沿着直线传播，不会受电磁场的影响而发生弯折。但是最激动人心的发现是它们可以渗透进多种物质，包括人体。在发现 X 射线两周之后，伦琴就用它们拍摄了第一张 X 光片，拍的是他妻子戴着戒指的手，被收录在他发布这一发现的科学论文《论一种新射线》中，这篇文章写于 1895 年 12 月 28 日，发表于 1896 年年初。

这一发现在当时成为轰动一时的新闻，特别是因为所发表论文中收录的安娜·伦琴的手的 X 光片（在看到照片时，她惊呼道：“我看到了自己的死亡！”）。1896 年 1 月 13 日，伦琴在柏林向德皇威廉二世演示了X射线可渗透进物质这一现象。这篇文章的英文译文被刊登在期刊《自然》（1896年1月23日）和《科学》（1896年2月14日）上。X射线很快被确认为和光一样是电磁谱的一部分，但是频率比光高（波长短）。

这一发现的医学应用是显而易见的，X射线很快就成了一种重要的诊断工具，能够使医生在不开刀的情况下看到人体内部。在1896年结束之前，格拉斯哥医院开设了第一个放射科，在那里医生得到了肾结石和一个儿童喉咙里卡住的硬币的X光片。在X射线被发现后的两年之内，它第一次被用于战场环境——在1897年的巴尔干战争中被用来寻找伤员体内的子弹和碎骨头。

第一个诺贝尔物理学奖在1901年被授予伦琴，“为表彰他为发现随后以他的名字命名的神奇的射线所做的卓越贡献”。

No.57 研究电子

电子的发现是人们期待已久的，19世纪90年代几位实验者的工作都侧重于这一目标。这其中的关键贡献者是英国物理学家J. J. 汤姆森（常常只写他名字的首字母，而不使用全名），那时他在剑桥大学的卡文迪许实验室工作。

J. J. 汤姆森（1856—1940）。

1894年，汤姆森在测量阴极射线穿过克鲁克斯管（见135页）的速度时发现了第一条线索，他发现阴极射线的速度远小于光速。因此阴极射线不可能是电磁辐射的一种形式，因为麦克斯韦方程组告诉我们所有这样的辐射都以同样的速度传播。一年之后，法国人让·皮兰发现一束阴极射线可以在磁场中侧向弯曲，这说明阴极射线是由一束带电粒子组成的，偏离的方向表明粒子一定带负电荷。

但是这些粒子是什么呢？在德国工作的沃尔特·考夫曼认为它们

汤姆森发现电子所使用的装置。

是带电的原子（现在称为离子）。他认为阴极射线是那些在阴极获得负电荷的原子，并且他测量了阴极射线在装有不同种气体的真空管（并非完全真空，只是排出了大部分的气体）中在电场和磁场中偏转的方式。他可以计算出离子电荷量和质量的比值（通常写作 e/m），并且期待在不同的气体中得到不同的比值，因为它们有不同的原子质量，但是他总是得到同样的 e/m 值。

汤姆森也测量了阴极射线的 e/m 值，但是与考夫曼不同，他一直期望得到相同的值，因为从一开始他就认为阴极射线是从阴极发出的同一种粒子的束流。因此他使用真空度尽可能高的真空管（当时最好的真空管）来避免污染，并且设计了一个聪明的方法——使粒子流同时在一个方向上受到磁场的影响，而在相反方向上受到电场影响。通过调整这些场的强度，他可以使束流保持直线传播，满足这一要求的场的强度使他能够计算出 e/m 值。

尽管当时汤姆森只得到了比值，而并不知道电荷和质量各自的大小，但他可以将这一比值与他对最轻的元素氢的带电原子（离子）所做的相似实验得到的比值进行比较。这使他意识到阴极射线离子的质量非常小，或者带电量非常大，又或者是兼具这两种性质。这就提醒了他这种被称为“微粒”的粒子比原子小，并且可能作为原子的一部分逃逸出来或被撞击出来。1897 年 4 月 30 日，在英国皇家科学院的演讲中汤姆森说：“有一种物质比原子被更细致地分割是一个令人吃惊的假设。”他后来回忆说至少有一位观众认为他在开玩笑，在 19 世纪 90 年代，原子可以被破坏这样的观点还是过于离奇。

汤姆森的“微粒”很快就被称为“电子”，并且人们认为他是在 1897 年发现电子的。但是两年之后，汤姆森才能测量电子本身的电荷。在实验中，紫外线照射在金属上，触发了带负电的粒子的发射——光电效应。他测量了这些粒子的 *e/m* 值，并表明它们与他发现的阴极射线微粒相同，随后又通过检测被这些粒子充电的水滴在电场中的运动测量了它们的电荷。将这些测量值与 *e/m* 的测量值比较就可以计算出单个微粒/电子的质量，而这一质量刚好是一个氢原子质量的 1/2 000。1899 年 12 月汤姆森在《哲学杂志》中写道：“从这一点来说，充电本质上是原子的分裂，一部分原子获得自由并且与原来的原子分离。”[28] 很明显原子不是不可分的，而这标志着人类真正发现了电子。

No.58 放射性的发现

X 射线的发现（见 148 页）紧接着带来了另一个同样影响深远的发现。1896 年 1 月，当伦琴获得新发现的消息传遍科学界时，亨利·贝克勒尔是位于巴黎的法国自然历史博物馆的物理学教授，他的父亲和祖父在他之前都曾分别担任此职，他的家族有研究荧光现象的传统，尤其是在黑暗中发光的晶体的荧光。这些晶体必须暴露于阳光下才能被激发，然后它们可以发光一段时间，直到随着能量用尽，荧光变弱。贝克勒尔想知道发光的晶体是否也会产生 X 射线，于是设计了一个简单的实验，用从他祖父时起就开始积攒在实验室的大量荧光物质来寻找答案。

他将一盘荧光盐暴露于阳光下为它们“充电”，然后将盘子放在感光片上，这片感光片一直被夹在两片厚厚的黑纸中间，使光不能透过。在一些实验中，他将一枚硬币放在盘子与感光片之间；在另一些实验中，他放入了一片十字形的金属。就像他所希望的那样，当感光片被冲洗出

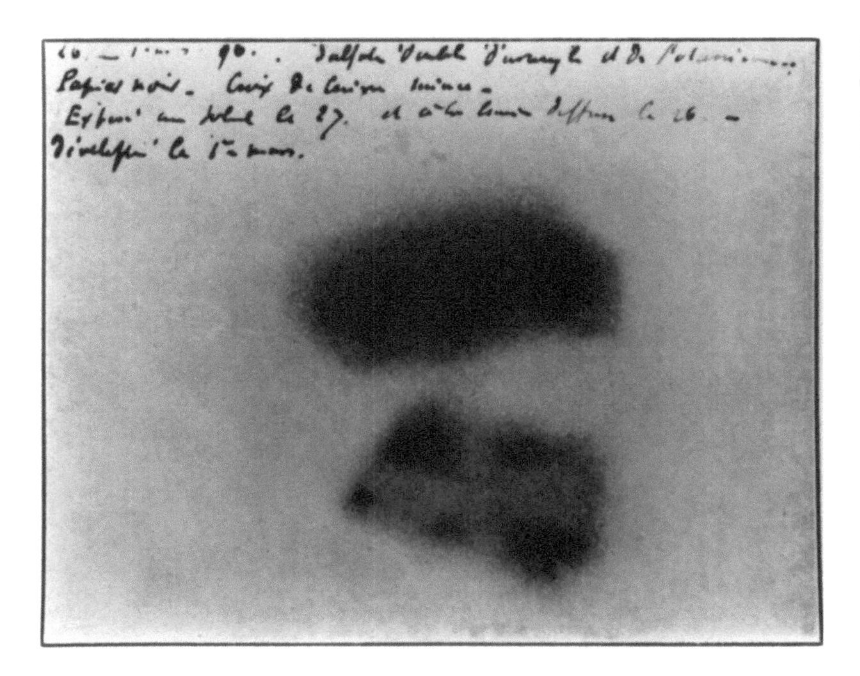

引领亨利·贝克勒尔（1852—1908）发现放射性的照片，他的注解写在照片上。

来后它们变模糊了，就像它们曾暴露于阳光下一样，但是金属物体的轮廓清晰地出现了，因为 X 射线不能穿过金属。这似乎说明 X 射线可以通过阳光对荧光盐产生作用，而这一消息紧跟着发现 X 射线的消息很快传开了。

但是在那一年的 2 月末，贝克勒尔偶然间发现了一件令人震惊的事。他曾为另一个实验准备了一个含有铀盐的盘子、一个铜质的十字以及像往常一样包好的感光片。因为当时连日阴天，他将这些东西放在橱柜里，直到 1896 年 3 月 1 日，不知是突发奇想还是有意作为实验的对照组，他还是把底片冲洗出来了，上面有清晰的十字形。即使铀盐从未被太阳光照射进行储能也没有发光，它们仍然产生了他曾认为一定是 X 射线的东西。在进一步研究中，就像贝克勒尔后来在诺贝尔奖获奖演讲中回忆的那样，他发现："……所有的铀盐，无论它们是怎么制备的，都发出同一类型的辐射，这是一种与铀元素相关的原子性质，并且金属元素铀的活度约为第一个实验中使用的盐的 3.5 倍。"[29]

这一发现并没有引起较大的轰动，因为每个人都认为贝克勒尔所有的发现都只是产生 X 射线的另一种方式。然而在 1897 年，一位年轻的波兰女士移居到巴黎，婚后成了玛丽·居里，开始研究"铀射线"作为

1898—1902 年，居里夫妇和他们的助手在法国巴黎的一个小棚子里提纯放射性元素镭所使用的一部分设备。这需要加工几吨沥青——一种富含铀的矿物。

她获取博士学位的课题。玛丽将这一现象命名为“放射性”。1898 年 2 月，在极其艰苦的环境下（实际上就是一个漏雨的小棚子，因为当时在玛丽工作的巴黎高等师范学院，女性是不允许进入实验室的），她发现用来提纯铀的沥青铀矿的放射性比铀高 4 倍，这意味着它一定含有另一种未知的高放射性元素。这一发现在她 1898 年提交给法国科学院的论文中宣布，在这篇论文中她说：“事实非常值得注意，我相信这些矿物可能含有一种比铀的放射性更强的元素。”这一发现如此激动人心，以至于她的丈夫皮埃尔·居里（见 137 页）放下自己的工作来帮助她找出这种新元素。事实上，他们发现了两种元素：一种叫作钋——作为献给她的祖国波兰的礼物而命名；另一种叫作镭。

然而直到 1902 年 3 月他们才从几吨沥青铀矿中提炼出 0.1 克镭。而到那时，贝克勒尔（还有其他人）已经发现了“铀射线”可以被磁场弯折，因此它们不可能与 X 射线相同，而一定是由带电粒子束流组成的。这些粒子现在被称为 α 粒子，也就是氦的原子核（去掉电子的氦原子）。

玛丽·居里于1903年获得了博士学位，同年她和丈夫与贝克勒尔分享了诺贝尔物理学奖，给贝克勒尔的颁奖词是“为表彰他对自发放射性的发现所做出的卓越贡献”，而皮埃尔和玛丽的获奖原因是“为表彰他们对亨利·贝克勒尔教授发现的放射性所做的共同研究”。

No.59 用光撞击电子

1887年海因里希·赫兹在研究我们现在称为无线电波的波时注意到，如果用紫外光照射电极，则在电极间更容易产生电火花。他将仪器放在一个有玻璃窗的暗箱中以便更清楚地看到电火花。但是他发现，在暗箱中的电火花跳跃的距离没有不在暗箱中的电极间的电火花远。当玻璃窗被取走，留下一个洞，电火花又能像以前那样跳跃了。通过改变窗的材质，他发现这种效应的产生是因为玻璃吸收了紫外光。

尽管赫兹发表了他的结果，但他没有对这一效应提出任何解释，并且他也没有做后续实验进行研究。其他人却研究了这一现象（尤其是俄国物理学家亚历山大·史托勒托夫），但是通往现象本质的主要实验是由菲利普·莱纳德在1902年所做的。莱纳德曾经在波恩做过赫兹的助手，但是那时他自己已经是基尔大学的教授了。他正在重点研究阴极射线（其中的粒子为电子），并且想要找出赫兹发现的效应是否是紫外光使电子从金属表面释放出来的结果。用紫外光照射真空管中的金属板能够产生阴极射线，这些射线可以用磁场和电场操控。但是这些射线中的粒子离开金属表面的速度很慢，在一个小的外加电场的作用下它们可以被截停并且反向运动。粒子的速度可以用这一外加电场的强度来测量，而这带给了莱纳德最深刻的发现：“我还发现这些粒子的速度与紫外光的强度无关。”[30]

菲利普·莱纳德（1862—1947）。

人们期待更强的光会使电子速度更快、能量更高是很自然的。但是增加亮度只会产生更

光电效应。3幅图，从左至右：(1)蓝光(严格来说是紫外光)照射在金属板上使它发射电子。(2)用功率更小的蓝光，金属板将会发射更少的电子，但是每个电子的能量和第一种情况的电子相同。(3)用红光照射，没有电子发射。

多的电子，每个电子都有相同的能量。进一步的实验表明，改变光的频率（或波长）的确会影响电子的能量：频率较高（波长较短）的光会产生能量较高的电子，频率较低（波长较长）的光会产生能量较低的电子。

1905年，即莱纳德获得诺贝尔奖的那一年，阿尔伯特·爱因斯坦找到了答案。他认为光是以能量的小包的形式存在的，即光量子，简称光子。在这一图景中，当一个光子撞击一个原子时就会发生光电效应产生电子，每个撞击原子的光子会把所有能量都给发射出的电子。我们所说的较高频率的光是由较高能量的光子组成的，因此当一个频率较高的光子撞击金属表面的一个原子时，一个与入射光子能量相同的电子被释放出来。而更明亮的光只是数量更多的、能量相同的电子，所以会释放有相同能量的更多电子。相似地，对于某一种频率的光，微弱的光携带较少的光子，因此会释放较少的电子，不过仍然带有相同的能量。

爱因斯坦的光既是粒子又是波的设想被人们满腹疑虑地接受了。毕竟，双缝实验（见77页）的证据仍然是可靠的。美国物理学家罗伯特·密立根非常气愤，因为他为了证明爱因斯坦的观点是错误的，花费10年时间做了很多困难的实验，却只得到光子是真实存在的这一结论。引用他自己的评论是值得的："经过10年的实验、发展、学习以及偶尔的浮躁粗心，终于得到了光电子发射能量的精确实验测量值，由于所有这些努力，现在我得到了关于温度、波长和材料（接触电动势）的函数，但是这些工作的结果却与我的预期相反，1914年的第一个实验证据在很小的误差内准确有效地符合爱因斯坦的公式。"[31]

爱因斯坦获得诺贝尔奖（1921年物理学奖，但是被推后到1922年领取），是因为"他对理论物理所做的贡献，特别是他发现了光电效应的规律”。1923年，密立根获得了诺贝尔物理学奖，是因为“他在测量元电荷与光电效应方面所做的工作”。就像这些颁奖词所表明的，光子的发现是通往量子理论的关键一步，而波粒二象性（见179页）被证明对于理解原子和亚原子粒子至关重要。

No.60 条件反射

使伊万·巴甫洛夫成名的工作是一个幸运以及观察和实验的科学方法相结合成就发现的经典范例。巴甫洛夫是一位对消化机制很感兴趣的生理学家，19世纪末到20世纪初，他正在研究狗的消化机制。他怀疑当时精神病学和心理学的新研究的价值，但是却意外地在心理学实验中留下了自己的名字。

作为消化研究的一部分，巴甫洛夫和他的助手伊万·托洛奇诺夫用狗进行实验。在当时，使用精细的手术技巧，可以在不影响动物机体的情况下将消化液和唾液腺的产物转移，在狗的体外就可以收集这些分泌物。重点在于要对这些基本上可以正常活动的活着的动物做实验，而不是用那些动物尸体的解剖体或就像对活体进行创伤手术一样将动物固定住（这样处理的动物很快就会死去）。正如巴甫洛夫所说：“很明显，对消化过程或者生物体的任何其他功能的成功研究，在很大程度上取决于

伊万·巴甫洛夫故居，现在是梁赞的一座博物馆。

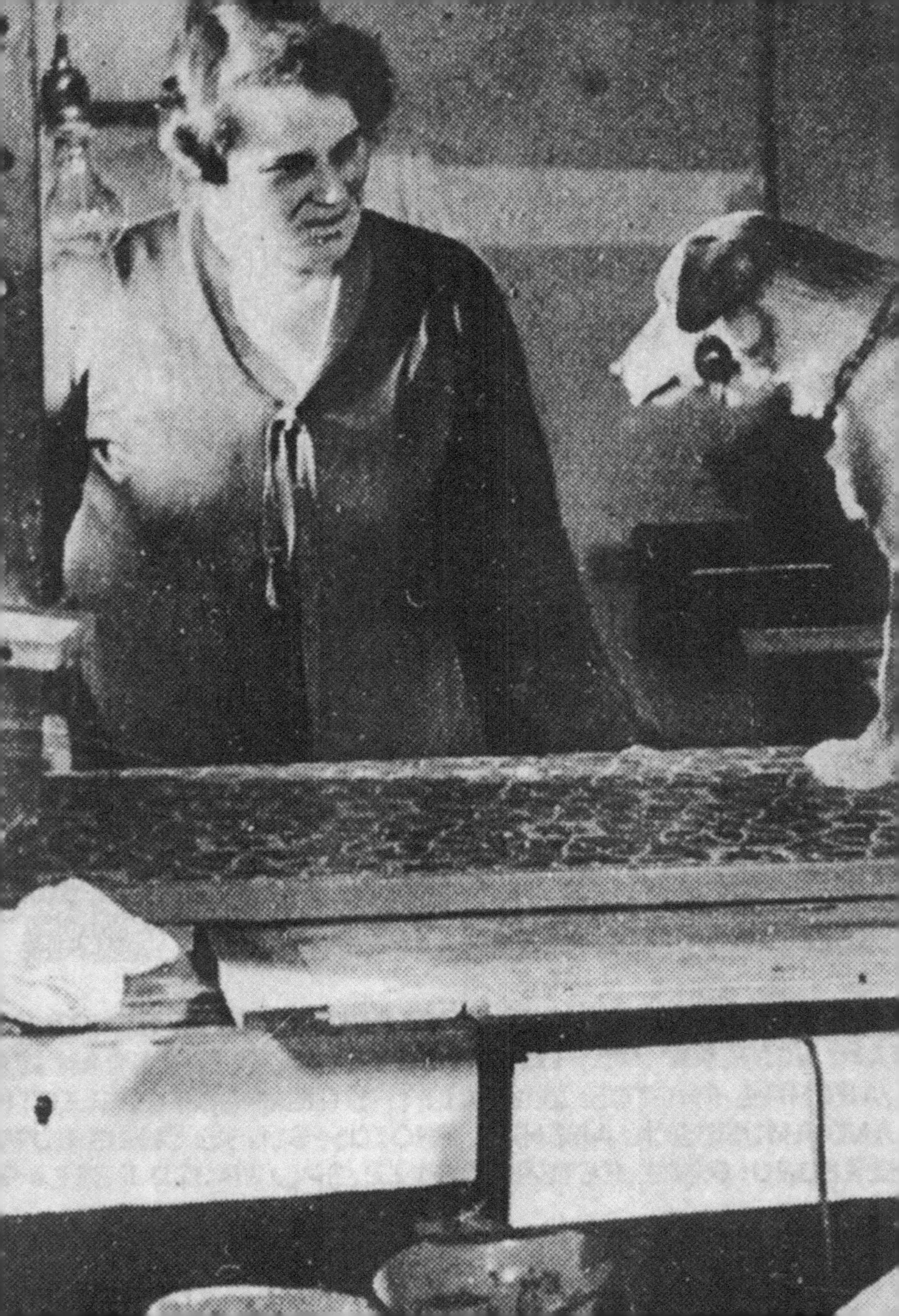

伊万·彼得洛维奇·巴甫洛夫（1849—1936）在观察实验中的一条狗。

我们是否找到了最近、最方便的视角去观察我们关心的过程，以及移除现象与观察者之间所有的干扰因素。”[32]

巴甫洛夫对于自己能够确保动物在实验中没有遭受痛苦和得到了好的照料感到非常骄傲，他写道：“我们健康快乐的动物出于真正的爱好完成了它们的实验工作，它们总是渴望从笼子里出来到实验室中，并且很乐意跳到我们进行实验和观察的桌子上。”[33]

喂狗吃不同的食物，就可以在不同条件下检测其消化液的流动情况。他们发现当狗看到食物的时候就会分泌唾液，这并不奇怪。但是食物总是由同一位技术员拿给它们的，而托洛奇诺夫注意到，一段时间之后，即使没有食物，这些狗看到这位技术员也会分泌唾液。

出于好奇，巴甫洛夫安排了一系列使用不同种刺激的实验——例如铃声和蜂鸣器、闪光灯，以及嘀嗒作响的节拍器——在为狗提供食物的同时也提供这些刺激。在一个经典案例中，他在给狗喂食之前会敲响铃。很快，当每次铃响时狗就开始分泌唾液，即使没有食物。他把这种行为称作条件反射（现在有时被称为“巴甫洛夫反射”），并且巴甫洛夫发现，铃响到提供食物的这段时间越短，狗的反应就越强烈。但是当他在铃响后停止供应食物，条件反射就会逐渐消失，狗听到铃声之后就不再分泌唾液了。巴甫洛夫将铃声称为条件刺激，因为狗习惯于对铃声做出反应，与之相对的食物被称为产生非条件反射的非条件刺激。

托洛奇诺夫在 1903 年于赫尔辛基召开的科学会议上描述了这一实验，并且同年巴甫洛夫在马德里的会议上演示了这一实验。这一发现的传播，对人们的看法产生了很大的影响，因为人们意识到人可以通过实验变得“适应”，并以某种方式回应特别的刺激。奥尔多斯·赫胥黎在他 1932 年的小说《勇敢新世界》中以反乌托邦视角呈现了这一发现的影响。

后续实验表明，条件反射起源于大脑皮层，从而引起了人们有关大脑工作方式的深入研究。尽管巴甫洛夫于 1904 年获得了诺贝尔生理学或医学奖，但当时人们并没有认识到他的工作的重要性，况且获奖理由还是“为表彰他的消化生理学研究”。

Nº61 地心历险记

“实验”并不总是由人触发的，但是科学家们仍然能通过仔细观察和分析利用它们。地核的发现就是一个经典的例子。

德国地球物理学家埃米尔·维舍特在19世纪90年代中期意识到，地球的内部一定含有一个密度远远高于表面的内核。通过卡文迪许实验（见62页），他知道了整个地球的质量和整体密度，测量地球表面岩石的密度也很简单。他通过计算得出了一个符合观察结果的地球内部结构的详细模型，并且于1896年在哥尼斯堡的演讲中提出了这一模型的早期版本，在次年又进行了完整描述。他估算地球内部的铁心的半径约为地球半径的0.779倍，密度为8.21克/立方厘米，而外层（地幔）的密度仅有3.2克/立方厘米。这些估算结果与现代测量值（见下文）相比并非遥不可及。

维舍特意识到这一模型可以通过研究地震波来进行测试，地震波从

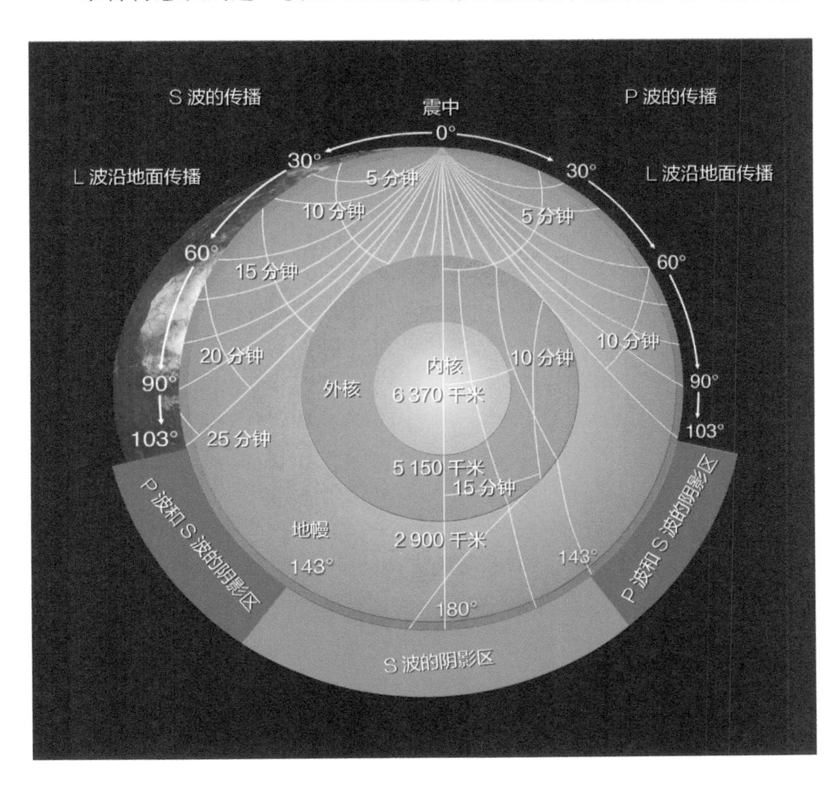

应用计算机软件绘制的地球界面图，展示了不同类型的地震波所需要的传播时间。

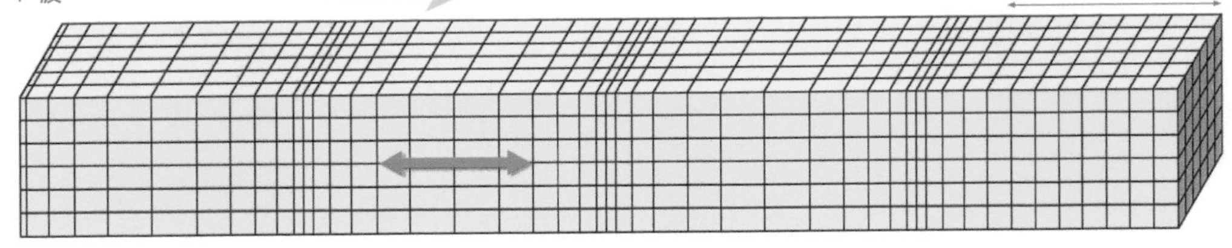

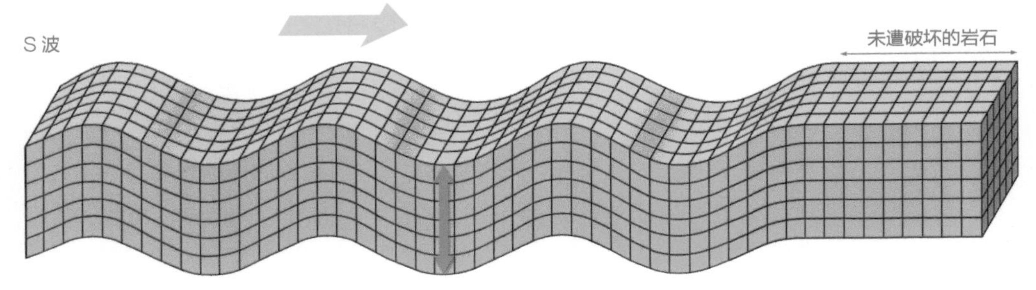

地震产生的两种体波。地震纵波（P 波，上方）是引起与波传播方向（黄色箭头）相同的地面位移的纵波（蓝色箭头）。P 波与空气中的声波相似。横波（S 波，下方）引起的地面位移方向（蓝色箭头）与传播方向垂直，它与池塘的水波类似。

震源开始通过地球内部，可以在地球的另一端被探测到。这是一个检验他的理论模型的必要的自然实验。十分巧合的是，1897 年维舍特提出他的详细模型时，印度发生了一场大地震，英国地质学家理查德·奥尔德姆由此走上了检验这一理论模型的道路。

奥尔德姆出生于印度，当时他的父亲正在印度研究地震。追随父亲的脚步，他加入了印度地质调查所，并在 1897 年对发生在阿萨姆邦的 8.1 级大地震进行了研究，这次地震在 647 497 平方千米的范围内都有震感。通过这一研究工作，他发现存在 3 种不同的地震波，它们分别以不同的速度传播。P 波［P 表示主要（Primary）或压缩（Pressure）］在地球内部传播，并且第一个到达遥远的地震仪，它们是类似于空气中声波的“推拉式”的波。第二个到达地震仪的波被称为 S 波［S 表示次要（Secondary）或剪切（Shear）］，这种波也在地球内部传播，但是波的振动方向与传播方向成直角，像池塘中的涟漪。第三种波是一种表面波，它在地球表面传播，最具毁灭性，然而又有局域效应。

1903 年奥尔德姆离开了印度并定居英国，他用这一新的观点分析了世界各地数以千计的地震数据。奥尔德姆研究了波在地球内部传播时被折射与改变速度的方式，并且发现地震波起初在向地球内部传播时会加速，但是在某一个深度它们突然放慢速度，这表明波到达了核心的边缘。他的结果发表于1906年，那一年旧金山发生了大地震。奥尔德姆在1908年被伦敦地质学会授予莱伊尔奖。

维舍特曾经见过铁陨石，并提出地球可能像一个中心有镍铁金属核心的巨大陨石。奥尔德姆对地球内部地震波速度变化的测量暗示了地核实际上必须是液态的，直到1936年丹麦人英格·莱曼发现地球内部存在一个反射地震波的小的固体内核。现代测量估计外核的顶部在地球表面以下2 890千米深处，而内核开始于5 150千米深处。地球的半径为6 360千米，因为体积正比于半径的三次方，这意味着整个核占据了地球体积的16%，而内核的体积不足1%（核的半径大致为地球半径的一半，因此体积大约为地球体积的1/8）。外核的密度范围为9.9~12.2克/立方厘米，而内核的密度更高，可能是13克/立方厘米。内核可能是晶体状的，不过这一推测很难被验证。外核的涡旋流可能导致了地球磁场的产生。

No.62 原子内部

欧内斯特·卢瑟福是一位非常不同寻常的实验物理学家，他在因其他研究获得诺贝尔奖后做出了他最重要的发现。他在1908年，因为在所谓的“元素的衰变”方面的工作被授予诺贝尔化学奖。跟随着贝克勒尔对放射性的发现（见152页），卢瑟福发现这一过程涉及一个原子丢弃自身的一部分而转化成另一种粒子。沿着这一方向，他确认了两种辐射，称为 α 射线和 β 射线，α 射线很快就被确认为失去电子的氦核，而 β 射线则是电子。随后他发现并命名了第三种原子辐射，即 γ 射线，这种射线被证明更像X射线，但是有着较短的波长（较高的频率），因此携带了更多能量。

卢瑟福并不满足于对不同种类的原子辐射进行确认和分类，他意识到自己可以用这些迅速移动的粒子，尤其是 α 粒子，来探测物质的结构。在20世纪初，尽管电子已经被认定为原子的一部分（见150页），却没有人知道它们在原子内部是怎样排布的，需要平衡这些电子的负电荷的正电荷是怎样分布的。最流行的观点是1904年J. J. 汤姆森提出的，

大约 1908 年，欧内斯特·卢瑟福（1871—1937，左）和汉斯·盖革（1882—1945，右）在曼彻斯特大学他们的实验室里。他们身旁是探测来自放射源的 α 粒子所使用的设备。

他设想原子是一团正电荷云，带负电的电子镶嵌于其中。这种模型有时被称为“葡萄干布丁”模型，但是西瓜可能是一个更好的比喻，西瓜的果肉是正电荷，而西瓜子是电子。

1909 年，卢瑟福在曼彻斯特大学担任物理学教授，在那里他设计了一个实验，并在他的指导下，由汉斯·盖革和欧内斯特·马斯登实施。天然放射性产生的 α 粒子被发射到一薄层金箔做成的靶上，利用一个可以移动到金箔周围各个位置的探测器（盖革探测器的前身），他们打算研究 α 粒子在通过金箔时会受到怎样的影响。他们假设粒子束可能发生轻微偏折，就好像一束光从空气射入棱镜后发生弯折一样。但是出乎意料的是，他们发现大多数 α 粒子径直通过金箔，就好像金箔不存在一样，而少数 α 粒子发生大角度偏转。当他们把探测器移动到金箔之前、α 粒子入射的一端，结果探测到一些被弹回入射方向的粒子。这就像你把一块砖丢向一张挂在一条线上的湿巾，结果它却反弹回来击中你的脸一样不可思议。

卢瑟福将这一现象描述为他“一生中所遇到的最难以置信的事”，但是他很快就解读了这一现象背后的机理。原子实际上是由一个非常小的带正电的核（这一术语第一次由卢瑟福在 1912 年在这一语境中使用）以及包围它的电子云组成的。一个 α 粒子的质量是一个电子的 8 000 倍，并且实验中大多数 α 粒子穿过电子云时，几乎完全没有受到影响。但是像原子核一样带正电的 α 粒子一旦在与一个原子核相距很近的地方通过，则会偏转一个大角度，因为正电荷之间互相排斥。偶尔也会有 α 粒子向着原子核径直飞过去，直接被原路反弹回来的情况，因为金的原子核的质量是 α 粒子质量的 49 倍，不可能被 α 粒子推开。

通过在长期实验中计量偏转到不同角度的 α 粒子数并应用恰当的统计分析，卢瑟福甚至可以大致计算出原子核的尺寸。用更现代的测量手段，可以得到典型的原子核的直径为 10^{-13} 厘米，而包围核的电子云的直径为 10^{-8} 厘米，这就像将一粒沙子（相当于原子核）放在阿尔伯特音乐厅（相当于电子云）的效果。卢瑟福发现原子的大部分空间是空的，以粒子角度来说，原子充满了连接小粒子的电磁场交织的网。后续

卢瑟福的粒子散射实验。一些粒子通过金箔而没有偏转，另一些粒子偏转了一个小角度，只有很少的粒子大角度偏转。

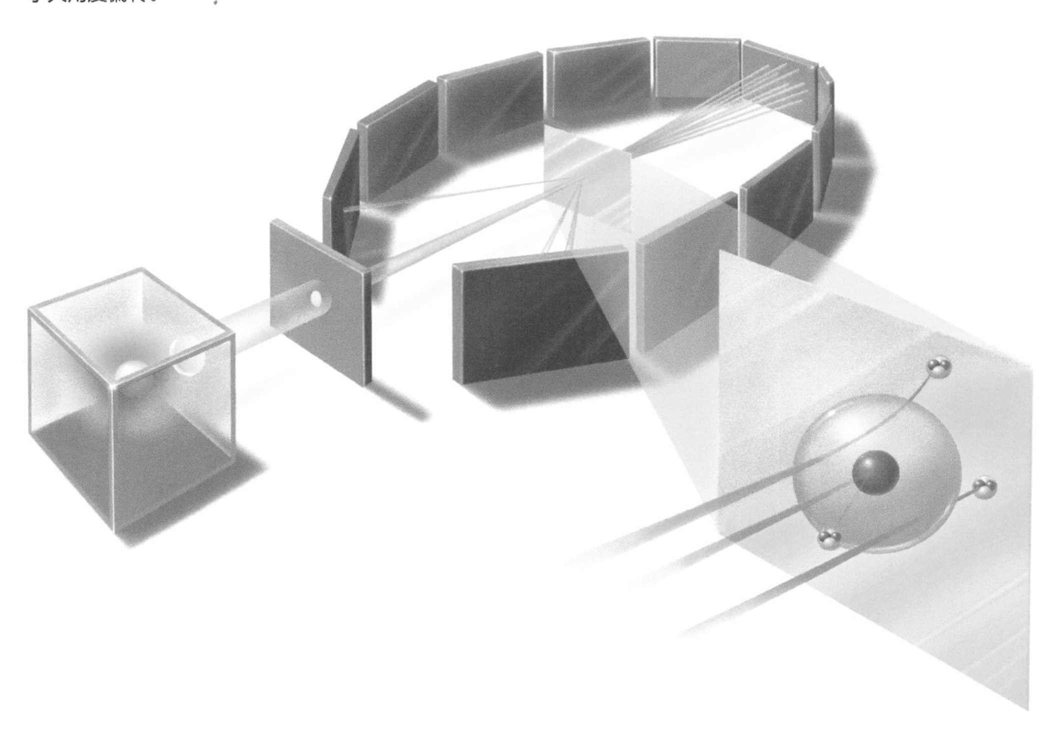

实验表明原子核本身由带正电的质子（氢原子核只有一个质子，对应电子云中的一个电子）和一个称为中子的、与质子相似的电中性粒子组成。α 粒子是氦的原子核，由两个质子和两个中子构成。

Nº.63 宇宙的标尺

你可能觉得测量宇宙的尺寸是一件不可能完成的任务，因为这超出了任何实验或人类只在地球上进行观测时的能力范围，但是在 1908 年至 1912 年之间，在哈佛大学天文台工作的天文学家亨丽埃塔·斯万·勒维特发现了一种测量地球到特定恒星距离的方法，为测量宇宙尺度的距离提供了一把标尺。

当时勒维特正在对一些亮度发生变化的恒星进行研究。这些亮度变化可能因为恒星本身的确变得明亮并且随着时间的推移亮度衰减而发生，有时伴随着有规律的周期；也可能是因为恒星处于双星系统中，其中一颗恒星在另一颗恒星通过它的前方时处于遮暗间歇造成的。此时，天文学家再也不会只依靠肉眼了，而勒维特利用在不同时刻拍摄的包含南方天空成千上万颗恒星的像的照相底片进行研究。

经过几小时的艰苦分析，勒维特注意到了小麦哲伦云（SMC）稠密的恒星中某一种恒星的行为模式。被称为造父变星的一类恒星有一种总体模式，较亮的恒星（取明暗周期亮度的平均值）的周期比较暗的造父变星长。到了 1912 年，她已经能够根据小麦哲伦云中的 25 颗造父变星亮度变化的测量结果，以数学公式的形式写出这种“周期光度关系”了。她意识到这种模式的出现是因为小麦哲伦云是距离我们如此之远的星云，星云中的恒星之间的距离远远小于星云到我们地球的距离，所以这些星云发出的光在到达我们的望远镜时衰减了同样的幅度。对于近处的恒星，很难区分一颗恒星

亨丽埃塔·斯万·勒维特（1868—1921）。

两种测量宇宙尺度的方法。左侧是“标准烛光”法。超新星的亮度已知，地球与超新星的距离越远，超新星看起来越模糊（就像烛光一样）。因此通过测量一颗超新星的视亮度，就可以确定它与地球的距离。右侧是“标准尺”法。星系距离地球越远，它们看起来就越小。两种方法都是用造父变星校准的。

看起来比另一颗亮是因为它真的更亮，还是因为它离我们更近。但是当小麦哲伦云中的恒星“与地球的距离几乎相同”时，她在 1912 年写道，“它们的周期明线与它们实际发出的光有关，由它们的质量、密度，以及表面亮度决定”。

勒维特发现，周期为 3 天的造父变星的亮度是周期 30 天的造父变星的 1/6。但是这些都是相对测量值，天文学家仍然需要测量地球附近的几颗造父变星与地球的实际距离，这样才能计算出它们的实际（绝对）亮度，并用这些数据去标定距离标尺。一旦知道了一颗造父变星到地球的距离，天文学家就可以计算出它的绝对亮度。用勒维特发现的关系，天文学家们可以计算出其他造父变星的绝对亮度，因此它们在天空中的视亮度就能揭示它们的距离。

1913 年，利用只能对较近的恒星使用的多种方法，天文学家首次实施了这种测量，但是稍微有些不准确。现代测量结果推测，小麦哲伦云到地球的距离为 170 000 光年，因此即使其中两颗造父变星相距 1 000 光年，这一距离也仅仅是它们到我们的距离的 0.6%。

20 世纪 20 年代，造父变星第一次被用于测量我们的银河系的跨度并确定它的尺寸，随后人们又测量了银河系之外的另一个星系与地球的距离，这一后来被确定的星系表明银河系并不是独特的，而是宇宙中一个普通的独立区域，可观测宇宙中有无数这样的区域。埃德温·哈勃正是利用了星系中的造父变星与地球的距离才得到星系发出的光的红移与它到地球的距离之间的关系，这促使人类发现了宇宙膨胀现象，也启发乔治·勒梅特（他独立地发现了红移与距离的关系）推进了宇宙大爆炸观点。

在先驱们做出这些工作的几十年间，其他宇宙距离指标也被建立起来，最引人注目的是某种超新星，它们都以同样的绝对亮度爆炸。但是我们只知道用来标定这种超新星距离尺度的原始超新星与地球的距离，因为它们出现在已经通过造父变星测出距离的星系中。勒维特的工作非常重要，它在今天还在继续发展着。欧洲空间局在 1989 年发射的依巴谷卫星，用几何方法测量了 100 000 多颗恒星到地球的距离，其中还包括 273 颗造父变星。这提供了 20 世纪最精确的宇宙距离尺度的标定，而随后在 2013 年发射的盖亚空间观测站应该会在 2020 年之前提供更精确的测量结果。在勒维特做出发现的 100 多年以后，源于她的工作还在继续发展。

No.64 核酸的发现

一些发现很难归结于一个实验或一个人。生命分子 RNA 和 DNA 的发现涉及很多人和很多实验，经历了近 100 年。但是实际上为这些分子命名的人是菲巴斯·利文，他是一位在俄国出生的美国人，在洛克菲勒药物研究所工作。

然而这个故事要从瑞士生物化学家弗里德里希·米歇尔所做的实验开始，19 世纪 60 年代他在图宾根大学工作。当时人们认为蛋白质是生物体内最重要的实体物质，米歇尔想要识别细胞中的化学物质所含有的蛋白质，从而了解生命运作方式的关键。他从大学附近的外科诊室拿到吸了脓汁的绷带作为实验材料，并且从脓汁中分离出了现在被称为白细胞的白血球。白细胞像装着名为细胞质的含水胶状物以及一个更紧致的中心核的小袋子（后来卢瑟福借用这一词来描述原子结构）。米歇尔发现这些含水胶状物的确富含蛋白质，而他可以去除这一外层材料，并收集足够多的核以供单独分析。他发现核不是由蛋白质构成的，而是另外一种物质，他将其称作“核素”。和其他生命分子一样，核素含有大量碳、

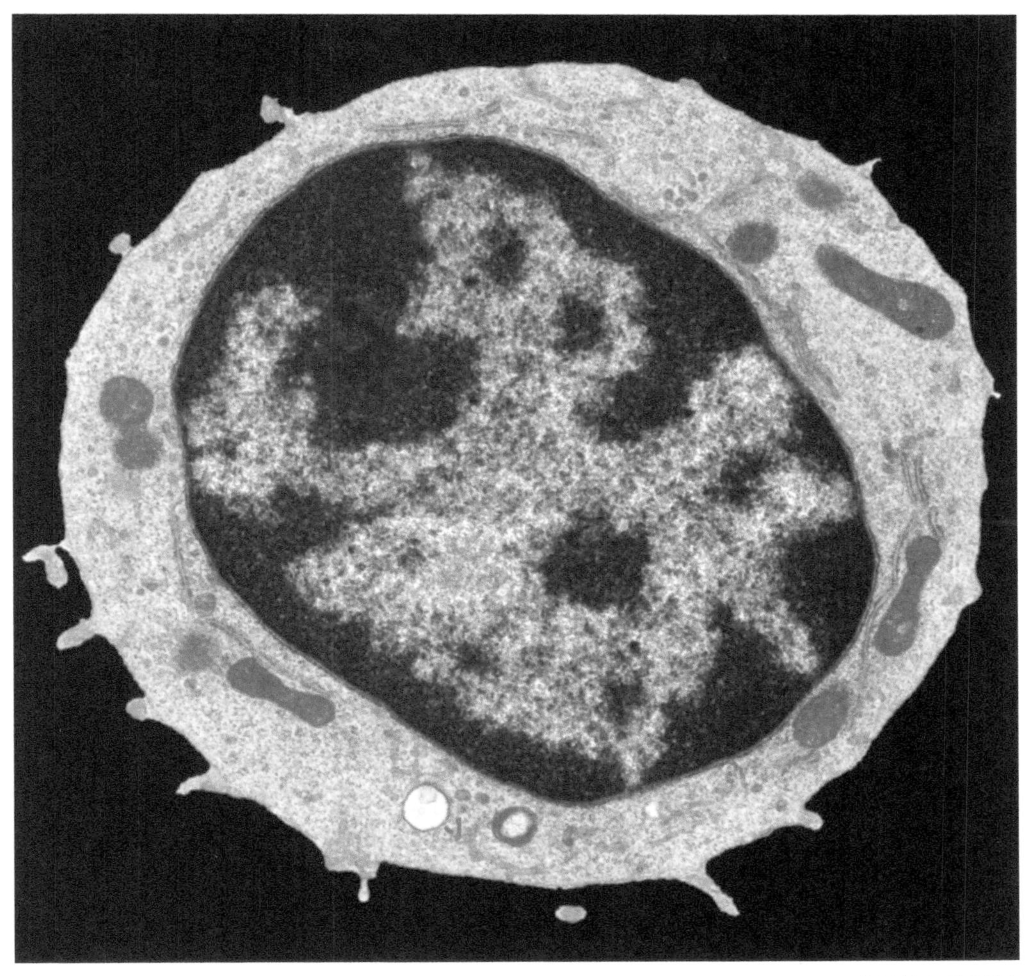

彩色透射电子显微镜（TEM）照片展现了一个小淋巴细胞（白血球）大的中心核（棕色）。核周围是细胞质（浅绿色），含有线粒体（较暗的实心绿色）。

氢、氧，以及氮，还含有磷——这种元素在蛋白质中没有被发现。他写道："我认为获取的成分——或许并不完备——表明我们研究的并不是一些随机的混合物，而是……单一的化学成分或紧密相关的实体的混合物。"但是他没能发现核素大分子的结构。在后来的工作中，他发现这些分子含有一些酸性基团。19 世纪 80 年代，"核酸"一词开始被用来描述核素。

在随后的几年，科研人员通过对核酸的分析发现存在两类核酸：一类核酸含有 4 个子单元，称为碱基，分别叫作腺嘌呤、鸟嘌呤、胞嘧啶和胸腺嘧啶——通常以它们的首字母 A、G、C、T 表示；另一类核酸含有一个不同的碱基尿嘧啶（U），它取代了胸腺嘧啶。

菲巴斯·利文
（1869—1940）。

这是20世纪第一个10年中后5年的情况，当时菲巴斯·利文开始用从酵母细胞中获得的核酸做实验。这些核酸含有相同数量的A、G、C和U，以及当时还没有被确认的磷酸基团和碳水化合物基团。1909年，他将其分离并确认为一种糖基——核糖。糖类本身是以碳环为基础构成的，类似于凯库勒描述的苯环（见130页），但是是4个碳原子和1个氧原子相连，构成了五边形而不是六边形结构。利文的工作表明，核酸的这些组成部分本身，每一个都是由一个磷酸、一个核糖和一个碱基相连而成的，他把这些单元命名为核苷酸。然而没有人知道核酸的这些组成部分是怎样连接在一起的。

利文认为核酸分子是由像脊柱的椎骨一样连接的核苷酸链组成的，并且在1909年，他将这种分子命名为核糖核苷酸。因为在后来的RNA中4种碱基以相等的数目存在，他提出每个分子都是由含有4个核苷酸（每种核苷酸各1个）的短链构成的。这一假设称为“四核苷酸假设”，并且被人们认可了几十年。这一假设的结果之一是它巩固了当时盛行的观点——真正重要的生命分子都是蛋白质，而核酸仅仅为蛋白质分子提供了某种支架。

直到1929年，利文才发现从T中提取的核酸含有一种不同的糖基，如同用T代替了U一样，因为这一糖基的每个分子比相应的核糖少一个氧原子，他称之为脱氧核糖，而这种核酸被称为脱氧核酸。两种核酸的名字通常被稍稍简化为核糖核酸（RNA）和脱氧核糖核酸（DNA）。利文始终认为DNA分子中的核苷酸总是以同样的顺序连接的，可能是ACTG、ACTG、ACTG，以此类推。但是暗示着DNA不仅仅是支架结构的第一个线索在1928年就已经出现了，这是DNA被命名的前一年。

No.65 进化作用

20世纪20年代，工作于哥伦比亚大学的托马斯·亨特·摩尔根与他的同事们的工作使人类对进化方式的理解更进一步——它有着漫长的系谱。

早在19世纪70年代，研究者就曾观察到，在繁殖过程中，卵子的细胞核与精子的细胞核融合形成了一个含有双亲的遗传物质的新的细胞核。1879年，德国人沃尔特·弗莱明发现，这种新的细胞核含有可以吸收显微镜工作者使用的有色染料的线状物质，因此他将这种物质命名为染色体。

每个细胞含有两组染色体，并且在普通的细胞分裂中，在细胞分裂成两个新细胞之前，两组染色体都会被复制。但是当产生卵子或精子时，首先有一个阶段，来自两组染色体的遗传物质混合、断裂并且以新的组合方式结合起来，然后只有一组“新的”染色体进入每一个生殖细胞。只有当卵子与精子结合并形成一个新的细胞时，分别来自双亲的两组染色体形成的全套染色体才会复制。19世纪80年代，在弗莱堡大学研究这一行为的奥古斯特·威斯曼总结说，“遗传是通过一代向下一代传递某种特定的化学物质尤其是分子结构进行的”，这种物质在染色体中被发现。这就是摩尔根的研究目标。

托马斯·亨特·摩尔根（1866—1945）。

摩尔根做了与格雷戈尔·孟德尔（见132页）同一类型的实验，但是实验对象是果蝇而不是豌豆。孟德尔在他的实验中不得不等上一年才能获得豌豆的下一代，但是果蝇每两周就会产生新的一代，而且雌性果蝇一次就会产下上百颗卵。子代的性别由染色体的其中一条决定——如果确实如此，这是最容易确认的事。决定性别的染色体有两种形态，分别是X和Y。在大多数物种中，雌性的体细胞总是携带XX染色体对，而雄性的体细胞携带XY染色体对。因此子代总是从母本那里遗传一个X染色体，而从父本遗传一个X染色体或一个Y染色体。如果子代

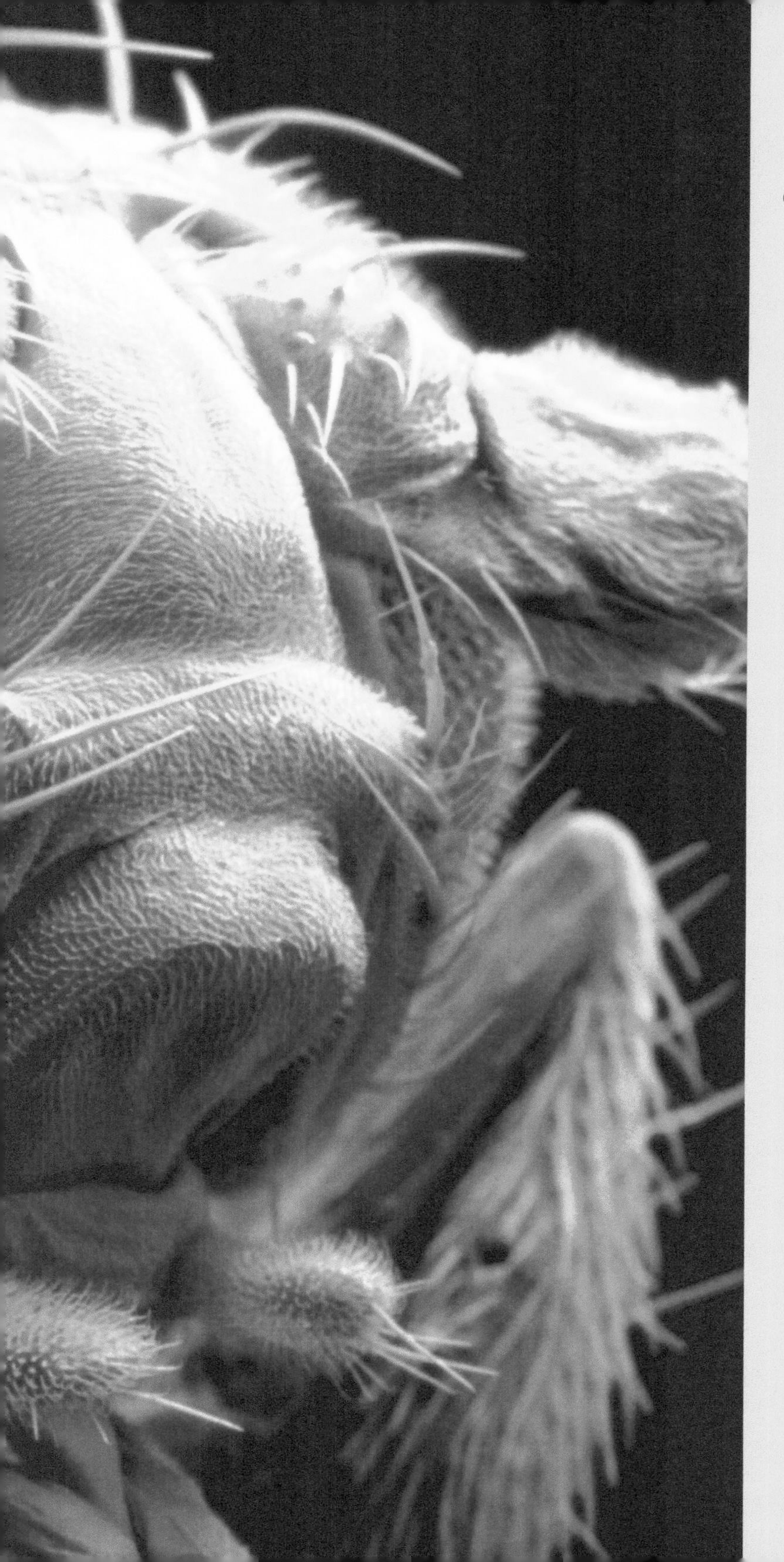

突变的黑腹果蝇头部的彩色扫描电子显微镜（SEM）照片。

从父本那里遗传到的是X染色体，则子代是雌性；如果它从父本得到的是Y染色体，则是雄性。但是正如摩尔根发现的那样，这一对染色体所起的作用并不是只有这些。

摩尔根从全部长着和它们的野生同类一样的红色眼睛的果蝇种群开始进行研究。但是1910年，因为一次偶然的突变，在被研究的几千只果蝇中出现了一只白色眼睛的雄性果蝇。摩尔根好奇地让这只白眼果蝇与一只普通的红眼果蝇交配，结果所有子代都长着红眼。然后他又用孟德尔曾经研究豌豆的方法研究了孙辈以及随后的世代。在第二代中，出现了红眼雌性、红眼雄性以及白眼雄性，但是却没有白眼雌性。1911年他在进行了适当的统计分析后推断，引起白眼突变的因子一定位于X染色体上。在第二代的雌性中即使一条X染色体携带了突变因子，眼睛的颜色也是由另一条X染色体上的正常因子控制的；但是在雄性中，没有“另一条”X染色体来起这个作用。进一步的实验表明，果蝇的其他性状也与性别有关，而且必然与X染色体有关。摩尔根使用了丹麦人威廉·约翰逊创造的词汇“基因”来描述孟德尔所说的“因子”，提出基因是沿着线状的染色体排列的，就像珠子连缀成线。

后来的工作说明了重排的基因是怎样在生成生殖细胞时形成新组合的。配对的染色体断开，两条染色体彼此交换片段（称为“交换”），然后重接（“重组”）。沿着染色体排列的距离断点较远的基因在交换和重组过程中更有可能分离，而在染色体上距离断点较近的基因很难分离。这就为测定基因在染色体上排列的顺序提供了机会，不过这需要大量艰苦的工作。人们普遍认为孟德尔的遗传理论和遗传学建立起来的关键时刻是1915年，摩尔根与他的同事出版了经典著作《孟德尔遗传机制》的时候。摩尔根继续了孟德尔在遗传学上的工作，写了《基因论》一书，该书于1926年出版。摩尔根在1933年因为“发现了染色体对遗传的作用”而获得诺贝尔奖。

No.66 值得夸耀的事

就在托马斯·亨特·摩尔根认真研究基因在遗传中的作用的同时，看似无关领域的实验者正在发展一种将最终揭示遗传学的分子机

威廉·亨利·布拉格（1862—1942）。

制的技术。这也是一个新的科学发现被迅速用于实验性应用，并为更多的发现开启大门的故事。

X 射线发现于 1895 年（见 148 页），但是起初其本质还是一个谜。然而在 1912 年，慕尼黑大学的马克斯·冯·劳厄带领的团队发现，X 射线可以在晶体中发生衍射，形成双缝实验（见 77 页）中的干涉条纹。在一个关键实验中，当一束 X 射线通过硫酸铜晶体后，研究者用照相机拍摄了衍射图样。照片上有许多排列成相交的圆形的清晰的点，并且以主光束产生的点为中心。这使得人们意识到 X 射线是一种电磁辐射的形式，像光一样，但是有着更短的波长，而冯·劳厄也因为“发现 X 射线晶体衍射”获得了 1914 年的诺贝尔奖。与此同时，确立 X 射线的波动本质仍然是必要的，因为包括威廉·亨利·布拉格在内的很多人，在 1912 年之前仍然偏爱用粒子流来解释 X 射线，就像阴极射线（电子）一样。但是与所有优秀的物理学家一样，布拉格知道“与实验相悖的就是错的”。

1912 年，当德国的实验结果传到英国时，威廉·亨利·布拉格是利兹大学的资深物理学家。他的儿子，威廉·劳伦斯·布拉格（通常称为劳伦斯）则刚刚成为剑桥大学的物理学研究员。他们对冯·劳厄的工作产生了兴趣，怀着开放的心态他们讨论了这一工作的影响，意识到通过分析 X 射线衍射产生的亮斑和暗斑，应该能够得出晶体的结构。他们决定分配任务。劳伦斯算出了可以精确预测特定波长的 X 射线照射某一原子间距的晶体产生的亮斑和暗斑的位置的规律，这一规律被称为布拉格定律。这意味着如果你知道了原子在晶体中的排布方式，就可以用衍射来测量 X 射线的波长，或者如果你知道 X 射线的波长，就能够用衍射计算出晶体中的原子是怎样排布的。这一定律能用于对慕尼黑大学冯·劳厄的团队得到的衍射图样做部分解释，所以威廉·布拉格专注于实验方面，包括发明了第一台能够测量布拉格定律中的波长的 X 射线分光计。

分析有着大量不同原子的复杂结构并得到数据是非常困难的，但是更简单的晶体的结构较易理解，而且从这种分析工作可以得出结论，如氯化钠这种晶体并不是由大量分离的氯化钠分子构成的，而是由大量钠原子和氯原子等间距交替排列构成的。布拉格父子确立了 X 射线可以作为研究物质结构的工具，他们于 1915 年出版了《X 射线与晶体结构》一书，这是他们研究工作的巅峰成果。当时劳伦斯正在法国为英国陆军服役，在那里他得知自己与父亲分享了 1915 年的诺贝尔奖，“因为他们为使用 X 射线分析晶体结构所做的贡献”。年仅 25 岁的劳伦

下左图：食盐晶体（氯化钠）的原子结构模型。

下右图：第一幅 X 射线晶体衍射图，1912 年由德国物理学家马克斯·冯·劳厄（1879—1960）拍摄。

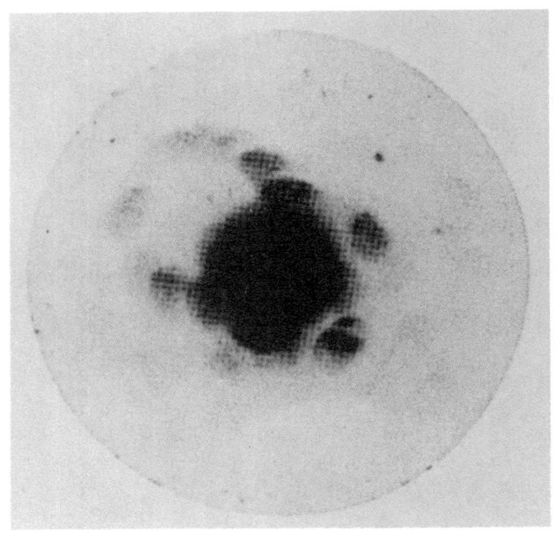

斯·布拉格是最年轻的诺贝尔物理学奖获得者。正如他在诺贝尔获奖演讲中所说的："在X射线的帮助下检查晶体结构，我们第一次窥见了固体中原子的实际分布……似乎没有一种固体材料是我们无法用X射线分析的。我们第一次知道了固体中原子的精确排列；我们可以看到原子之间的距离，以及它们是如何分组的。"[34]

正是X射线的这种能力在接下来的几十年促成了人类对蛋白质（见193页）以及DNA（见222页）本身结构的理解。

No.67 黑暗之光

1919年人类在对日食的观测期间进行的对爱因斯坦的广义相对论的著名测试，是科学方法起作用的经典例子。一个新观点——在这个例子中是广义相对论——做了一个被实验验证了的预测。它通过了测试，并被确立为正确的科学理论。

在爱因斯坦之前，描述宇宙运行方式的最好理论是以牛顿运动定律为基础的，这些定律描述了在不随时间改变的背景中物体运动的方式，而时间像伟大的宇宙时钟一样以恒定的速率流逝。爱因斯坦在1915年年末提出的广义相对论，也是一种对宇宙中物体移动方式的描述，但是在他的理论中，时间流逝的速度取决于物体的移动速度，而空间本身因为物质的存在而弯曲。

这意味着来自遥远恒星的光在通过太阳表面附近时会被弯折一个小角度，因为太阳的质量使空间发生了弯曲。爱因斯坦很清楚这一点，并且用他的理论计算了这一偏折的大小。当这一现象发生时，牛顿的理论也预言了光在通过太阳附近时会被弯折，因为太阳的引力对牛顿所认为的光的粒子产生了影响。但是关键在于，爱因斯坦的理论预测的光线弯折的角度恰好是牛顿理论预测的2倍：爱因斯坦预测的效应是偏折了1.75角秒，而牛顿的理论预测的是0.875角秒。有一种方式可以清晰判断哪一种理论提供了对宇宙更好的描述，只要能找到一种看到刚好位于太阳后面的恒星的方法。当然这种方法就是在太阳本身的光在日食过程中被月球完全遮盖时拍摄恒星，并将所得的照片与在太阳光没有被挡住时拍摄的同一片天空的照片相比较。爱因斯坦知道这亚瑟·艾丁顿（1882—1944）使用该照片，测量了由广义相对论预测的光线弯折导致的标记星位置的移动。

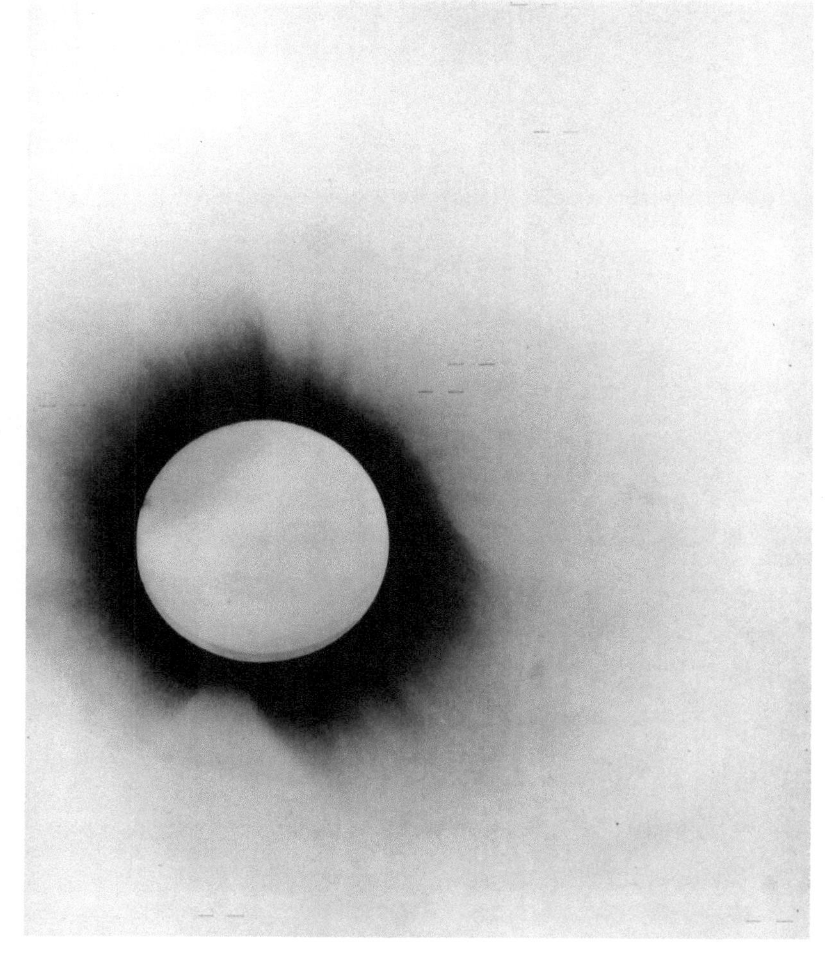

种方法，但是因为第一次世界大战在欧洲肆虐，他不可能安排观测者来进行这一测试。

爱因斯坦的观点很快就传到了在战争中宣布中立的荷兰，并且由荷兰的科学家告知英国的天文学家。亚瑟·艾丁顿预估，1919 年将出现的一次日食可以在远离非洲西海岸的普林西比岛被看到。他获得了组织一个考察队去验证爱因斯坦理论的许可——只要欧洲的战争适时停止。当 1918 年 11 月宣布停战时，英国仍然处于战争状态（直到 1919 年 6 月才签订了和平条约），不过他仍获得了批准，于是开始安排时间。1919 年 5 月 29 日，他获得了至关重要的照片。即使观测过程被阴云妨碍，这些照片对于实现他的目标来说也已经足够好了。当把这些摄影底片与那些在太阳没有处于视线中时拍摄的同一片天空的照片进行比较时他发现，它们所呈现出的弯折的角度恰好是爱因斯坦所预测的——是牛顿理论预测值的 2 倍。不过，牛顿的理论仍然适用于很多事物，比如计算从树上掉落的苹果的运动，甚至是飞向火星的宇宙飞船的轨道，但是它在描述整个宇宙时不如爱因斯坦的理论那样准确。

1919 年 11 月 6 日，在于伦敦召开的英国皇家学会与英国皇家天文学会的联席会议上，艾丁顿宣布了他的观测结果，这距离爱因斯坦在柏林提出广义相对论只过了 4 年。从那以后，广义相对论得到了很多其他验证，并且一直被视为我们所拥有的最好的关于时间、空间和宇宙的理论。如今，光线弯曲效应本身可以在非常大的尺度上被观察到，整个星团乃至星系都起了“引力透镜”的作用，聚焦来自更远的物体的光，并使它们在我们的望远镜中可见。

广义相对论还有一个更实际的应用：全球定位卫星（GPS）——用来确定地球上物体位置的仪器，非常精准，采用时，需要考虑当它们在地球的引力场中运动时广义相对论所描述的效应。每一次当你使用 GPS，或者使用智能手机上的“查找位置”工具时，你就是在使用——并且从某种意义上来说，在验证——广义相对论。

No.68 电子的波粒二象性

在 20 世纪 20 年代，理论与实验的结合以量子力学的形式使我们对微观世界（原子以及更小的组成的尺度）的理解获得了迅猛发展。最好的例子就是发现了电子既是粒子也是波。

阿尔伯特 · 爱因斯坦对光电效应（见 156 页）的解释证明了一个简单的方程，这一方程将特定颜色的光的波长与这种颜色的光的粒子（光子）的动量联系起来。当然，波长是波的性质，动量是粒子的性质。光似乎既是波也是粒子，起初似乎只是光才具有这样的特性。后来，在 1924 年法国物理学家路易斯 · 德布罗意（在他的博士论文中）提出爱因斯坦的方程可以被推广，可以根据任何粒子的动量给出其波长。这尤其暗示了电子在某些情况下的行为应该像波。这个关键的方程是 $\lambda=h/p$，其中 λ 是波长，p 是动量，h 是名为普朗克常数的一个非常小的量。因

克林顿·约瑟夫·戴维森（1881—1958）。

为 h 如此之小，所以“波粒二象性”被预测只会由那些有着原子尺度或者更小的物体显现出来。

在德布罗意发表他的观点之前，美国贝尔实验室的一位实验者克林顿·戴维森一直在研究电子从镍的表面弹开（或散射）的方式。在1926年对英国进行访问期间，当戴维森听到德国理论物理学家马克斯·玻恩在演讲中为佐证德布罗意的观点引用了自己已经发表的结果时他感到十分震惊。回到美国以后，在1926年年末戴维森与助手雷斯特·革末用本质上与布拉格研究X射线（见175页）相同的技术做了一个合适的测试。这个美国人的实验在1927年年初有了结果，在实验中，热导线产生的电子被电场加速，以电子束的形式射向镍的表面。这个“靶”可以转动到不同的角度，用来监测散射电子的电子探测器可以被移动到不同位置去观察从表面反弹回来的电子。他们发现在某些角度，散射电子的强度有明显的峰值，而这些峰值的排布规律刚好与被晶格中等距排列的原子衍射的波的布拉格定律相符。这些峰值对应的波长刚好就是德布罗意计算出的波长。

与此同时，亚伯丁的英国物理学家乔治·汤姆森（J. J. 汤姆森的儿子，见150页）也听过玻恩的讲座，并且打算通过在阴极射线管中让电子穿透金箔薄层（厚度在万分之一厘米至十万分之一厘米之间）的方法去寻找电子波存在的证据。1927年年初，他在照相底片上得到了一幅衍射图，并且是用电场和磁场弯曲电子束而不是X射线形成的。这与德布罗意的计算预测一致，误差在1%以内。两个略微不同的实验几乎同时证明了德布罗意是对的。或者正如戴维森在他的诺贝尔获奖演讲中所说的：“电子束流具有波的性质，这于1927年年初在一座大城市中的工厂实验室和一个可以俯瞰冰冷荒凉大海的小型大学的实验室中被发现……物理学的发现只会在时机成熟时做出。”[35]

戴维森和汤姆森共享了1937年的诺贝尔物理学奖，“因为晶体的电子衍射现象的实验发现”。而德布罗意早在1929年就已经获得了诺贝尔奖，“因为他发现了电子的波的本质”。但是物理学家仍然努力想要理解亚原子实体是怎样同时既是粒子又是波的。在研究过程中，他们建立了两个版本的量子力学体系。第一种从本质上来说是基于粒子观点的，是由沃纳·海森堡和他的同事们建立的；另一个版本以波动观点为基础，是埃尔温·薛定谔建立的。两种理论体系在数学上是等价的，并且它们都十分出色，因为它们在计算电子一类的物体的行为时分别给出了与实验一致的“正确”答案。但是世界为何是这样的，这仍然是个谜。J. J. 汤姆森因为证明了电子是粒子被授予诺贝尔奖，他的儿子因为证明了电子是波而获得诺贝尔奖。他们两位都是对的。如果你无法理解这种可能性也不要担心，正如另一位诺贝尔奖得主理查德·费曼所说的，“没有人懂量子力学”。

铍产生的电子衍射图样。

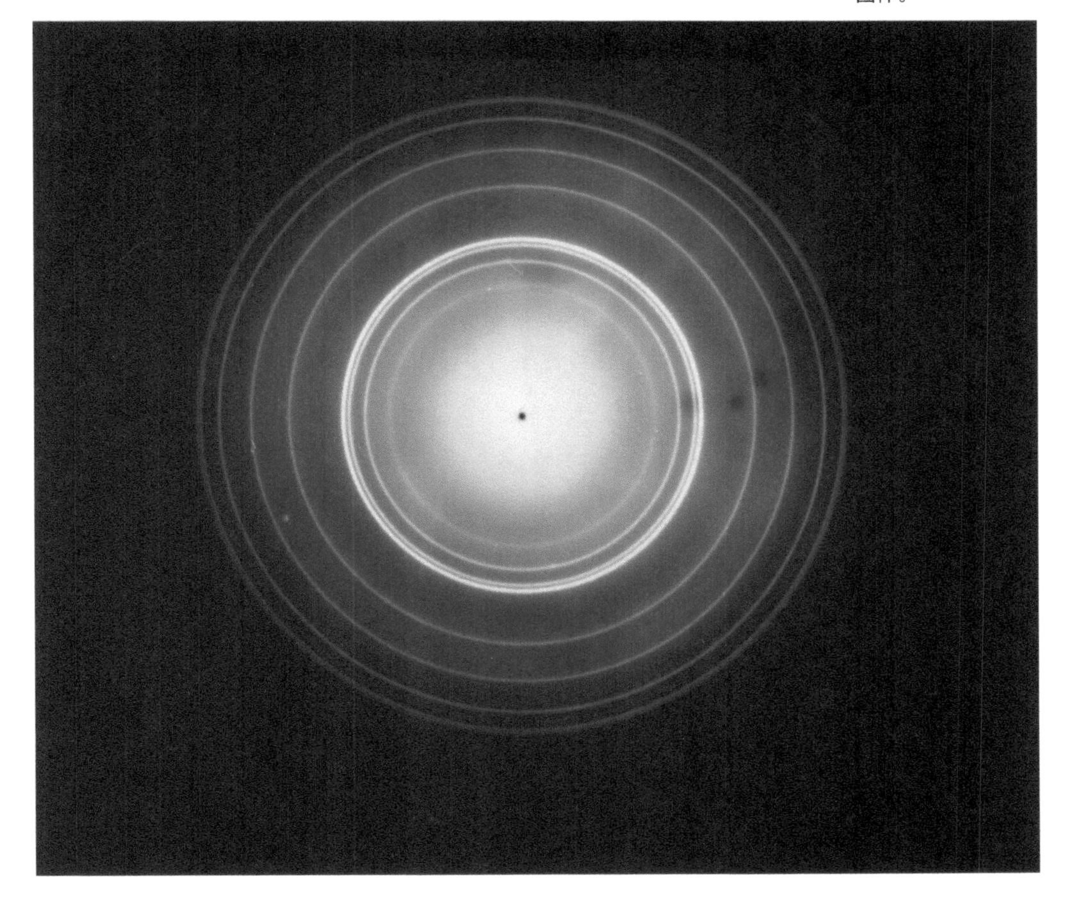

No.69 平滑型取代粗糙型

人类开始研究遗传与遗传学的实验线索从格雷戈尔·孟德尔对豌豆的研究工作（见 132 页）开始，并且由托马斯·亨特·摩尔根对果蝇的研究（见 171 页）延续。而进一步发展由弗雷德里克·格里菲斯承接，他是位于伦敦的英国卫生部的医务官，他的工作使生物学家们离所研究的主要分子更近一步。孟德尔实验中的豌豆一年才能产生一代，这样长的周期限制了他研究遗传的工作。摩尔根实验中的果蝇每过几周就会产生下一代，而细菌学家可以看到发生在几小时之内的变化。格里菲斯对细菌作为病原体而不是研究遗传学的工具感兴趣，但是这并没有阻碍他所做的发现在遗传学研究中起到重要作用。

1918 年至 1920 年全球流感爆发，至少有 5 000 万人死于这场流感（超过第一次世界大战战场人员伤亡总数），于是世界各地的政府加速了本国对传染病学的成因和治疗的研究。20 世纪 20 年代，格里菲斯开始调查研制牛痘疫苗的可能性，他考查了两种肺炎双球菌（现称肺炎链球菌）的菌落，并研究了它们是怎样感染小鼠的。一种菌落的表面覆盖了一层平滑的荚膜（一种多糖），这使菌落看起来有光泽，于是这种菌被如实地称为“平滑型”（S）。格里菲斯使用的另一种菌落有粗糙的表面，于是称为“粗糙型”（R）。（还有第三类导致肺炎的细菌，但是在他的实验中没有使用。）在格里菲斯的工作以前，细菌学家认为这几种肺炎双球菌的菌落是彼此完全独立的，每一种菌落在世代遗传中保持自己的特性不变。但是格里菲斯知道有不同种类的肺炎双球菌，有些致病有些不致病，可以同时在患有肺炎的一个人（或一只老鼠）的体内存在。他还考虑了一种细菌变成另一种细菌，而不是从一开始就存在不同种类细菌的可能性。

当老鼠（甚或是人）被粗糙型肺炎双球菌感染时，入侵者很容易被人体免疫系统识别出来，并在造成严重损害之前被杀死。但是平滑型细菌表面的荚膜似乎能帮助它们蒙混过关，并导致细

1918 年美国华盛顿有关流感医疗建议的海报。1918 年爆发于西班牙的大流感感染了全世界 1/5 的人口，并导致 5 000 万人死亡。

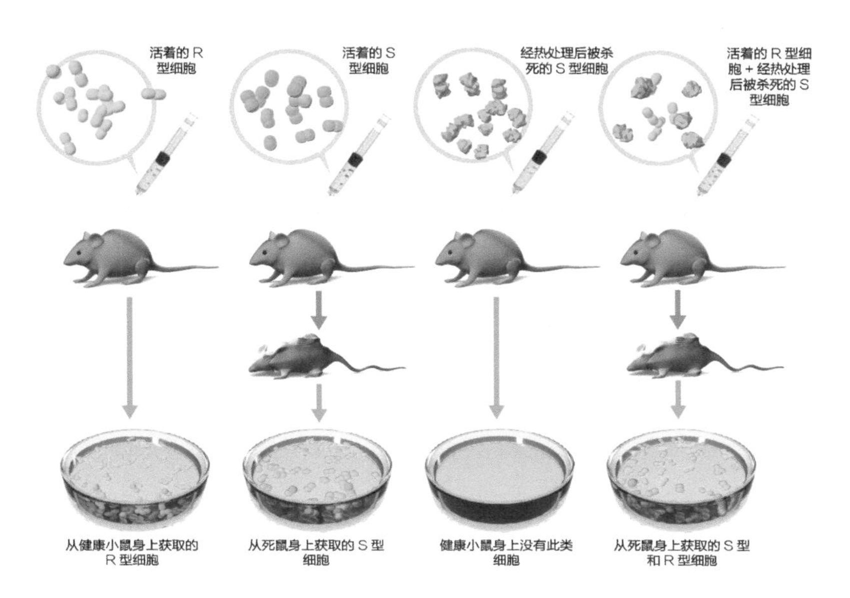

1928 年英国细菌学家弗雷德里克·格里菲斯（1879—1941）报道的实验的配图，证明了细菌可以通过一个转化过程传递遗传物质。

菌大量繁殖，进而引发重病，甚至死亡。在一系列实验中，格里菲斯展示了注射了肺炎双球菌粗糙型菌株的小鼠活了下来，注射了高温灭活的平滑型菌株的小鼠也活了下来，而注射了平滑型菌株的小鼠死亡了。随后就发生了他在 1928 年 1 月报道的令人震惊的事。

当格里菲斯将经过热处理的平滑型细菌与活的粗糙型细菌混合并注射到小鼠体内时，小鼠死亡了。混合物中的两种细菌如果只凭自己的能力都不可能杀死小鼠，但是当它们在一起时就是致命的。取自死亡小鼠的样本中富含平滑型肺炎双球菌。用格里菲斯的话说，活的粗糙型细菌不知怎么就“转化”为活的平滑型细菌了。他给出的解释正如我们现在所说的，遗传物质从死亡的平滑型细菌进入了活着的粗糙型细菌，使它们“学会了”怎样长出平滑的荚膜。进一步的实验证实了事实一定如此。格里菲斯将这种现象涉及的物质称为“转化因子”。一旦它们以这种方式转化，当将它们转移到实验室的培养皿中并密切观察时，就会看到“新的”平滑型细菌经孕育，产生了一群平滑型细菌。就像格里菲斯在宣布这一发现的科学论文中所写的那样，“R 型……被转化成了 S 型”。他意识到这种转化因子一定是一种不会被热处理破坏的化学物质，但是他并不知道基因转化过程涉及的分子是什么。直到 1944 年，一个直接受到格里菲斯的观察所启发而进行的新实验才使这件事的真相变得清晰（见 211 页），可惜格里菲斯没能看到这些发展成果，他在 1941 年伦敦闪电战的空袭中遇难。

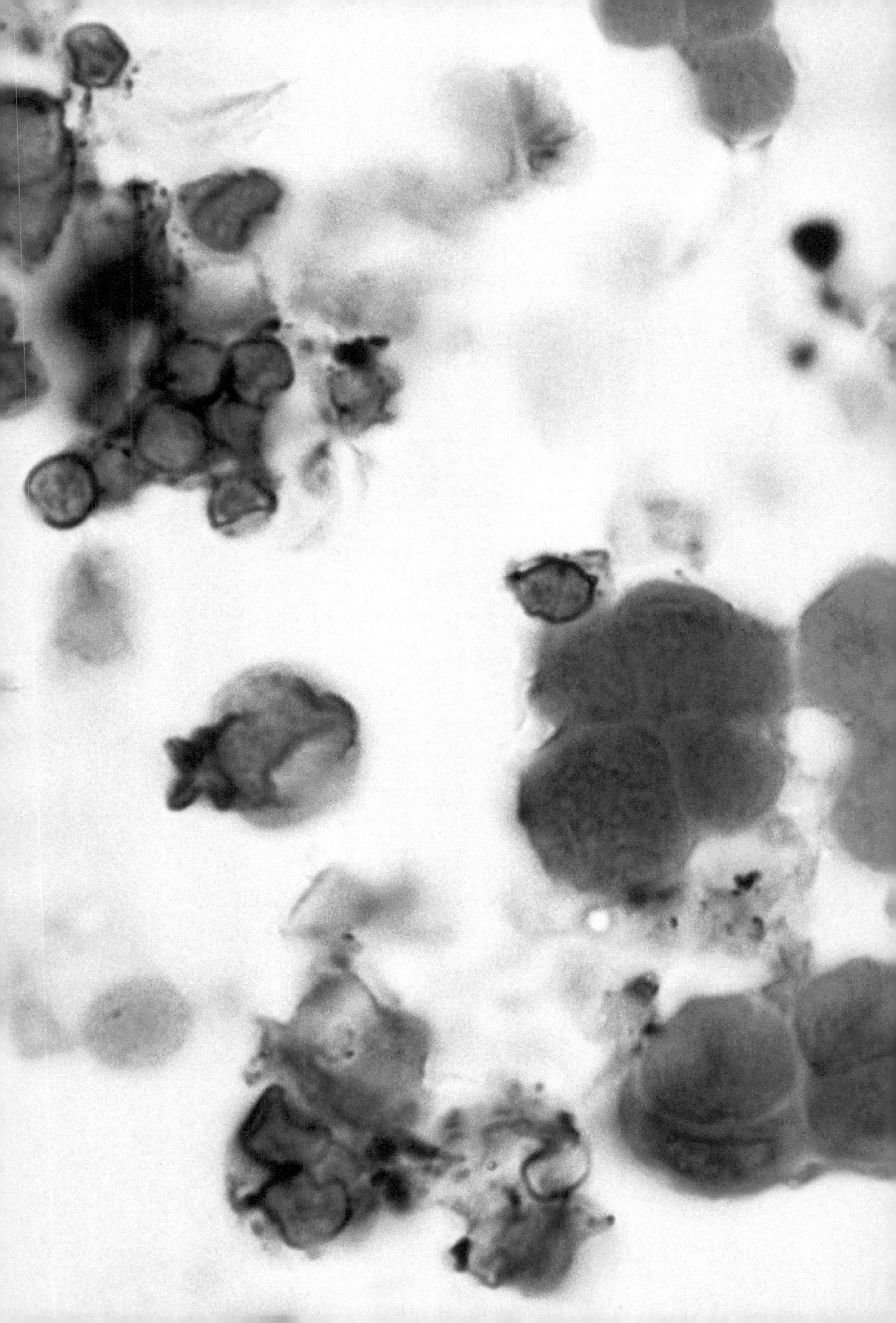

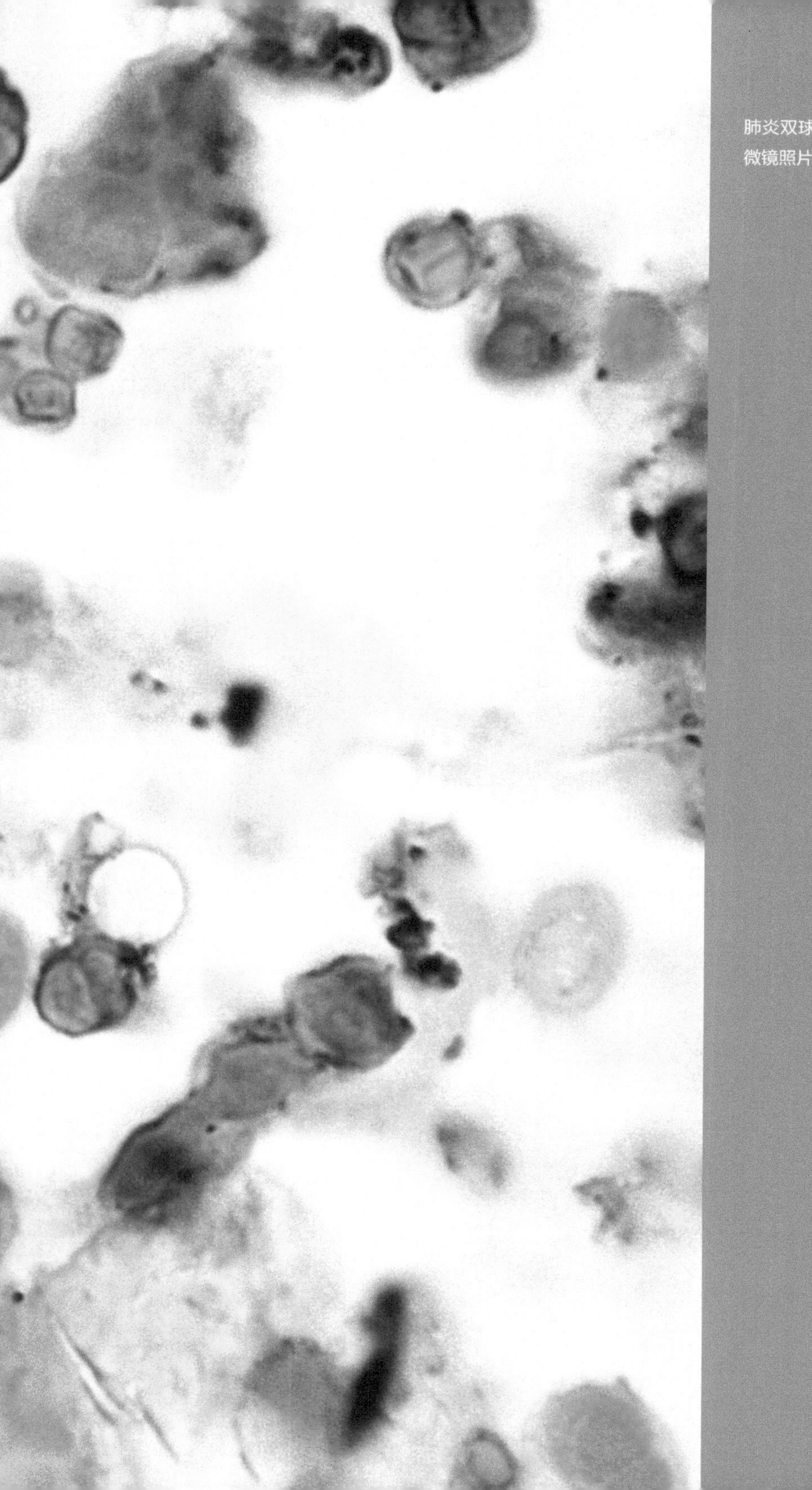

肺炎双球菌菌落的光学显微镜照片。

No.70 一项抗生素的突破

盘尼西林的抗菌性的发现以及这一发现的应用在生物化学史上是最令人困惑的，同时也是最重要的一项成就。如果用一个“实验”对做出发现的时刻准确定位，那就是1928年，在伦敦的圣玛丽医院，亚历山大·弗莱明在他的实验室中注意到一个脏的有盖培养皿里有一些奇怪的东西。

弗莱明在之前已经记录了这一偶然发现的轨迹。像很多在第一次世界大战结束之后几年的研究者（见182页）一样，在20世纪20年代，弗莱明也在寻找带有杀菌特性的化学药剂。他研究的培养菌是在皮氏培养皿——一种浅的、圆形的玻璃培养皿中培养的。1922年的一天，弗莱明不停地流鼻涕，滴落的黏液掉进了其中一个培养皿中。这滴来自鼻子的液体杀死了细菌，使他发现了溶菌酶，这是一种存在于眼泪中的天然抗菌剂。然而不幸的是，最易被溶菌酶影响的微生物并不会感染人体。

1928年9月，弗莱明结束了假期后，开始清理一堆之前没有清洗的皮氏培养皿。其中一个曾经盛放葡萄球菌的培养皿里面有一个周围有着清晰圆环的霉斑，霉斑中的葡萄球菌已经被杀死了。弗莱明确认这个霉斑是一种青霉素，并发现它能够杀死多种细菌。后来弗莱明发现原来是他楼下的一位同事使用了青霉素，而似乎这位同事实验室中的一粒孢子被吹出窗外而飘进了弗莱明实验室的窗户，因为在夏季的热浪中他们的实验室窗户都是打开的。

弗莱明用霉菌制作了一种抗菌液体培养基，在1929年3月7日他将其命名为盘尼西林之前，它被称为“霉菌液”。尽管后来弗莱明公布了这一发现的消息，并进行了一些后续实验，但是他并没有继续研究盘尼西林，部分原因是他发现它对于对抗他当时正在研究的伤寒和沙门氏菌症无效。正如弗莱明后来所说的：“当我有一些有活性的盘尼西林时，我发现很难找到合适的患者可以用它来治疗，同时又因为它的不稳定性，当合适的病例出现时通常并没有盘尼西林的供应。有几个尝试性的实验给出了积极的结果，但是没有发生什么不可思议的现象，并且我确定在它可以被广泛使用之前，必须将它集中起来，并远离某些培养液。”[36]

尽管如此，当1929年弗莱明的下属塞西尔·乔治·佩因从圣玛丽医院前往谢菲尔德时，他将这一成果也一并带去了。1930 年，他在谢菲尔德皇家医院用盘尼西林为婴儿清除了感染，但是他并没有公布这一成功的消息，因为当时人们无法大量生产盘尼西林，他也没有继续跟进这一成就。直到 1983 年，他的笔记才被发现。

尽管弗莱明确实试图引起化学家发展大量生产盘尼西林的技术的兴趣，但直到 1938 年，这一技术才取得了一些进展——牛津大学的邓恩病理学学院的一组研究人员完成了一项使溶菌酶结晶的工程。在错误地相信其他的天然抗菌药剂像溶菌酶一样也一定是霉菌的情况下，他们决定研究其他的天然抗菌药剂。他们研发了一种浓缩盘尼西林的技术，并且在 1940 年 8 月发表在《柳叶刀》上。那时，在第二次世界大战的炮火中，这项工作具有重要的意义，因而资金不断投入以加速这种药物的大量生产，最初是在英国，后来美国也开始重视起来。到 1944 年，230 万剂盘尼西林可及时供应诺曼底登陆所需。邓恩病理学学院的两位关键研究者霍华德·弗洛里和欧内斯特·柴恩，因“发现了盘尼西林以及它对多种传染性疾病的治疗效果”与弗莱明分享了 1945 年的诺贝尔奖。

在诺贝尔获奖演讲的发人深省的补充说明中，弗莱明给出了一个警告，这个警告在人们深受耐药细菌困扰的日子引起了共鸣：“X 先生感

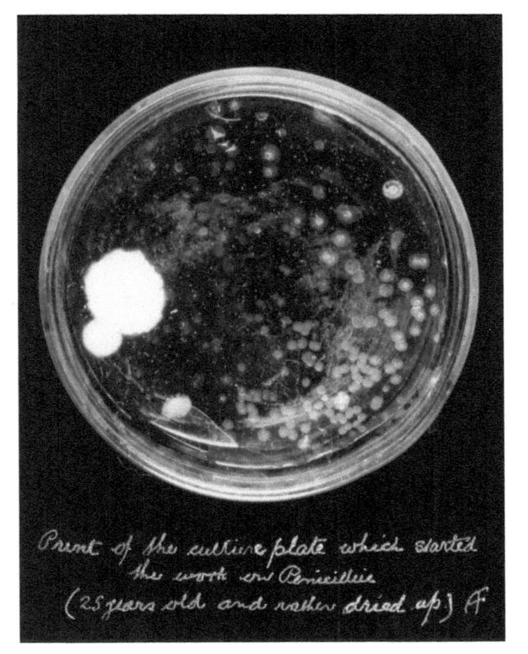

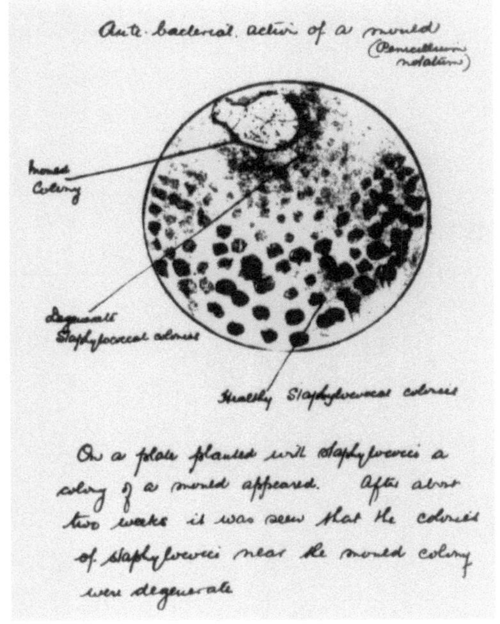

下左图：英国细菌学家亚历山大·弗莱明拍摄的特异青霉菌原始培养皿的照片。

下右图：弗莱明在他的笔记中画的特异青霉菌原始培养皿。

第二次世界大战时期有关盘尼西林的广告：一种能治疗淋病的新药。

到咽喉痛。他购买并服用了一些盘尼西林，而剂量不足以杀死链球菌，但是却足以训练链球菌抵抗盘尼西林。后来他的病传染给了他的妻子，X 夫人得了肺炎，并且用盘尼西林治疗。因为链球菌现在已经对盘尼西林有抵抗力了，所以治疗失败了，X 夫人去世了。而谁应该对 X 夫人的离世负主要责任呢？为什么是使用盘尼西林不慎从而改变了微生物的本质的 X 先生呢？”[37]

No.71 原子分裂

有关所谓“原子分裂”实验的重要事实是，实验者们实际上是分裂了原子核，而原子核是首先由欧内斯特·卢瑟福（见 163 页）确认的原子中很小的中心核。原子核中带正电的质子的数目决定了原子的性质——它属于哪种元素。氢元素的每个原子有一个质子，氦有两个质子，以此类推。这些质子的电荷由原子外层电子云中带负电的相等数目的电子来平衡——氢原子有一个电子，氦原子有两个电子，以此类推。电子云中电子的排布决定了一种元素的化学性质。原子核也含有被称为中子的中性粒子，它们不影响化学性质。中子数不同而质子数相同的原子被称为一种元素的同位素。例如，一些氦原子有两个质子和一个中子，称为 ^{3}He；其他的氦原子有两个质子和两个中子，称为 ^{4}He。

原子核中的粒子被一种叫作强核力的相互作用束缚在一起，这种相互作用的力程非常短，但是会影响中子和质子，并且在近程，这种相互作用强到足以克服带正电的质子相互排斥的自然趋势。但是原子核越大（原子核含有更多质子），强核力就越难克服电子排斥，所以重原子核可能会分裂，或裂变成两个或更多较轻的部分。这就是如今人们在谈起原子分裂——核弹或核电站（见 202 页）所涉及的那种裂变时通常会

欧内斯特·沃尔顿（1903—1995）坐在衬铅的箱子里观察发生核裂变的 α 粒子产生的“闪烁”。

想到的过程。但是也可以从外部用高能粒子轰击使原子核分裂。这就是1932年4月14日，约翰·科克罗夫特和欧内斯特·沃尔顿在剑桥大学的卡文迪许实验室进行的第一个原子分裂的实验中所做的。当时卢瑟福是实验室主任，他建议科克罗夫特和沃尔顿在这一项目上合作。

卢瑟福意识到此项目的可行性，是受到俄国理论物理学家乔治·伽莫夫在1929年对剑桥大学访问期间所做的讲座的启发，伽莫夫测算了在恰当的情况下，相对低能的粒子可以进入原子并触发在那里的相互作用。科克罗夫特测算出几十万伏高压的质子加速器就能实现这一点，并且用卡文迪许实验室中有限的资源就可以搭建这样一台加速器。正如科克罗夫特后来在诺贝尔获奖晚宴的演讲中所说的，在当时，结合了新技术的新观点促成了很多伟大发现。

科克罗夫特和沃尔顿为这一项目带来了不同的技术。科克罗夫特是计算出合理答案的理论物理学家，而沃尔顿则是一位优秀的实验者，他搭建了那台在一根管子中用稍高于700千伏电势加速质子（氢原子核）的设备，是一个重视实地操作的人。这是所谓的“直线加速器”的雏形。质子束瞄准锂质的靶，而锂是一种很软的金属，每个原子核有3个质子和3或4个中子。轰击产生了少量的氦，氦的原子核只有两个质子。产生的氦是以快速移动的 α 粒子（本质是氦核）的形式存在的，沃尔顿通过观察这些粒子撞击在覆盖了硫化锌的纸屏上产生的闪光来探测 α 粒子。

为了观察这些闪光，他坐在衬铅的箱子里以使自己远离辐射，并通过聚焦于屏幕的显微镜观察。为了算出需要的铅量，他将一面硫化锌屏挂在墙内侧。如果它发光，就会产生一层铅！沃尔顿写道：“在显微镜中有奇妙的景象。大量的闪光，就像瞬间滑过晴朗夜空的星星。”卢瑟福本人在19世纪末研究并且命名了 α 辐射。当他被带入实验室观看实验时，他说：“在我看来，这些非常像 α 粒子。”一个关键线索是闪光是成对出现的，表明同一源同时发出了两个 α 粒子。这称为“拆分”原子，但是它实际上是入射质子短暂地与一个锂原子核结合形成含有4个质子的铍原子核，随后铍原子核分裂成两个氦原子核的两阶段过程。这个项目的团队分享了1951年的诺贝尔奖，“因为他们通过人为加速原子中的粒子实现了原子转化的先驱工作”。

No.72 合成维生素 C

尽管维生素 C（又称抗坏血酸）的重要性在很多年前就被人们认识到了（见 40 页），但直到 20 世纪 30 年代，确认这种物质的化学结构——抗坏血酸——的难题才被解决。确认了化学结构的这一团队研发了一种合成维生素的方法，维生素 C 是第一种人工合成的维生素。

这支团队的领导者是在英国伯明翰大学工作的诺曼·霍沃思。20 世纪 20 年代末，霍沃思正在研究碳水化合物的结构，它是由碳原子和水分子（因此得名）构成的化合物。最简单的碳水化合物是糖，而糖的基本单元可以连接成更复杂的分子，包括淀粉，以及组成植物结构的纤维素。科研人员在葡萄中发现的一种糖的每个分子含有 6 个碳原子、6 个氧原子和 12 个氢原子，而纤维素的单分子包含上千个原子。直到 1925 年，最基本的糖的结构才被确定下来（它们呈环形，像苯环一样，见 130 页），这为霍沃思和其他人开辟了得出更复杂的碳水化合物结构

维生素 C 晶体的微观结构。

的道路。

在20世纪20年代末，起初在荷兰的格罗宁根，后来到了剑桥大学工作的匈牙利人圣捷尔吉·阿尔伯特从动物的肾上腺以及柑橘和卷心菜等的汁液中分离出一种他称为己糖醛酸的化合物。他一直在研究肾上腺系统以及这一系统因为失灵从而导致致命的阿狄森氏病的方式。患者的皮肤上会出现棕色色素沉淀，这使他联想到苹果和梨等水果腐烂时也会变成棕色。棕色与氧化有关，于是他决定研究在这一过程中不会变成棕色的植物，以找出是什么抑制了氧化。他发现这些植物中含有一种能够阻碍棕色物质形成的强大还原剂。正如他后来的评述，“当我发现肾上腺皮质中有大量相似的还原性物质时，我在格罗宁根的狭小地下室中异常兴奋”[38]。这种物质就是己糖醛酸。圣捷尔吉觉得他找到了抑制氧化的物质，但是他缺少验证这一推测的设备。

圣捷尔吉在20世纪30年代初返回了匈牙利，在那里他发现他同样能从匈牙利人烹调时常用的红辣椒中获得己糖醛酸。实验清楚地表明己糖醛酸能够预防坏血病（也就是说它是一种抗坏血剂）。1932年4月，他的团队报道，他们已经能够通过在每日膳食中配给1毫克己糖醛酸来使豚鼠远离坏血病了。团队还发现，植物汁液的抗坏血剂活性与它们含有的己糖醛酸的量相关。因此，当霍沃思确定了它的结构时，它的名字立即就被改为抗坏血酸了。

霍沃思是分析抗坏血酸的合适人选，因为这种酸与从糖中获得的酸有化学相似性。抗坏血酸的基本化学式是$C_6H_8O_6$，那么这些原子在三维空间是怎样排列的？圣捷尔吉拜访了霍沃思，与他讨论了自己的发现，并且为他提供了一份抗坏血酸的样本，由伯明翰大学的霍沃思领导的团队开始从不同方向着手解决这一难题。

关键证据来自于当时仍然相对新兴的X射线晶体学（见174页），衍射图表明抗坏血酸的分子结构异乎寻常地平坦，近似二维结构。通过分析抗坏血酸与其他物质反应（例如氧化）生成的产物，伯明翰大学团队能够证明这种分子是由一个碳原子短链与一个五边形环相连构成的，这一五边形环上有4个碳原子和1个氧原子，其他的原子与五边形的角相连。反应中的氧化过程涉及臭氧，臭氧是一种每个分子有3个氧原子的氧气的同素异形体，而非更加普遍的双原子形式的氧气。

1933年，即霍沃思确定抗坏血酸（维生素C）结构的次年，他就

塔德乌什·赖希施泰因（1897—1996）。

可以用化工原料合成维生素 C 了。另一位英国化学家埃德蒙·赫斯特也合成了维生素，但是核心技术是由瑞士籍波兰裔化学家塔德乌什·赖希施泰因研发的。1934 年，霍夫曼－罗氏公司购买了赖希施泰因合成过程的专利，并开始用别名“力度伸”来销售维生素 C。

圣捷尔吉因“与生物燃烧过程有关的发现，特别是关于维生素 C 和延胡索酸的催化作用”获得了 1937 年的诺贝尔生理学或医学奖。同年，霍沃思获得了诺贝尔化学奖，因为“他对碳水化合物和维生素 C 的研究”工作。

No.73 探索蛋白质

X 射线晶体学被应用于生物分子的研究（见 236 页），阐明了技术改进引领科学前进的方式。第一种以这种方式被研究的生物分子是蛋白质，在 20 世纪 30 年代，蛋白质被认为是一种生物信息的主要携带者，是为身体提供结构材料的复杂分子。蛋白质是由被称为氨基酸的子单位构成的长链。地球上所有生物体内的所有蛋白质都是由 20 种氨基酸的不同组合以不同排列方式构成的。人们之所以认为它们的结构非常复杂，是因为当以一个氢原子的质量为单位时，氨基酸的质量通常大于 100，而蛋白质分子的质量则从几千到几百万。晶体学将最终揭示这些长链分子的主要结构是它们叠合成的复杂形状，而这些形状则决定了它们的生物学特性。

1934 年，剑桥大学的 J. D. 伯纳尔和他的同事向这一认知迈出了第一步。伯纳尔曾在 20 世纪 20 年代与威廉·布拉格一同工作，他曾经应用 X 射线确定了石墨与青铜的结构，因而在学术领域崭露头角。在卡文迪许实验室，他的注意力转向了有机分子，但是在处理蛋白质时遇到了问题，因为当这些蛋白质被干燥以用于研究后，它们的结构就坍塌了，就像用纸牌搭建成的小屋一样坍塌成混乱的一堆。

制备晶体的标准方法是将物质放在被称为“母液”的水的浓溶液中让其生长，从这样的浓溶液中可以沉淀出纯化的蛋白质，每一个蛋白质分子都以“原胞”的重复序列按照一定规律排列，组成了晶体的“晶格”。20 世纪 30 年代中期，在瑞典乌普萨拉工作的约翰·菲尔伯特就使用上

J. D. 伯纳尔与蛋白质分子模型。

述方法研究了一种被称为胃蛋白酶的蛋白质（胃蛋白酶是一种能够分解我们胃里食物的消化性蛋白酶）。在去滑雪度假之前他把一些晶体留在母液中，并放入实验室的冰箱里。来自剑桥大学的访问者格伦·密立根取出了一些这样的晶体，让它们仍然浸泡在试管里的母液中，并且把它们放在自己的大衣口袋里带回了卡文迪许实验室，并交给了伯纳尔。

与多萝西·克劳福特（她后来嫁给霍奇金，因而成了多萝西·克劳福特·霍奇金）合作的伯纳尔首次研究了被辐射并暴露于空气中的晶体，但是没有发现衍射现象。他还使用偏振光通过显微镜观察晶体。当晶体新鲜潮湿时，这种偏振光照射方式会呈现出双折射现象，这表明存在一个有序的晶体结构。但是随着晶体的干燥，双折射现象消失了。因此他们对晶体和密封在薄壁玻璃毛细管中的母液做了更多实验。1934年，仍然在母液中的单个胃蛋白酶晶体的首张X射线衍射照片通过这些实验取得。伯纳尔的密封毛细技术成了此后50年里收集这种大分子衍射数据的标准方法。

伯纳尔意识到这样的照片可以用来揭示蛋白质分子的结构。正如伯纳尔和多萝西·克劳福特·霍奇金在《自然》杂志上描述他们的实验时所说的："既然结晶的蛋白质被用来获得X光片，很显然，我们有检查它们的方法，并且通过检查所有结晶蛋白质的结构，可以取得远比过去的种种物理和化学方法所得出的更细致的结果。"[39]

在接下来的几十年里，多萝西·克劳福特·霍奇金继续在用X射线衍射晶体学研究重要的生物分子方面发挥主要作用（见236页）。但是，这是极其艰难的工作，其原因在接下来的几年中逐渐变得清晰。蛋白质的一级结构是氨基酸沿着链排列的形态。这些链可以被扭曲形成螺旋形等结构，这是二级结构。然后这一螺旋扭转成三维空间中的一种结，形成三级结构。到1971年，只有7种蛋白质的结构被完全确认。从那以后，随着技术的改进，包括强大的计算机的出现，超过3万种蛋白质的精细结构分析被做出。

No.74 人工放射性

玛丽·居里在19世纪末研究并命名了放射性（见152页）。在20世纪30年代，她的女儿伊雷娜发现了一种人工合成放射性元素的方法。伊雷娜与她的丈夫弗雷德里克一同工作。他的原名叫作弗雷德里克·约里奥，但是在他们结婚以后，伊雷娜和弗雷德里克同时将他们的姓氏改为约里奥－居里。

约里奥－居里夫妇在巴黎的由居里夫人建立的镭学研究所（现在被称为居里研究所）工作。在那里他们可以使用世界上供应量最大的高放射性元素钋，这种元素是居里和居里夫人发现并命名的。钋是α粒子的强烈发射体，20世纪30年代，约里奥－居里夫妇研究了这种辐射对其他元素的效应。1932年1月，他们通过实验发现，当铍被α粒子

弗雷德里克·约里奥-居里（1900—1958）和伊雷娜·约里奥-居里（1897—1956）。

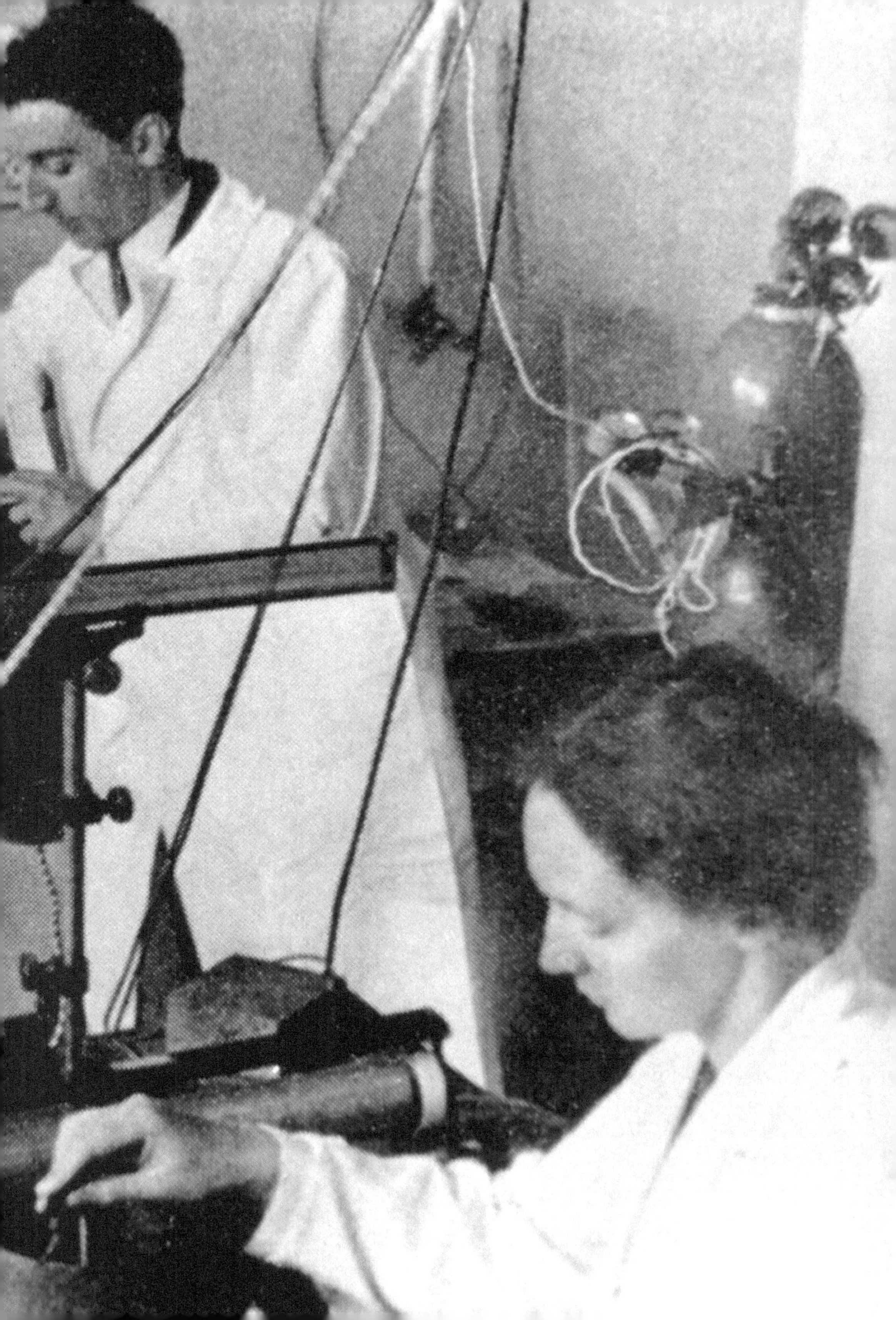

轰击时也会发射另一种辐射，这种辐射很难被探测到，但是它可以从石蜡的原子核中撞击出质子（质子很容易探测）。卡文迪许实验室的詹姆斯·查德威克紧随其后，并且在几周之内确认了从前未知的电中性粒子流辐射，每个粒子的质量与中子质量相同。1935 年，他因为这一发现获得了诺贝尔物理学奖。

同时，伊雷娜和弗雷德里克继续进行着他们的实验。1934 年年初，在研究 α 辐射照射在铝上的效应时，他们发现即使 α 辐射停止后仍然会发射一种带正电的粒子（现在被称为正电子）。每 3 分钟，辐射的正电子数减少一半。

这是一条非常重要的线索。当时已经确定（由欧内斯特·卢瑟福首先确定），任何自然发生放射现象的元素均以这种方式衰变。无论起始的元素量是多少，在一定的时间内，一半数量的原子核都将转化成另一种元素的原子核，并发出辐射（例如正电子）；在相同的时间后剩余原子核的一半衰变，以此类推。每种放射性元素都有一个特征“半衰期”，一些放射性元素的半衰期的测量值是几分之一秒，另一些则是几百万年。因此约里奥－居里夫妇知道他们正在观察的是一种半衰期为 3 分钟的元素真正的放射性现象。他们的实验既包含一种元素转化为另一种元素，也包含放射性的人工生成。伊雷娜后来解释道：“回到我们有关铝原子核转化为硅原子核的假设，我们认为这一现象分两个阶段完成：首先捕获一个 α 粒子，同时放出一个中子，形成相对原子质量为 30 的磷的放射性同位素原子，而稳定的磷原子的相对原子质量为 31；紧接着，这个不稳定的原子，这种新的放射性元素，我们把它叫作‘放射性同位素’，以半衰期为 3 分钟的指数方式衰减。”[40]

在这一发现之前，放射性是一种只与大约 30 种自然存在的元素有关的性质。放射性元素的人工合成开辟了一个崭新的研究领域。约里奥－居里夫妇迅速将他们的工作延伸到包含其他元素的实验中，并且发现由硼和镁能够生成放射性元素；用 α 粒子轰击硼会产生一种不稳定的氮元素形式，半衰期为 11 分钟；而用 α 粒子轰击镁则会产生硅和铝的不稳定同位素。

因为所有这些工作，伊雷娜和弗雷德里克分享了 1935 年的诺贝尔化学奖，同年查德威克获得了诺贝尔物理学奖。约里奥－居里夫妇的颁奖词为“为表彰他们对新放射性元素的合成所做的贡献”，而查德威约里奥－居里夫妇拍摄的云室照片，显示了 γ 射线（电磁辐射的一种非常高能的形式）转化成一个电子－空穴对。γ 射线在云室中不会留下痕迹，因为它们没有电荷。但是如果它们有足够高的能量，就可以通过转化为物质和反物质彼此显示，就像这张照片中显示的那样。但是它们带有电性相反的电荷，电子和质子（反电子）在云室的磁场作用下向相反的方向偏转。

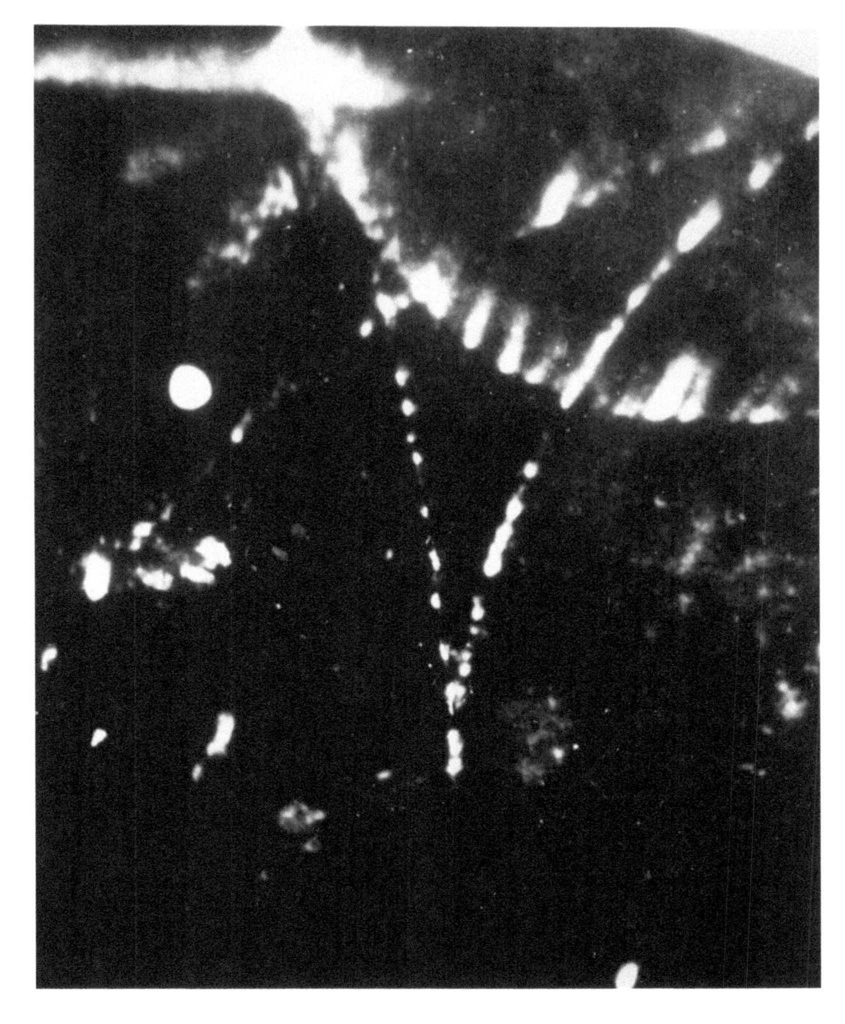

克的获奖理由为“发现中子”。

在诺贝尔获奖演讲中，弗雷德里克·约里奥－居里精确地评估了这项工作的长期应用：“（如果）我们看一下科学以持续加快的速度取得的进步，我们有资格认为能够随意生成或破坏元素的科学家将能够带来一种爆炸性的、真实的化学链式反应的转化。如果这样的转化真的在物质的传播过程中成功，可以想象这种可用能量的大规模释放。但是，不幸的是，如果这种转化扩散到我们星球的所有元素，打开这一灾难盒子的结果只能带着忧惧来审视。”[41]

在他说出这些话之后的 10 年内，第一颗核弹爆炸了。

No.75　盒子里的猫

最著名并且最易让人误解的思想实验涉及一只假想的不死不活的猫，抑或是又死又活的猫。奥地利物理学家埃尔温·薛定谔在跟阿尔伯特·爱因斯坦讨论后，认为量子力学是荒谬的，这之后，他在1935年提出了这一思想实验。

在20世纪30年代，描述量子世界的可以被接受的设想被称为哥本哈根诠释，因为它的主要支持者是丹麦人尼尔斯·玻尔。这种诠释力图通过说明量子实体只有在被观察时才是真实的，来解释例如电子等物质的波粒二象性本质（见179页）等谜题。一个设计来寻找波的实验将会找到波，而一个目标是寻找粒子的实验将会找到粒子，但是你不可能同时看到这两面。并且在没有进行观察时，像电子这样的物质是以一种模糊的、不确定的状态存在的，称为叠加态。而观察或者测量的行为促使一个量子实体坍缩到一个确定的状态。从实验获得的量子行为的规律使人们可以计算叠加态向不同现实坍缩的概率，但是无法确定会坍缩到哪一种状态。

薛定谔试图通过从原子和电子的尺度放大到猫的尺度来演示这种观点的谬论。这一“实验”并不涉及真实的猫，纯粹是一个思想训练，但是它仍然具有启迪作用。

埃尔温·薛定谔（1887—1961）。

薛定谔让我们想象一只猫被关在一个氧气、食物和水都很充足的密封房间里。（在他原本的德语论文中确实说的是一个“房间”，但是不知为何翻译过来就变成了一个“盒子”，这一译法为猫的舒适度带来不幸的含义，而整个实验被称为“盒子里的猫”实验。）在密封的房间中，这只猫有着舒适生活必备的所有要素。但是房间里还有薛定谔所说的“恶魔的装置”，它可以监测某种放射性物质的衰变。如果这种放射性物质发出一个 α 粒子，这个装置就会打碎毒药瓶，而猫则会死掉。

适用于量子物理世界尤其是哥本哈根诠释的概率规则，在原则上可以将设备设置成在一定时间之后恰

薛定谔的猫。

好有 50 : 50 的概率发生衰变并发射 α 粒子，但是也有相同的概率什么事也没发生。没有人在观察这一实验，因此根据哥本哈根诠释，放射性物质处于叠加态，衰变与不衰变的状态是平衡的。所以，薛定谔说，探测器也一定处于叠加态的平衡状态，毒药瓶处于开与关之间，而猫同时处于生与死的叠加态。只有当某个人打开房门观察，整个系统才会坍缩为一个态——这只猫活着或者死了。

薛定谔认为观察房间里的状况会以上述方式影响事情的发生是很荒谬的想法，因此哥本哈根诠释是错误的；不只是错的，而且是可笑的。这并没有阻止人们使用哥本哈根诠释（一些人仍然在使用），因为薛定谔方程总是成立的，无论你用何种诠释去解释它。但是这个思想实验在理论物理学家中引起了有关量子世界与日常世界的分界在何处的旷日持久的争论。探测器可以被视为使叠加态坍缩的观察者？猫也可以作为观察者吗？当然猫知道自己是死了还是活着，可以触发坍缩而不需要人类的帮助。因此存在不坍缩的可能性，因为存在一个猫是活着的世界，也存在一个猫是死了的世界。这称为量子力学的多世界诠释——“多”是因为对每个量子等级的实验的每一个结果都需要一个世界。

这两种诠释都不会影响计算。如果你想设计，比如说，一台量子计算机，无论你偏好哪一种诠释，薛定谔方程都是成立的。大多数量子物理学家都避而不谈诠释而只做计算。“薛定谔的猫”实验的谜题在今天看来与在 1935 年同样令人困惑不解，并且暗示了相比于计算上取得的所有成功，我们并不真的了解亚原子世界所发生的事。

No.76　裂变变重之谜

尽管约翰·科克罗夫特与欧内斯特·沃尔顿的实验（见 190 页）的确可以使“原子分裂”，但是其所涉及的原子很轻。如今当提到原子分裂时，大多数人都认为这描述的是比较重的元素的原子核发生裂变，例如铀元素的原子核分裂成两个及两个以上的部分。在 20 世纪 30 年代，几个研究组在实验室里实现了裂变，但是他们并不知道发生了什么。而在柏林工作的奥托·哈恩与他的同事们不仅在实验室触发了核裂变，还对实验进行了解释。

1934 年在罗马工作的恩利克·费米研究组发现，用中子轰击铀似乎可以产生“新的”元素，哈恩与他的同事丽丝·迈特纳决定跟随这一发现追查下去。费米认为他们的实验产生了原子核中有 93 个质子和 94 个质子的元素，他将其分别命名为铵和钚。铀的每个原子核中有 92 个质子，有几个不同的种类（同位素），包括每个原子核有 143 个中子和 146 个中子的种类，分别称为铀 −235 和铀 −238。德国化学家伊达·诺达克立即提出另一种观点，即“核分裂为几个更大的部分也是可以接受的”，但是没有人支持这一想法。

与弗里茨·斯特拉斯曼一同工作的哈恩和迈特纳打算研究费米的发现。迈特纳在第一次世界大战之前就与哈恩一同工作，但是在他们完成这个新的任务之前，身为奥地利犹太人的迈特纳为躲避纳粹分子的迫害不得不离开柏林。1938 年夏天，她去了瑞典。但是她与哈恩保持通信，了解了哈恩与斯特拉斯曼继续进行的实验的进展，并且建立了实验的理论理解。

在迈特纳离开前后，研究组一直沿着与费米相同的思路进行实验，这些实验似乎又产生了新的“铀后”元素的迹象。但是在1938年即将结束之际，哈恩发现了意料之外的事。化学分析表明，用中子轰击铀产生的“新”元素之一是钡的一种同位素——一种质量为铀的相对原子质量的60%的原子。分析表明这些微量的钡只有几千个原子。1938年12月，当迈特纳从哈恩的信中得知这一新发现时，她坚信哈恩是正确的，但是优秀的化学家哈恩自己却感到困惑了。他写道：“我们离这个可怕的结论越来越近了，镭的同位素的行为不像镭，更像是钡……或许你可以提出一些异想天开的解释。”迈特纳就可以。铀核因为被轰击而裂成碎片。

对于这一新发现的解释是，原子像通过强核力（见189页）聚集在一起的一滴液体，但是所有质子带有的正电荷试图使原子核分裂。对于

丽丝·迈特纳和奥托·哈恩，在德国达勒姆他们的实验室中。

展示奥托·哈恩工作台的博物馆陈列。它展示了哈恩在早期的核裂变实验中与丽丝·迈特纳和弗里茨·斯特拉斯曼合作使用的设备，包括电池（科万特家族企业生产的 Pertrix），放大器（3个，电池之间有1个），自动计数器（左下方和中央），盖革－穆勒计数器（下方），一块含有中子源（圆形）和铀（矩形）的石蜡块（圆形的，在右上方）。

铀来说，质子数量如此之多，电荷的斥力几乎可以克服强核力，并且如果液滴被快速移动的中子轰击就能够分裂成两个或更多的液滴，彼此之间因为电荷的排斥而分开。当有着 92 个质子的铀分裂产生有 56 个质子的钡时，另一个“液滴”是有 36 个质子的氪。在这一过程中放出了几个中子。在每一次裂变中这些碎片携带的能量约为 2 亿电子伏特。

迈特纳到那时为止一直在与她的侄子奥托·弗里希合作。弗里希原本是在丹麦工作的核物理学家，但是在哈恩与迈特纳通信以后他就总拜访迈特纳。她计算了铀原子核分裂产生的两个原子核的质量，并且发现这两个原子核的质量之和比铀原子核的质量少一个质子质量的 1/5。与爱因斯坦的著名公式 $E=mc^2$ 一致，一个质子质量的 1/5 相当于 2 亿电子伏特。所有的事都契合，铀的裂变为和平与军事用途提供了潜在能源。

正如哈恩的评论：“放射性的分解产物，以前被认为是超铀元素，实际上并非超铀元素，而是裂变产生的碎片。”[42] 弗里希在 1939 年与迈特纳共同撰写的论文中首次提出了核裂变（德语 kernspltung）这一名词。哈恩因为这一工作独自获得了诺贝尔化学奖。那是 1944 年评选的诺贝尔奖，但是却推迟到 1945 年颁发。哈恩的获奖原因是“因为他发现了重核的裂变”。这凸显了一个奇怪的事实，那就是物理学最重要的发现之一实际上是由微量物质的化学分析做出的。

No.77 第一座核反应堆

追随约翰·科克罗夫特与欧内斯特·沃尔顿的工作（见190页），在英国工作期间，匈牙利物理学家利奥·西拉德提出了核链式反应的可能性。在这样的一个过程中，如果一个中子轰击一个原子核使它释放出更多的中子，这些中子反过来在一个自我维持并可能失控的反应中又会触发生成的原子核放出更多的中子。直到1938年，当西拉德来到纽约之后，才有人注意到这一观点。在纽约，他听说了丽丝·迈特纳和奥托·哈恩有关核裂变的工作（见202页）。他意识到可能产生自我维持的铀裂变反应，当铀核“分裂”时会释放能量。一个小规模的实验证明了这一想法在原则上可行，而西拉德组织科学家们给总统富兰克林·D.罗斯福写了一封信，提出了德国人可能用这种方法制造出原子弹的警告。（阿尔伯特·爱因斯坦也被劝说在这封信上签名，尽管他与这项工作无关。）

当美国被卷入第二次世界大战时，被核武器袭击的恐惧导致了首先制造出原子弹的曼哈顿计划的产生。制造原子弹必须要建造核反应堆，在其中，铀被用来以热的形式产生能量，而不会反应失控导致爆炸。

负责这座核反应堆的建造的是恩利克·费米，他因为意大利的法西斯政权对他妻子的威胁而来到美国。核反应堆的建造能否成功取决于在某处能否放置合适量的铀，并且还要掌握一种能够控制参与反应的中子数目的方法。在一小团铀中，自发裂变产生的大多数中子从表面逃脱，并不会触发其他原子核的裂变。在非常大的一团铀中，金属内部发生裂变时产生的中子很有可能在它们逃脱之前撞击其他原子核，在逃脱过程中触发更多的裂变。在费米的指导下，反应堆在芝加哥大学一座废弃不用的壁球场里搭建，反应堆的规模（即铀的用量）介于上述两个极端之间。

恩利克·费米（1901—1954）。

这一反应堆被称为芝加哥一号堆，或CP-1。堆的底部是方形的，但是顶却是圆的，是由包含金属铀的石墨砖层和含有氧化铀的石墨砖层间隔构筑而成的。石墨吸收中子或使中子减速，因此它可以使反应过程减缓。费米和西拉德经计算得出，将铀放在慢化材料块中形成铀的立方晶格，能使从一个铀原子中释放出来的中子有最大的机会撞击另一个铀原子核。关键的控制装置是一个镉质的棒，它可以吸收中子，并且可以根据需要在堆中移进或移出。当镉棒插入时，中子会被吸收，没有链式反应发生；当镉棒移出时，中子可以自由移动，触发裂变并使反应继续进行。

费米计算出这样的56层石墨块构成的堆含有足够进行自我维持核反应的铀，因此CP-1有57层高。建造这座核反应堆花费了近一百万美元，并且含有350吨石墨、37吨氧化铀以及5.6吨金属铀，宽8米、高15米。1942年12月2日当地时间下午3∶36，镉棒从堆中缓慢撤出，使裂变的铀原子核产生的中子能够触发其他原子核的裂变。反应堆按照预计的时间运行了28分钟，之后，镉棒被推回，反应停止。这一事件标志着所谓的“原子”（实际上是核）时代的开始。

CP-1的成功表明不仅核链式反应可以人工产生，而且更重要的是这种反应可以被控制。反应堆的最大输出功率只有200瓦左右，只够使一只白炽灯发光，但是正如费米后来所说的，“我们都希望随着战争的结束，研究原子能的重点可以明确地从武器转移到和平方面”，包括“建设发电厂”[43]。但是他没能活到见证这一梦想实现的那一天。在战时的紧急情况下建造的CP-1没有任何形式的辐射屏蔽；在1954年11月28日，年仅53岁的恩利克·费米死于可能因为他在放射性物质方面的工作引发的胃癌。

一幅展示了世界上第一座核反应堆——芝加哥一号堆（CP-1）实现自我维持时刻的图片。

No.78 第一台可编程计算机

世界上第一台可编程计算机（原始的“图灵机”）的试验样机于1943年年底开始运行，并且为在1944年6月几台这样的机器全部投入运行铺平了道路。这一日期非常重要，因为这些机器在第二次世界大战中在为诺曼底登陆的策划者提供情报方面起到了关键作用。

这些情报由位于布莱切利园的英国秘密机构的密码破译者搜集。他们以前曾经在利用不那么复杂的机器的情况下，根据阿兰·图灵提出的原则，破译了德国恩尼格玛密码机的密码并取得巨大成功。但是到了1943年，德国人已经将他们的密码发展到显然必须要用一种新的机器才能破译的程度。

托马斯·弗劳尔斯，一位曾经为布莱切利园做过一些工作的邮局工程师，提出可以制造一台基于电子阀（在美国称作“电子管”）的计算机来解决这一问题。电子阀可以控制通过系统的电流，并且像小灯泡一样发光。弗劳尔斯有使用电子阀的工作经验，因为他参与了20世纪30年代发展基于电子阀的电话交换机的工作。他发现了关键的一点——虽然这些电子阀在不断开关时很容易烧毁，但是如果它们即使在不使用时也一直亮着，就会有更长的使用寿命。

位于布莱切利园的机构没有被说服，1943年2月，弗劳尔斯回到邮局的多力士山研究站继续他的工作，站长允许他半官方地开展计算机的研制工作。但是资金非常有限，弗劳尔斯不得不为很多设备自掏腰包。结果是这台机器使用了1 600个电子阀来传入含有待破译信息的打洞的纸条。因为它的尺寸巨大，所以被称为“巨人”。

1943年12月“巨人”被进行了测试，然后拆除，多辆卡车装载着它的零部件来到布莱切利园，在这里进行重新组装。在这里，它在1944年2月5日破译了第一条消息。密码破译者感到十分震惊。就在产生研制计算机这种不被认可的不切实际的想法一年之后，弗劳尔斯被机构要求在6月1日之前至少要组装一台“巨人”并使它运行。他并没有被告知原因，只是被要求一定要在最后期限之前组装一台有2 400个电子阀的机器。6月5日，“巨人”2号解开了一条德国的密信，并得知德国高层领导对即将来临的进攻将发生在多佛尔海峡的谎言信以为真，埃尔

“巨人”，位于英国白金汉郡布莱切利园的世界上第一台电子可编程计算机。

X1
X2
X3
X4
X5
WB1
WC1

温·隆美尔收到命令在那里集中兵力。这一情报的破译对说服联军统帅德怀特·D.艾森豪威尔将军继续6月6日的诺曼底登陆起到了关键作用。

尽管“巨人”（后来又组装了很多台）在布莱切利园主要用于破译密码，但它们实际上具有更强大的潜力。弗劳尔斯将这些机器设计为通过转换不同的开关，以及将机器的不同配置组件的引线与电源连接，就可适于（我们现在称为“程控的”）执行不同的任务。这种程序编制方案准确来说是要用人工操作的，不过“巨人”依然成为现代意义上真正的计算机。在20世纪30年代中期，图灵在科学论文《论可计算数》中从数学角度证明了建造一台能够处理任何能用数值（数字的）项表示的问题的机器的可能性。机器中功能相同的部分（我们现在称作硬件）可以被用来与合适的、用一串1和0的二进制代码表示的指令组（我们现在称作软件）协同完成任何可能的任务。这样的一台机器，或称计算机，现在被称为通用图灵机，或者简单地称为图灵机——包含所有现代计算机，如智能手机中使用的计算机以及天气预报等工作中使用的大型机器。布莱切利园的研究者清楚地意识到，“巨人”有处理各种数据的

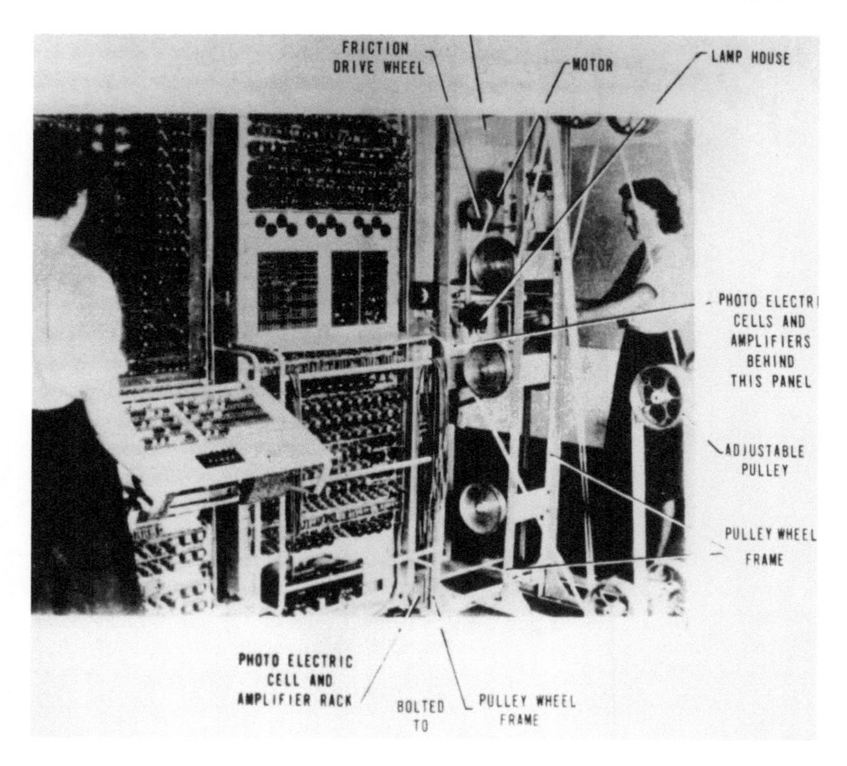

运行中的“巨人”资料图。

潜力，包括图像存储、文字信息处理，或者可以用数字表达的任何事物。“巨人”拥有一台真正的通用计算机所需要的全部组件。

即使在战后，所有这一切也还是一个秘密（依据温斯顿·丘吉尔的直接指令）。一台在1945年开始运行的叫作ENIAC（Electronic Numerical Integrator And Computer，电子数字积分式计算机）的美国机器有时仍然被称为世界上第一台电子计算机。就像“巨人”一样，ENIAC可以使用插件板系统编程，而与“巨人”不同的是，人们研制ENIAC的目的是提供天气预测、分析风洞测试以及其他任务。但是“巨人”是第一台可编程计算机，弗劳尔斯创造了它。

No.79 发现DNA的作用

在弗雷德里克·格里菲斯于1928年发现了一种肺炎双球菌可以通过吸收似乎是遗传物质的某种物质，“转化”成为另一种肺炎双球菌之后，其他研究者试图查明从一种细菌传递给另一种细菌的物质是什么。在纽约的洛克菲勒研究所，由奥斯瓦德·艾弗里领导的实验室取得了重要进展，艾弗里自从1913年开始就在研究肺炎，并且对格里菲斯的发现有着强烈的兴趣。

在1931年，洛克菲勒研究所的工作人员发现研究转化过程不一定需要小鼠，只需要在含有死去的S型肺炎双球菌的皮氏培养皿中培养R型肺炎双球菌就可以将R型转化为S型，他们由此开始了确认转化因子的探索之旅。通过交替冷冻和加热过程，S型细菌的细胞破裂，在液体黏性物中内容物与细胞的其他碎片混合。研究者将装有这种黏性物的试管放入离心机中使其旋转，细胞壁的固体碎片沉向试管底部，在固体碎片上方是一种清液（细胞的内容物）。毫无疑问，这些来自细胞的液体能够将R型细菌转化成S型细菌。

所有这些在1935年之前就已经确立了。这时，艾弗里引进了一位年轻的研究人员科林·麦克劳德，与他一起深入、彻底地研究在基因学上具有活性的细胞内部的液体。后来马克林·麦克卡提也参与进来。他们花费了将近10年的时间才完成这一课题，主要是因为在这一过程中他们需要剔除不会导致转化的所有其他物质，直到“元凶”被筛选出来。借用阿瑟·柯发现了遗传物质脱氧核糖核酸（DNA）的奥斯瓦德·艾弗里（1877—1955）。

南·道尔的小说中的人物夏洛克·福尔摩斯的话——一旦排除了所有的不可能，剩下的，尽管在调查的开始看起来非常不可能，也一定是答案。

起初最可能作为转化因子的似乎应该是蛋白质，因为蛋白质是包含大量信息的、非常复杂的分子。但是当研究组用一种已知能够将蛋白质分子分解成小碎片的酶（一种蛋白酶），处理从 S 型细菌细胞内提取出来的液体后，他们发现这种处理并不会影响液体执行转化过程的能力。另一种可能性是，转化效应与包被 S 型细菌的多糖有关。因此艾弗里的研究组使用了一种能够将多糖破坏的酶，但是再一次发现不影响转化过程。此时，通过一系列精细的化学过程，这个小组从他们的混合物中去除了所有蛋白质和多糖，并且开始对剩余物质进行艰辛的化学分析。通过这种物质所含有的碳、氢、氮和磷的比例，他们确定了这一定是一种核酸（见 168 页）。进一步的验证揭示了它是 DNA，而不是 RNA。

1944 年，这一发现在第一篇报告转化因子可以确认为 DNA 的系列科学论文中公布。研究者们决定不声明 DNA 一定是组成基因的物质，尽管艾弗里私下里在给他的细菌学家弟弟罗伊的信中的确猜测了这一可能。但是提出是 DNA 而不是蛋白质携带了储存在细胞中的遗传信息是如此令人震惊，以至于整个生物学界没有立刻接受——他们仍然支持“四核苷酸假设”（见 170 页），大多数人都认为 DNA 太简单，无法执行这样的工作。此外，因为细菌细胞内的活性物质在细胞内松散地四处飘荡，而没有打包成基因和染色体，当时的很多生物学家认为从 DNA 作为格里菲斯实验所揭示的转化因子到 DNA 作为真正的遗传学的活性组分，是一个太大的跳跃。尽管如此，艾弗里－麦克劳德－麦克卡提的实验仍引起了人们的广泛兴趣，并且激发微生物学家与遗传学家开展了有关基因的物理学和化学本质的更多研究工作。这被公认为分子遗传学的开端。尽管艾弗里、麦克劳德和麦克卡提应该获得诺贝尔奖，但是不知为何他们被忽视了。多亏了另一个杰出的实验，支持 DNA 是遗传物质的证据才取得了压倒性的胜利。

No.80 跳跃基因

到20 世纪 40 年代末时，“每个人都知道”基因是像线上的珠子一样沿着染色体排列的稳定实体。不过这一结构受到了在美国纽约冷泉港实验室工作的芭芭拉·麦克林托克的挑战，但是她所做的实验的意义经过了很长时间才被人们广泛认可。

麦克林托克于20世纪20年代在纽约康奈尔大学用立足于托马斯·亨特·摩尔根果蝇（见 171 页）实验的先驱研究对象——玉米（甜玉米）植株的研究开始了她的调查。她发展了一种给玉米植株细胞染色的方法，这样它们含有的 10 条染色体就可以用显微镜清楚地区分开了，并且在哈里特·克莱顿的协助下，她可以分辨与植株本身的特定变化（表现型）

工作中的芭芭拉·麦克林托克。

芭芭拉·麦克林托克等遗传学家研究的一种有多色穗轴的玉米。

相关的染色体的特定变化。确定染色体上的单个基因，以及将一棵植株或一个细胞的染色体与另一棵植株或细胞的染色体相比较是有可能的。作为一个例子，被研究的玉米品种携带与玉米棒上颜色或深或浅的玉米粒相关的染色体。当细胞被染色，并且用显微镜观察时，研究人员注意到玉米粒颜色的区别与 9 号染色体的差别有关——深色品种的 9 号染色体有一个明显的凸起，而这个凸起在浅色品种的等价染色体上并不存在。

这些结果在 1931 年发表，但是实验研究的进一步发展花费了很长时间，原因与孟德尔实验耗时很长的原因相同——与果蝇之类的研究对象相比，植物的繁殖周期较长。以玉米为研究对象的优点是不需要捉住只有 3 毫米大小的果蝇，还要观察它们的眼睛的颜色，你可以简单地剥落玉米棒的苞叶直接观察排列好的有色玉米粒（野生玉米与超市里的品种不同，玉米棒是杂色的）。麦克林托克在 1941 年搬到冷泉港实验室后耐心地继续着她的研究，并且在 1944 年之后的几年做出了她最重要的发现。

为了研究玉米的遗传方式，麦克林托克不需要知道携带遗传信息的是蛋白质还是 DNA，她所需要知道的一切就是信息是由染色体携带的，以及每条染色体是由携带植株生命历程中特定指令的基因所组成的。麦克林托克致力于研究突变（基因的改变）是怎样影响玉米粒的色素沉着模式的——基因型是怎样影响表现型的。在某些植株中，她发现在某些叶子上出现了颜色“错误”的斑点，比如说在浅绿色叶子上出现了深绿色的条纹。因为叶子随着细胞分裂不断生长，她可以追溯回深绿色条纹开始出现时的细胞，就是在那个细胞中发生了突变。

在某些情况下，这些杂色斑块以与其他植株不同的速率发展，与它们的“邻居”相比不是生长得更快一点就是生长得更慢一些。在潜心研究了几年控制杂交、繁殖了几代植株之后，麦克林托克确信她所看到的现象是表明一些基因是由另一些基因所控制的证据。在这个特殊的例子中，其中一个控制基因位于决定叶子颜色的基因旁边，并且在同一条染色体上，可以启动或抑制这一负责叶子颜色的基因。但是第二个控制基因会影响这一过程发生的速度，并且这一基因不需要在同一条染色体上。最终，在确认了这些基因之后，她发现第二个控制基因甚至不需要保持在同一个位置。它可以在细胞分裂的过程中分流，因此通过比较不同的细胞，这个基因似乎在同一条染色体上从一处转移到另一处，甚至从一条染色体“跳跃”到另一条染色体上，她将这一过程称为转座。这与基因组作为一组固定的指令不变地从一代传递到另一代这种已经建立了的观点相违背。

麦克林托克在发表于1950年的科学论文《论玉米的可变位点的起源与行为》中总结了她的工作。这最终改变了科学家们思考遗传学与遗传的方式，并且为理解基因调节体内蛋白质产生的方式以及基因工程的发展开辟了道路。1983年，81岁高龄的麦克林托克“因发现可动遗传因子”获得了姗姗来迟的诺贝尔生理学或医学奖。

No.81 α 螺旋

分子生物学历史上最重要的“实验”之一仅仅是将一张长纸条折成折叠式蛇形。这项实验是由美国化学家莱纳斯·鲍林在1948年进行的，他这样做是为了解释某些蛋白质产生的X射线衍射图，这些图已经困扰他（与其他人）很多年了。

蛋白质主要有两种，都是以长链为基础的，称为多肽。一种是纤维状蛋白质，多为细长结构，可以与另一条链相联结；另一种是球状蛋白质，链自身折叠，紧缩成一个球形。纤维状蛋白质是一种重要的结构材料——是毛发、羽毛、肌肉、蚕丝，以及角等物质的基础。球状蛋白质是功能蛋白，比如血液中携带氧气的血红蛋白分子。

纤维状蛋白质的第一张X射线衍射图是由利兹大学的威廉·阿斯

特伯里在 20 世纪 30 年代得到的。他当时在研究角蛋白，这种蛋白质存在于羊毛、头发和指甲中。这幅图像显示了一个有规律的重复构型，这表明这种蛋白质结构简单，但是还没有足够的信息来确定它的确切结构。鲍林第一个给出了量子化学的规则，并且想为这门学科写一本权威著作[44]，这幅图像引起了鲍林的兴趣，1937 年的一整个夏天他都在研究能够与数据匹配的螺旋多肽链的结构（没有成功）。他觉得有必要回到起点，于是开始着眼于作为多肽链环节的氨基酸（见 193 页），并且试图找出它们是如何“组装”在一起的。但是因为其他工作的干扰以及第二次世界大战的缘故，过了很长时间他才开始认真处理这一问题。

第一步是研究单个氨基酸的 X 射线衍射图，这一步是鲍林在加州理工学院与罗伯特·科里共同完成的。他们发现的关键事实是，尽管很多化学键允许键两端的原子或分子旋转，但是碳原子和氮原子之间的肽键（多肽由此得名）是被一种名为量子共振的现象锁定的，因此含有这种键的分子不能绕着肽键旋转，链的这一部分保持刚性。但是鲍林仍然不能找到与阿斯特伯里的照片一致的链的折叠方法。

对页：一段胶原蛋白的计算机生成图像。

下图：莱纳斯·鲍林（1901—1994）拿着一条绳子，展示在某些蛋白质中螺旋线是怎样彼此缠绕的。

鲍林在加州理工学院工作，他在 1948 年作为访问学者在英国的牛津大学度过了一段时间。在那一年的春天，他得了重感冒，于是躺在床上读了几天科幻小说和推理小说。对读这些小说感到无聊后，他开始进行揭示了角蛋白结构的“实验”。

鲍林取了一张纸条，沿着纸条画了一条线，代表长多肽链。他依据记忆，得到大致正确的各个组分之间的距离，以及不同单元之间的角度的足够信息。但是他无法在直的、平坦的纸条上实现这种链结构。一个主要角度（沿着链在不同位置重复出现的同一环节）总是出错，而且因为碳氮量子共振强加的刚性要求，这一角度不能改变。因此他尝试着将纸折皱，并将它沿着重复的平行线折叠以求在链的每个环节都达到正确的角度：110 度。折皱的纸条现在大致呈现螺旋形，一种在空间盘旋的、交叉联结

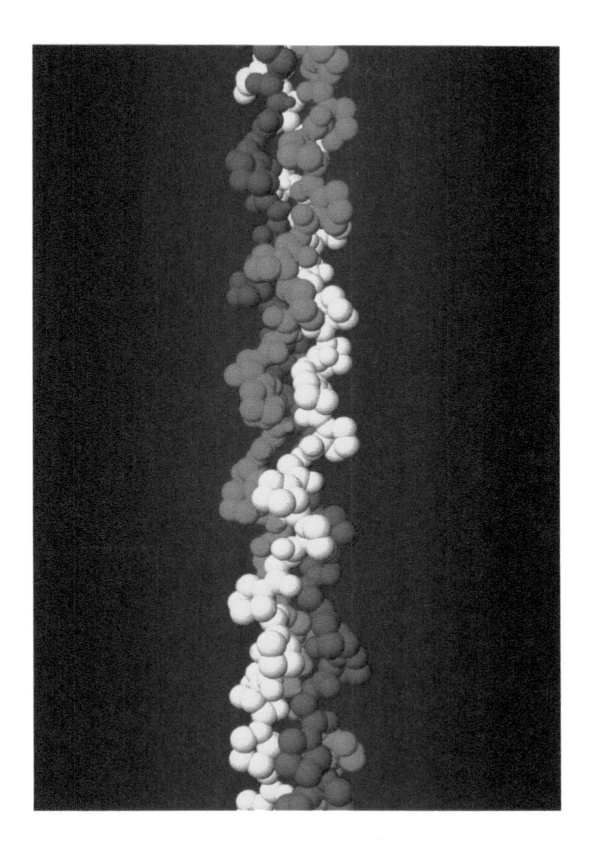

的螺旋形。在这种结构中，一些原子刚好以量子化学中的氢键结合方式排位，把这些链整合在一起。

回到美国之后，鲍林做的进一步的X射线研究证明了这一想法的正确性。鲍林的研究组在1951年发表了7篇科学论文，根据他命名的α螺旋描述了多种纤维状蛋白质的结构。但是这一发现本身并没有做出发现的方法重要。鲍林具有突破性的工作促使人们开始思考螺旋线在生物分子中的作用，并且让人们意识到自下而上开展研究的价值——从生物材料的基本结构单元开始，通过建模解出它们是怎样彼此连接的——即使在这个例子中，模型仅仅是一张折叠的纸条。在几年之内，这种方法就收获了分子生物学的最高奖赏——获知了DNA的结构（见222页）。

No.82 DNA的混合

甚至是在1951年，人们仍然无视奥斯瓦德·艾弗里和他的同事们的工作（见211页），普遍认为遗传信息是由蛋白质而不是DNA携带的。但是很快，甚至说服了那些持怀疑观点的人的DNA就是“那一个”生命分子的实验出现了。

这一实验用一系列更小、繁殖速度更快的生物体，沿着通往理解DNA的道路继续前进：格雷戈尔·孟德尔研究了豌豆，托马斯·亨特·摩尔根用果蝇做样本，而艾弗里的研究组用细菌做实验，最后一步使用了携带遗传物质的最小实体：病毒。

病毒远远小于细菌，它几乎就是含有遗传物质的蛋白质小包。当一个病毒袭击一个细胞时，病毒将它的遗传物质注射进细胞中，在那里它“劫持”了细胞的“工厂”，用细胞内部的化学物质合成了它的复制品。随后，细胞裂开，释放病毒的复制品重复这一过程。20 世纪 50 年代初，在冷泉港实验室工作的阿尔弗雷德 · 赫希与玛莎 · 蔡斯开发了一个明晰的实验，确切无疑地表明将遗传信息带入被攻击细胞中的物质是 DNA。

他们使用的病毒是噬菌体（bacteriophage，有时会简写为 phage，来自于希腊语 phagos，意为“吞噬”)，因为它们“吃掉了”细菌。实验背后的想法是以在含有放射性同位素磷 -32 或含有硫 -35 的媒介中培养的噬菌体为基础，然后用放射性噬菌体去侵染没有放射性的细菌。硫和磷的同位素有着不同的、可以区分的放射性特征，并且它们可以在感染和从一代噬菌体复制成下一代噬菌体的循环中示踪。在噬菌体加入之前，研究者先用一种放射性同位素标记细菌。第二代噬菌体会吸纳放射性物质并且侵染没有放射性的细菌。这一切的重点在于磷元素只存在于

噬菌体病毒侵染细菌，并且利用它的 DNA 生产大量噬菌体复制品。这些复制品继续侵染其他细菌。

裂解细胞

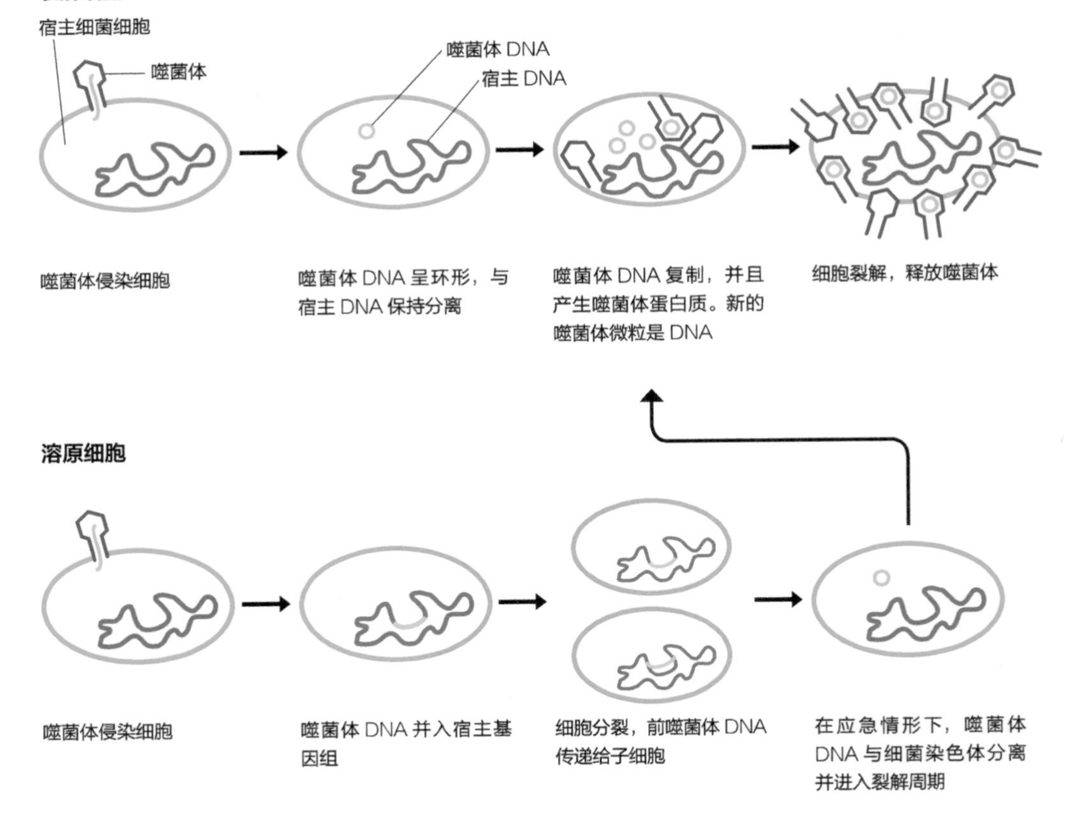

DNA 中，蛋白质中没有磷，而硫元素只存在于蛋白质中，不存在于 DNA 中。能够探测到磷的同位素的地方就能显示 DNA 的轨迹，而能探测到硫的同位素的地方则会显示蛋白质的轨迹。

玛莎·蔡斯（1928—2003）。

障碍在于，当放射性噬菌体在细胞培养物中完成它们的任务后，剩下的就是一堆充满了新病毒的细胞，但是废弃的病毒外壳仍然连在被侵染的细菌的细胞上，培养皿中仍然含有两种放射性同位素。赫希和蔡斯必须以某种方式将第一代噬菌体剩下的残骸与细胞内部产生的新病毒分离开。当一位同事借给他们一台被称为瓦林搅拌机的普通厨房用具时，困难便迎刃而解了。

在低转速下，搅拌机刚好提供了足够的搅动，在没有让一切变成一种无定形黏液的情况下，使空的噬菌体外壳从它们侵染的细胞上分离开。在搅动之后，将混合物放入离心分离机中并开动机器使混合物旋转，装满了新的病毒的细菌细胞沉到底部，并且可以被提取出来，而旧的噬菌体的外壳被剩下了。分析两种组分的结果是有说服力的。他们在细胞中找到了放射性标记的 DNA（换句话说，在新一代噬菌体中找到了放射性标记的 DNA），而在剩余的外壳中找到了放射性标记的蛋白质。他们发现是 DNA 而不是蛋白质从一代传递到下一代，不过在宣布研究结果的论文中，他们谨慎地仅仅推论“这种蛋白质可能对细胞内的噬菌体生长没有作用，而 DNA 有一些作用”。

这一表面上看起来很简单的实验，其成功在很大程度上要归功于玛莎·蔡斯，尽管按照官方的说法她“只是”阿尔弗雷德·赫希的助手。另一位冷泉港生物学家瓦克劳·斯吉巴尔斯基后来回忆：“她对实验的贡献非常大，阿尔弗雷德·赫希的实验室非常不同寻常，当时只有他们两个人，当你走进实验室时，那是绝对的寂静，只有阿尔弗雷德在用他的手指指挥玛莎做实验，总是尽可能少说话。她与赫希在工作上配合默契。”[45]

T- 噬菌体病毒侵染大肠杆菌细胞的彩色透射电子显微镜（TEM）照片。可以看到 7 个噬菌体微粒（蓝色），每个噬菌体有一个头和一个尾，其中 4 个噬菌体“坐”在棕色的细菌细胞上，遗传物质（DNA）的蓝色小“尾巴”插入细菌里。

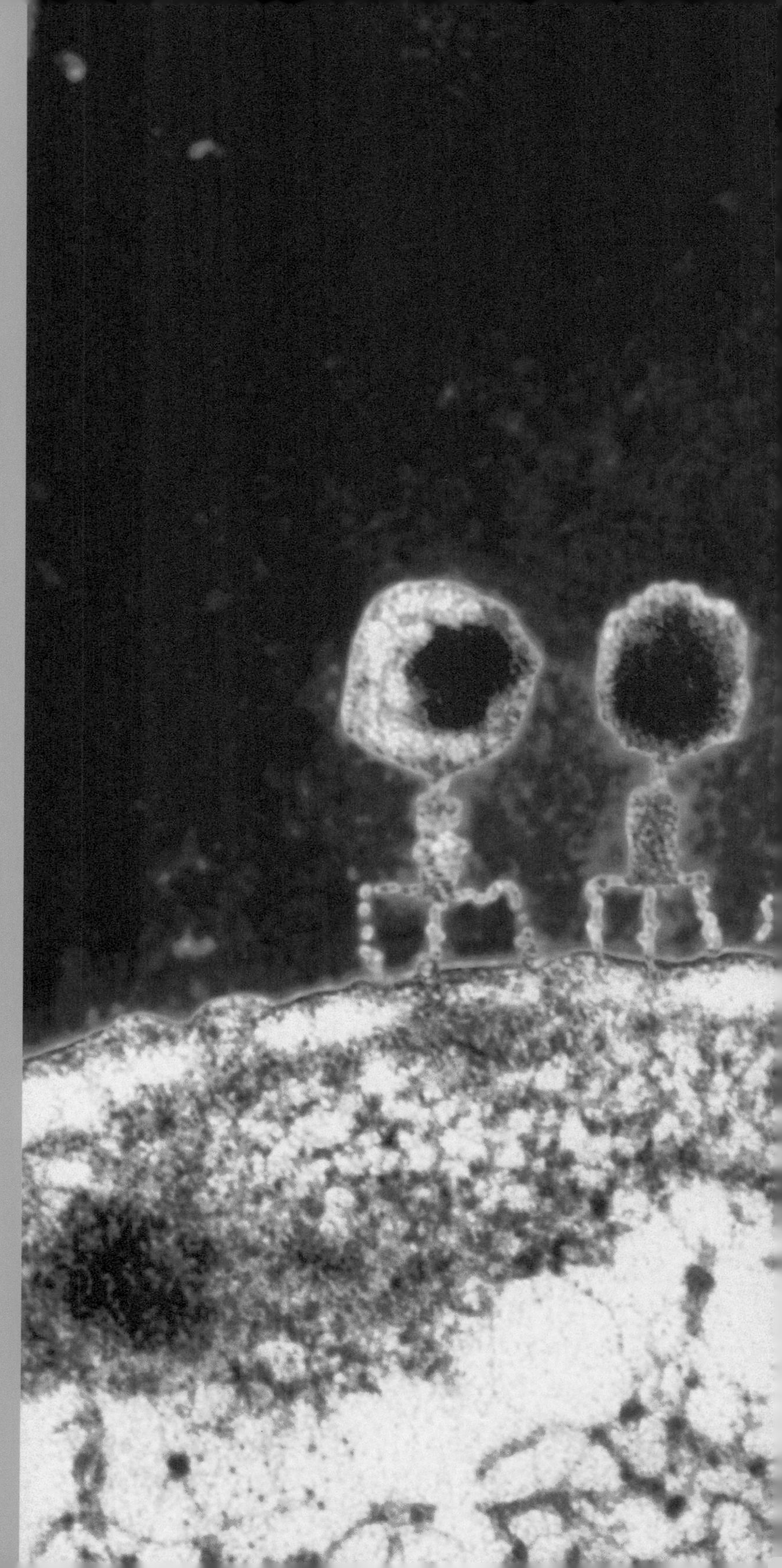

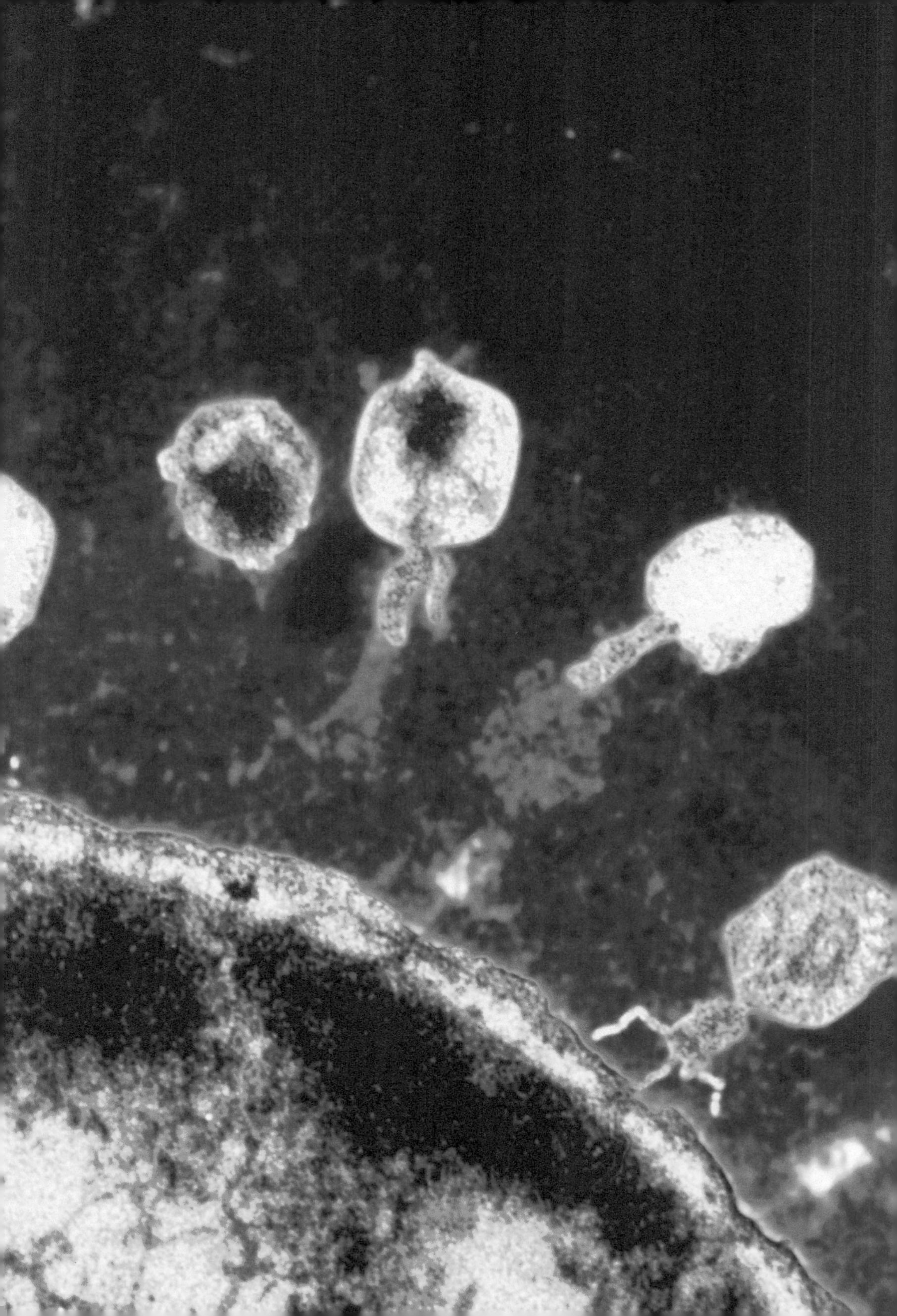

我们现在清楚了蛋白质为噬菌体提供结构材料，而 DNA 携带遗传信息。这一结果于 1952 年公布，而这一工作也被称为“瓦林搅拌机实验”。在此之后，几乎没有任何生物学家相信遗传物质可以是除了 DNA 之外的其他物质，而揭示 DNA 自身结构的研究舞台也已经搭建好了。

No.83 双螺旋

生命分子 DNA 的结构，是由伦敦国王学院医学研究委员会生物物理学研究室的研究小组所做的实验揭示的。研究室的负责人约翰·兰道尔是第一个接受遗传信息是由 DNA 携带的证据的生物学家，1950 年，他指派一名研究生雷蒙德·葛思林去和莫里斯·威尔金斯一起工作，以获取 DNA 的 X 射线衍射图谱。

葛思林在国王学院的地下室工作，他是第一个将基因结晶的人。他知道揭示 DNA 分子的结构只是一个时间问题。在威尔金斯的指导下，葛思林获得了 DNA 晶体的第一张 X 射线衍射图谱。威尔金斯在那不勒斯的一次会议上展示了这些图谱，而美国人詹姆斯·沃森就坐在观众席，他意识到了它们的意义。

威尔金斯回到国王学院后，罗莎琳·富兰克林加入了这一研究组，她在 X 射线衍射工作上已经积累了相当丰富的经验。兰道尔特别希望和她合作，因为他怀疑威尔金斯和葛思林是否有能力以多斑点衍射图像解决 DNA 结构的问题。也因为有了更好的设备，富兰克林和葛思林获得了更好的图像，并且发现了两种形式的 DNA 晶体。当 DNA 湿润时，它变成了一条细长的纤维，但是当它干燥时就变得又短又粗。它们分别被称为“B 型”和“A 型”。因为细胞内是湿润的，所以生物中的 DNA 更可能是 B 型的。

X 射线衍射图谱为揭示 DNA 的结构提供了信息，但是要想确定分子中原子的位置还需要进行大量的分析。富兰克林和葛思林主要解决 A 型 DNA 的结构问题，而威尔金斯专注于 B 型 DNA 的研究。他们的工作有一些交集，但是并没有像本该有的那样多，这是因为富兰克林与威尔金斯性格不合。到了 1953 年年初，他们已经知道了两种类型的 DNA

都是以螺旋结构为基础的，而富兰克林撰写了有关 A 型 DNA 的双螺旋结构的两篇论文，并在当年 3 月向《晶体学报》投稿。就在此时，她离开国王学院来到了同在伦敦的伯贝克学院。而也在此时，剑桥大学的一个研究小组确定了 B 型 DNA 的结构。

1953 年 1 月，已经在剑桥大学工作的沃森在访问国王学院时看到了 B 型 DNA 的一张最好的 X 射线衍射图谱的复印版。这张照片实际上是在 1952 年由富兰克林和葛思林拍摄的，但是在未经他们允许的情况下被传了出来。这张被称为“51 号”的照片显示了 DNA 在当时能够获得的最高质量的 X 射线衍射图谱，并且清楚地显现了只可能由螺旋结构产生的十字形图案。如果说有一个实验发现了 DNA 的秘密，那就是产生了这张照片的实验。

回到剑桥大学，沃森和同样对 DNA 的结构感到迷惑的同事弗朗西斯·克里克，试图用鲍林的自下而上法（见 215 页）建立与照片匹配的分子模型。这使他们很快发现，只要 DNA 分子是由碱基内部的双螺旋结构中的两条互相缠绕的链组成的，即一条链的碱基与另一条链的碱基相连，就像螺旋梯的台阶一样，就可以使所有的一切完美契合。腺嘌呤总是与胸腺嘧啶相连，胞嘧啶总是与鸟嘌呤相连。因此这两条链就像彼此的镜像，如果它们解螺旋成单链，就可以通过加入适当的单元建立另

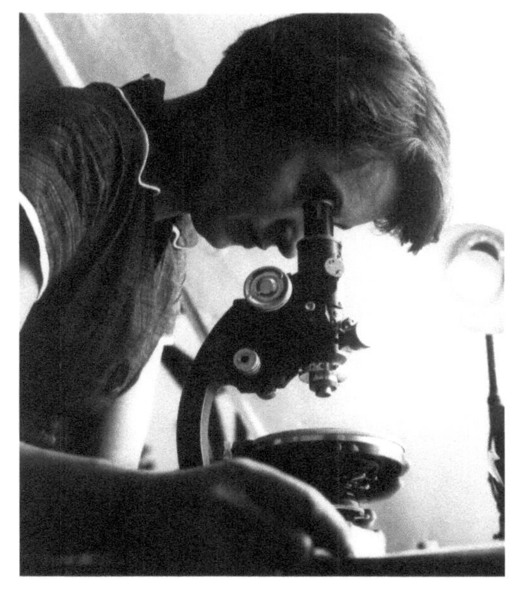

下左图：罗莎琳·富兰克林（1920—1958）。

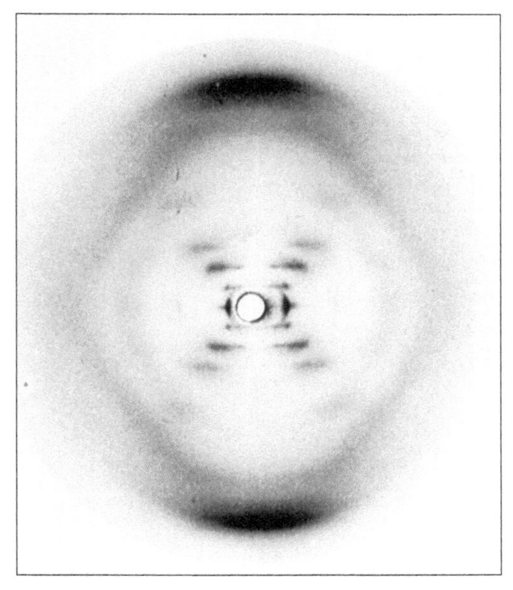

下右图：“51 号照片”。DNA 的 X 射线衍射图谱，由伦敦国王学院的研究人员罗莎琳·富兰克林和雷蒙德·葛思林（1926—2015）于 1952 年 5 月拍摄。

1953 年，詹姆斯·沃森（1928— ）（左侧）与弗朗西斯·克里克（1916—2004），以及他们的部分 DNA 分子模型。

一条链，形成一个新的双螺旋。

这一结构蕴含的信息远多于 4 个字母的枯燥重复（见 263 页）。A、T、C 和 G 可以沿着一条链以任意顺序排列，比如 AATCAGTCAGGCATT……像是蕴含在四字母密码中的信息。这样的模式可以携带大量信息，如同二字母莫尔斯码或二进制计算机编码可以传递大量信息。克里克与沃森在 1953 年 3 月 7 日完成了他们的模型，并且向《自然》投了一篇论文。

1962 年，克里克、沃森和威尔金斯因为这一工作分享了诺贝尔生理学或医学奖。因癌症于 1958 年去世的富兰克林无法分享这一荣誉，因为诺贝尔奖从不追授已经离世的人。

№.84 生命分子的缔造

随着生命分子与非生命分子一样服从相同的化学规律这一事实的清晰，生命物质是怎样从非生命物质演化而来这一问题从哲学领域转移到了科学领域。早在 1922 年，俄国生物化学家亚历山大・奥巴林就从在巨行星的大气中存在甲烷的发现中跳脱出来，提出早期地球已经具备了含有甲烷、氨气、水和氢气的强“还原性”大气，这些气体为由闪电和来自太阳的紫外辐射的能量生成蛋白质等生命分子提供了原材料。20 世纪 20 年代，英国博物学家 J.B.S. 霍尔丹独立提出了相似的观点，他创造了一个词“原生汤”来描述年轻地球的海洋中的环境。他们两个人实际上与查尔斯・达尔文的研究思路相同，达尔文在 1871 年给

米勒 – 尤里实验。

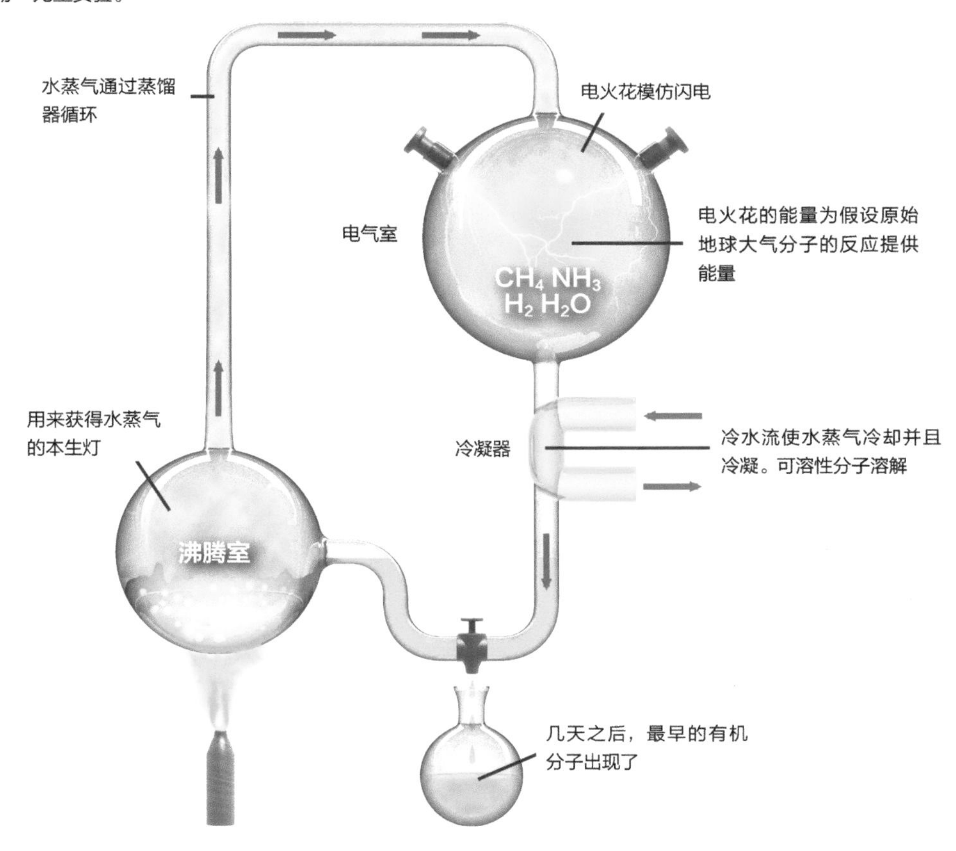

约瑟夫·胡克的信中写道："如果（天啊！这是多么伟大的如果！）我们可以设想有一些温暖的小池塘，其中有氨、磷酸盐、光、热、电等所有的东西，并想象形成了某种蛋白质化合物，准备经历更复杂的变化。"[46]

20世纪50年代，美国化学家哈罗德·尤里（他因为发现氘获得了1934年的诺贝尔奖）在芝加哥大学工作。他做了一场关于奥巴林－霍尔丹假说的讲座，而这场讲座鼓励了研究生斯坦利·米勒询问尤里是否可以指导他设计一个合适的实验去验证这一观点。由此而来的米勒－尤里实验是一个简单的封闭系统：在含有甲烷、氨气、水蒸气和氢气的一个容积为5升的玻璃烧瓶中用电火花模仿闪电提供能量。一个容积为0.5升的烧瓶中装着半瓶沸腾的热水，为混合物提供水蒸气，热气在离开第一个烧瓶后冷凝，并流回第二个烧瓶的沸水中。任何液体产物都会留在存水弯中——相当于水槽下面的U形管，然后被收集。在生成物被收集和分析之前，实验可以持续进行一周或更久。

在一天的时间里，留在存水弯中的液体变成了粉红色。在实验进行了一周之后，他们将粉红色的液体放出来，发现原始混合气体中的碳元素的10%~15%都以有机化合物的形式存在，其中包括生物体中组成蛋白质的基本结构单元的22种氨基酸中的13种。米勒并没有创造生命，但是他的实验产生了被称为生命前体的氨基酸。

原始实验的结果在1953年5月发表于《科学》，而米勒获得了博士学位。他以这一工作为基础，用改进的设备和更复杂的化学分析方法继续进行研究，得到了多种多样复杂的有机分子，直到2007年去世。然而到了那时，人们认为早期地球的大气或许并不是他最初假设的那几种气体，而是主要由二氧化碳、火山爆发产生的氮气和二氧化硫组成的。对这种组成的混合气体加上水蒸气进行相似的实验，会得到与米勒－尤里实验相似的结果。

原始实验的主要发现是相对简单的原材料加上能量供应就会产生生命分子。这一过程并不一定发生在地球上。现在天文学家已经运用光谱学知识和相应仪器探测到，在太空中的气体和尘埃云中存在多种复杂的有机分子，包括甲醛和丙烯，以及一种被称为异丁腈的分子，这种分子的结构与氨基酸相似。1969年9月28日，落在澳大利亚维

哈罗德·尤里（1893—1981）在他的实验室中。

多利亚州默奇森河附近的一块陨石，后来被发现含有多种氨基酸，其中 19 种存在于生物体中。现在看来似乎这样的复杂分子，甚至可能包含氨基酸本身，在地球形成以后被陨石带到了地球上，这用那些至少和米勒 - 尤里实验所生成的同样复杂的化合物反驳了达尔文的“温暖的小池塘”假说。正如米勒曾说的：“这一实验如此简单，即使一名高中生也几乎能重复，这一事实完全不是消极的。这个实验是有意义的，而且它如此简单，这正是它的伟大之处。”如果一名高中生能够在一周之内制造出生命的前体，那宇宙能够在数十亿年间创造出生命也就不足为奇了。

No.85 微波激射器和激光器

微波激射器和激光器是现代社会用途最广泛的发明。它们被用于通信行业、超市条码阅读器、蓝光光碟与激光唱机、光纤通信以及很多其他应用领域。它们背后的想法要追溯到1917年阿尔伯特·爱因斯坦的一个预见，但是证明这一想法能够应用于实践中的关键研究是由剑桥大学的查尔斯·汤斯和他的同事在1953年完成的。

爱因斯坦的预见是光和其他电磁场的古怪的波粒二象性的另一个例子。他意识到如果一个原子中有一个电子位于所谓的“激发”态，带有多余的能量，那么一个特定波长的光子经过时会使这个电子掉到低能级，并且释放与第一个光子波长相同的另一个光子，这样就会有两个光子而不是一个光子。这称为辐射受激发射，但是在很长时间里这被视为没有实用价值的量子力学游戏。

然而1951年，汤斯意识到，第二次世界大战中发展雷达武器带来的技术进步，应该可以用来将爱因斯坦的想法应用于产生微波波长（短波无线电波长）的强辐射光束。如果可以将整列的原子制备到激发态，那么在一个类似于失控核链式反应（见205页）的过程中，一个光子可以触发一个原子发射光子，提供两个光子再去触发两个原子，然后是4个、8个、16个，以此类推。至关重要的是，所有的这些光子都将精确

下左图：尼古拉·巴索夫（1922—2001）与微波激射器，照片拍摄于苏联／俄罗斯科学院列别捷夫物理研究所。

下右图：亚历山大·米哈伊洛维奇·普罗霍洛夫（1916—2002）。

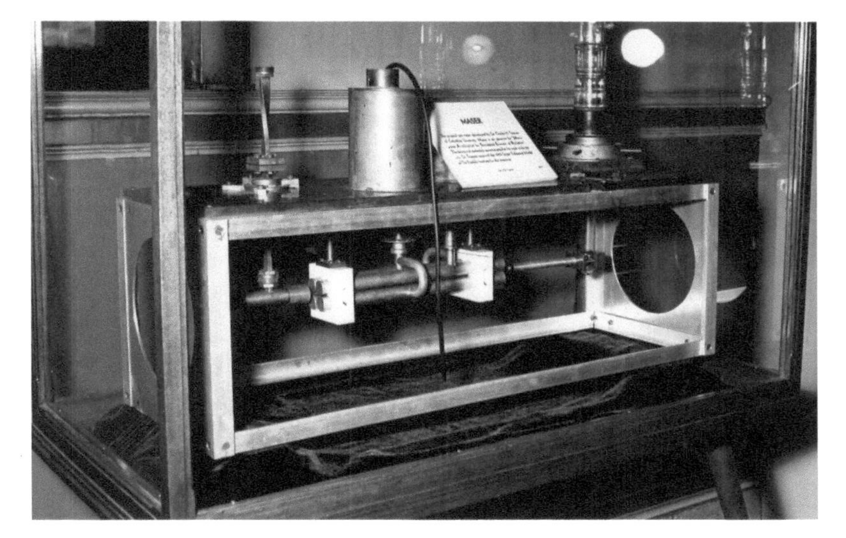

汤斯－戈登－柴格尔微波激射器，在美国费城的富兰克林科技馆展出。它是由查尔斯·汤斯（1915—2015），以及他的博士后学生H.J.柴格尔（1925—2011）和他的研究生詹姆斯·戈登（1928—2013）发明的。

地具有相同的波长，步调一致，永远不会和另一个光子相抵消。这称为相干辐射。汤斯把这一过程称作辐射受激发射产生的微波放大，用首字母简化为MASER，于是变成了一个新的单词：maser。

列别捷夫物理研究所的尼古拉·巴索夫和亚历山大·普罗霍洛夫几乎在同一时间建立了相同的理论构想。但是直到汤斯与詹姆斯·戈登和H.J.柴格尔合作建造了第一台可工作的微波激射器之后，这两个研究组才知道了对方的工作。

一个关键实验是用频率略低于24吉赫的微波辐照氨气，然后将氨气通过一个用电场收集大部分未被激发的分子的装置，这些未被激发的分子与激发分子的电学性质稍有不同，剩下的就是大部分分子都处于激发态的气体——这一现象被称为布居数反转，因为这是事物通常状态的相反状态，而实现布居数反转的整个过程被称为“泵浦”分子。这样就有可能激发微波激射过程。当用原始的非相干辐射激发分子时，会产生相同频率（24吉赫）的纯净辐射的相干放大束。这一频率对应于稍长于1厘米的波长。

放大发生在尺寸经过仔细选取的腔（实际上是一个小金属盒）内，这样光子不会逃脱，而是反弹回去触发更多的发射。激发态分子以连续流通过腔，使这一过程保持运行。1953年的实验为1954年第一台功能齐全的氨气微波激射器的建造奠定了基础，它的输出功率只有10纳瓦，但是它证明了这一技术是起作用的。

随着原理的确立，其他研究者很快就发展出了不同的微波激射器，并且将能量逐步增加。尽管他们知道相同的物理过程也应该适用于光，但是研究光是很困难的，因为光的波长远小于氨气实验中所使用的微波辐射的波长。但是到了1960年，使用光的第一个系统被搭建起来了。最初它被称为光学微波激射器（optical maser），但是很快又被称为激光器（laser，用light代替MASER中的microwave）。1964年，汤斯、巴索夫和普罗霍洛夫因“基于微波激射－激光原理的振荡器和放大器的发明在量子电子学领域的基础工作成果”分享了诺贝尔物理学奖。

一年之后的1965年，来自太空的强大微波辐射源被确认为星际气体云中的分子基团OH产生的自然存在的脉冲。从那时以后，至少有12个天文学脉冲分子被确认，包括水、氨气、氰化氢，以及甲醇。至今人们还不清楚这些分子是怎样被“泵浦”到它们的激发态的。

No.86 条形磁区与海床扩展

大陆在地球表面移动的观点（大陆漂移学说或板块构造论）是现今已被牢固确立的科学事实之一。但是直到20世纪60年代，当支持这一曾经只是推测的各种证据出现时，这一理论才开始被人们接受。这些证据中关键的一个来源于海床的磁性研究，为这一证据的发现做准备的实验是在20世纪50年代的后5年进行的。

当时正是冷战期间，美国军队担心苏联的潜水艇有可能藏匿于北美洲西海岸附近的海床上，因此1955年美国海军资助了一项有关该地区部分海床的调查活动。实施这一调查的科学家们被告知他们也可以做其他实验，只要这些实验不影响调查，于是他们决定研究海床的磁性。这需要在考察船后牵引放入鱼雷状容器中的灵敏仪表：磁力计。

仪表测量了整个地球的磁场是怎样随着不同地点改变的。在下垫岩石以与整体磁场相同的方式受到磁化的地方，磁场强度的测量值比平均值稍高一些，而在那些岩石磁场与地球整体磁场反向的地方，测量值比平均值稍低一些。研究者们并没有特别寻找什么，仅仅是利用这次机会去发现有趣的任何事物。

令他们惊讶的是，他们的确发现了非常有趣的现象。数据分析结果显示了一系列条形磁区，彼此或多或少平行。在一个条带中，岩石的磁性沿着一个方向，而在下一个条带中，岩石的磁性沿着相反的方向，然后又是一个与第一个条带方向相同的区域，以此类推。这些结果在1958年发表，引发了更多关于海床大区域的细致研究。这些研究表明，被称为海岭的、从中间平分海洋的水下山脉两侧的条带具有对称性——海岭一端的图案是另一端图案的镜像。

对这一现象的解释来源于对陆地上岩石磁性的研究，这些研究表明地球的整体磁场会不时发生反转，南北磁极交换。这并不需要固态的地球在空间颠倒，而纯粹是一种磁效应。当熔岩从地球内部经由火山口涌出并凝固时，它会沿着当时磁场的方向凝结。

这确定了一点，即比构成大陆的地壳更薄的海床本身正在成长，沿着活火山底部的海岭向外延伸。无论沿着海岭哪一侧流下的岩浆都会受到当时地球磁场的磁化，并且凝结起来。然后，当磁场反转后，新的海床条带获得了相反的磁性。在20世纪60年代中期，美国海洋研究船Elanin调查了以中太平洋海岭为中心，延伸到复活节岛南端，东西方向长4 000千米的区域。在把调查中的条形磁区画在海图上后，可以沿着代表海岭的线将这幅图折叠起来，而两边的图案可以彼此重合，说明了这一区域的对称性。

但是这并不意味着地球在变大。在海岭产生的新地壳沿着海岭铺展开，将大陆推开。大陆不会像破冰船犁冰那样通过海洋地壳，而是被带到板块背面（板块构造论由此得名），就像在水面上那些被下面的水流推挤的冰川一样彼此推挤。在海洋边缘，有一些薄的海洋地壳被推回到更厚的大陆下方并且被破坏，这就是日本列岛等区域火山活动活跃的原因。在较厚的大陆地壳和较薄的海洋地壳由于大陆漂移被推挤在一起的地方，地壳褶皱会形成如安第斯山脉等巨大的山脉。

地球表面的大陆运动还涉及了其他一些更精细的过程，但是海底条形磁区所揭示的海床延伸仍然是主要特征。

被称为东太平洋海隆的扩张洋脊的海底图像。彩色的竖直条纹代表在过去的数百万年间地球磁场的变化。

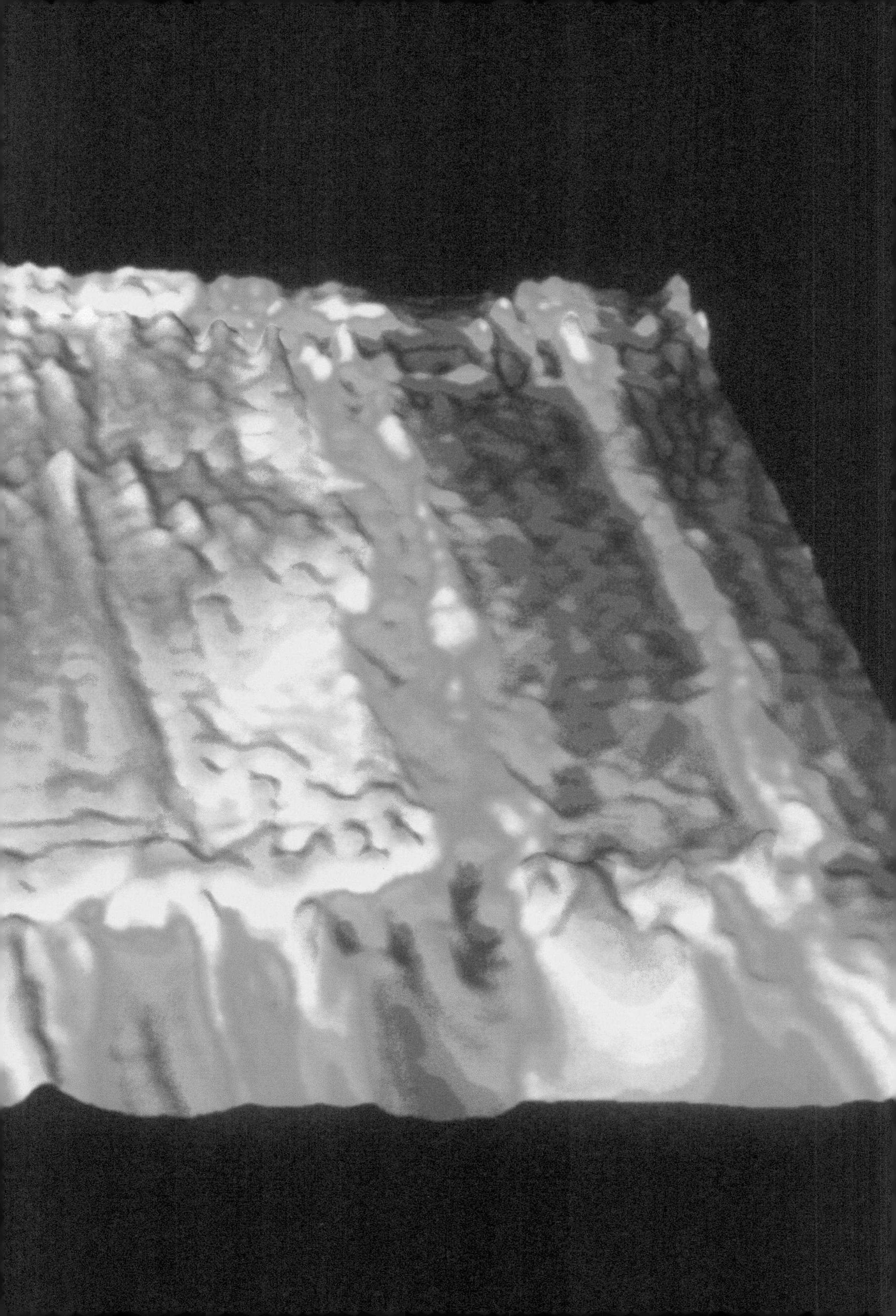

No.87 探测幽灵粒子

1930 年，奥地利物理学家沃尔夫冈·泡利提出，在某种粒子相互作用过程中丢失的能量实际上是被一种幽灵似的粒子带走了，这种粒子被称为中微子。这种假设的粒子必须有非常小的质量（远小于一个电子的质量）并且不带电，这样的性质使它很难被探测到。它不仅在空间穿梭，而且几乎以光速穿过固体。如果它不存在，那么作为最基础的科学定律之一的能量守恒定律就要被抛弃。

理论表明，除了万有引力以外，中微子只能通过所谓的弱核力与物质发生相互作用，而弱核力的确非常微弱。如果一束被认为来源于在太阳内部进行的核反应的中微子穿过厚度为 3 500 光年的固体铅墙，它们之中只有一半会中途停下来。泡利认为他提出了一种永远无法被发现的粒子，这是“一件可怕的事”。他如此确信任何实验都不可能直接探测到中微子，以至于他愿意送给挑战成功的实验者一箱香槟酒。

对页：放置于霍姆斯特克金矿的太阳中微子探测器所使用的巨大的干洗流体罐。

但是第二次世界大战带动的核反应堆的发展（见 205 页）为人们提供了在 20 世纪 30 年代初意想不到的实验机遇。捕获一个中微子几乎是不可能的。但是如果你有大量的中微子以及足够多的探测器，或许可以期待看到这些中微子中的几个与你的探测器中的原子之间相互作用的效应。

下图：雷蒙德·戴维斯（1914—2006）在一台中微子探测器模型前。

克莱德·考恩和弗雷德里克·莱茵斯在 20 世纪 50 年代接受了这一挑战，他们的探测器就是放置在美国萨凡纳河核反应堆旁边的一箱水（400 升）。计算表明每秒通过水箱一面每平方厘米表面的中微子数为 50 万亿个（5×10^{13}），所以在一小时内，水中的一个质子（氢原子核）应该能捕获 1 或 2 个这样的中微子。这将会使质子转变为中子，并且释放一个正电子，它是对应于电子的带正电的反粒子。考恩和莱茵斯计划在他们的实验中探测的正是正电子。每个正电子会迅速与电子相遇，当正负电子对湮灭时会释放一对具有显著性质的 γ 射线。

预料中的“中微子信号”的迹象在 1953 年出现了，并且在 1956 年证明了泡利的观点是完全正确的。考恩和莱茵斯向泡利发了一封电报告诉他这一消息，而泡

利则寄给他们一箱香槟酒，兑现了他 20 多年前的承诺。1995 年，莱茵斯因为这一工作与其他人分享了当年的诺贝尔物理学奖，而考恩于 1974 年去世，未能获得这一荣誉。

故事到这里并没有结束。中微子十分不愿意与其他物质相互作用，来自太阳内部的中微子逸入太空，跨越地球，并且几乎不被察觉地穿过地球，每秒就有数百亿个中微子通过你每平方厘米的皮肤。天文学家意识到如果这些太阳中微子中的某些能够被探测到并加以分析，它们将会为人类提供太阳中心正在发生的事情的直接洞察。

这是另一个“不可能”实验，但是布鲁克海文国家实验室的雷蒙德·戴维斯决定试一下。他的探测器必须隔离所有干扰，比如宇宙射线（来自太空的粒子），因此他的探测器被建造在美国南达科他州利德的霍姆斯特克金矿地下 1 500 米深处。需要移出 700 吨岩石才能腾出空间安置探测器，而探测器则是一个像奥林匹克运动会中的游泳池一样大的、充满一种以前在干洗过程中使用的全氯乙烯液体的大箱子。

这种液体的关键组分是氯。在个别情况下，太阳中微子会与全氯乙烯中的一个氯原子相互作用，这一过程将会使氯原子转化成氩原子的一种放射性形式，而这种放射性氩原子将会被释放到液体中。没几周，大箱子中的液体就要通入氦气以排挤出氩原子，而通过探测放射性衰变则可以计量氩原子的个数。实验在 1968 年展开。在所有努力之后，每一次实验的进行都会获得 12 个计数，每隔几天就会产生一个放射性氩原子。

当戴维斯证明了太阳中微子可以被探测到后，其他实验立即就被设计出来，而“中微子天体物理学”现在已经成了天文学的一个重要分支学科，可提供太阳内部运作以及中微子自身性质的信息。戴维斯因“对天体物理学的重要贡献，特别是探测到了宇宙中微子”而与其他人分享了 2002 年的诺贝尔奖。

No.88 重要维生素

X 射线晶体学在确定生物分子，尤其是蛋白质结构的实验中的应用是由多萝西·克劳福特·霍奇金与 J.D. 伯纳尔（见 193 页）延续霍奇金的早期工作共同发展的。多萝西·克劳福特·霍奇金所做出的贡

多萝西·克劳福特·霍奇金（1910—1994）。

献如此之多，以至于很难在她的实验中选出一个最重要的——实际上诺贝尔奖委员会也没有尝试，而是在 1964 年授予她诺贝尔化学奖，以表彰“她用 X 射线方法确定了重要的生物化学物质的结构”。这使她成了继玛丽·居里和居里的女儿伊雷娜之后第三位获得诺贝尔化学奖的女性科学家。正如颁奖词所表明的，真正重要的是多萝西·克劳福特·霍奇金在处理这些问题时所使用的方法。

分析用摄影术记录下来的 X 射线衍射图谱的关键一步，是在被研究的晶体中用化学方法在分子的已知位置插入重原子。这些多余的原子会在 X 射线衍射图谱中产生与众不同的“信号”，如果能标记出它们的位置就有可能获得晶体整体结构的信息。这是一个漫长且枯燥的过程。这些照片显示了晶体中电子分布的方式，但是整个晶体的衍射图谱过于复杂，难以一下子全部解析出来。首先要分析一个区域，得出一个电子密度的局域分布图，然后利用这些信息标记一个相邻区域的电子密度分布，以此类推。这一过程需要大量的数学分析，起初是在没有计算机帮助的情况下完成的。

20 世纪 40 年代，多萝西·克劳福特·霍奇金在牛津大学工作，在那里她了解到了欧内斯特·柴恩（见 187 页）在盘尼西林研究中所取得的突破。到了 1943 年，化学分析已经确立了盘尼西林分子包含 11 个氢原子、9 个碳原子、4 个氧原子、2 个氮原子，以及 1 个硫原子。但是这样的原子组合可以以两种不同的方式排列，如果要大量制造盘尼西林维生素 B12（钴胺素）的分子模型。化学式是 $C_{63}H_{88}CoN_{14}O_{14}P$。

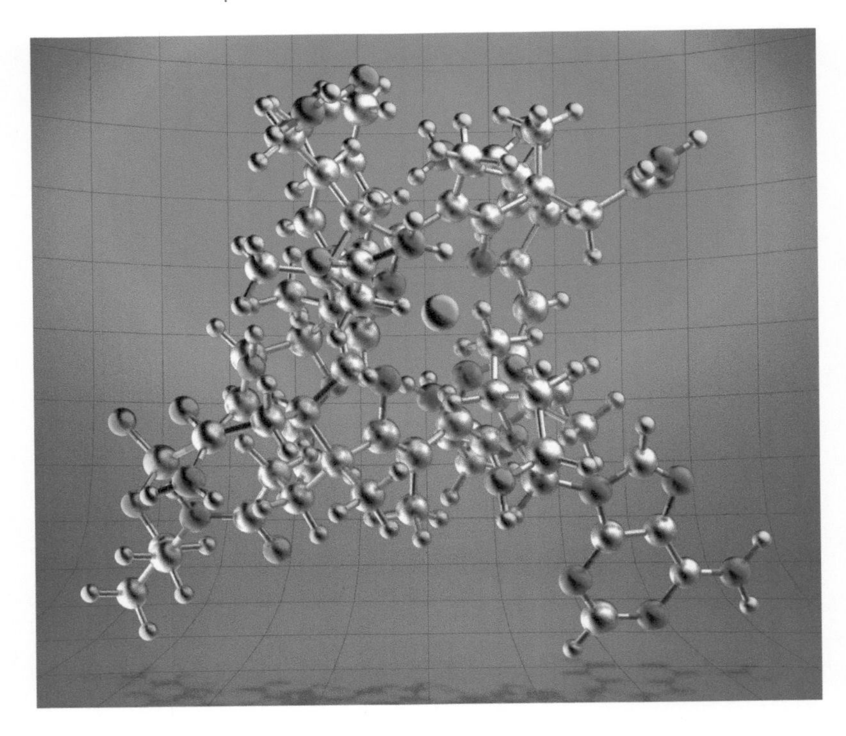

以及合成相似的抗生素，关键是知道哪种结构是正确的。多萝西·克劳福特·霍奇金承担了这一任务。

幸运的是，这些分子中的单个硫原子足够重，不需要再引入另一个重原子就可以提供分子结构的关键信息了，并且经过大量分析，多萝西·克劳福特·霍奇金确定了具有生物学活性的盘尼西林的分子结构。解决了这一问题后，她用一台有时被描述为计算机的设备来验证结果，但实际上这是一台被美化了的计算器，而非专用的图灵机（见 207 页）。这一结果在 1945 年发表。

随后多萝西·克劳福特·霍奇金将注意力转移到维生素 B12 上。这种维生素最近被确认为身体在产生红细胞时所需要的一种关键物质。缺乏维生素 B12 会导致一种被称为恶性贫血的衰弱疾病。维生素 B12 存在于动物类食物中，而不存在于蔬菜中，因此不摄入乳制品、肉、鱼或蛋的素食者，或许需要补充维生素。然而分析维生素 B12 的结构比分析盘尼西林更困难，因为它是一种更复杂的大分子。虽然 1948 年多萝西·克劳福特·霍奇金就开始了分析维生素 B12 结构的工作，但是直到 1956 年才完成，代表了她作为一位晶体学家最高成就的结果在一年之后发表。

这一次她确实借助了一台真正的计算机，但它不在牛津大学，甚至也不在英国。她与美国加州大学洛杉矶分校晶体学研究小组的领导者肯尼斯·特鲁布拉德合作，而后者拥有一台计算机。多萝西·克劳福特·霍奇金提供用于分析的晶体学数据，而加州大学洛杉矶分校小组负责计算。在电子邮件和互联网还没有出现的时代，他们以写信的方式交换信息。

多萝西·克劳福特·霍奇金在诺贝尔获奖演讲中，总结了自己到那时为止的成就之后说道："我真的不想为大家留下一个印象，以为所有结构问题都能用 X 射线分析解决，或所有晶体结构都是很容易解出的。在我的一生中没有解决晶体结构问题的时间远多于解决它们的时间。我将会通过考虑我们为了实现胰岛素的 X 射线分析所付出的努力来举例说明一些需要克服的困难。"[47]

随后她描述了她是怎样在 20 世纪 30 年代中期断断续续地处理用来治疗糖尿病的药物胰岛素的分析问题，并只取得了有限的成就的。这种分子含有 777 个原子（盘尼西林只有 27 个原子），并且有极其复杂的结构。但是多萝西·克劳福特·霍奇金并没有放弃胰岛素的研究工作，在改进的计算机技术的帮助下，她终于解决了胰岛素结构的问题。这一工作在 1969 年完成，那是她获得诺贝尔奖的 5 年之后。

No.89 呼吸的星球

20 世纪最重要的实验之一开始于 20 世纪 50 年代，并且至今仍在进行。这个实验显示了我们的整个星球是怎样随着季节"呼吸"的，并且揭示了大气中为下一个世纪带来潜在的灾难性全球变暖威胁的二氧化碳的增加。不过这是另一个偶然的发现。

20 世纪 50 年代初，加州理工学院的一位年轻的研究人员查尔斯·大卫·基林，计划研究二氧化碳在空气、海洋，以及石灰岩中的平衡问题。首先他为了测量空气中二氧化碳的浓度而制作了一种名为气体压力计的非常精确的仪器。由于加州理工学院所在的帕萨迪纳市的空气因为人类活动而遭到了污染，他选择在蒙特利附近的大苏尔进行测试，在那里他发现因为植物的呼吸作用，空气中的二氧化碳浓度在夜晚比白天稍高一些，但是在每天下午的平均值都是相同的——大约 3.1×10^{-4}。

在美国其他森林里进行的测量得出了相同的结果。气象学家和海洋学家都被这些研究成果所吸引。1956 年，当时在斯克里普斯海洋研究所工作的基林因为国际地球物理年而获得了进一步研究的基金。国际地球物理年是一个涉及行星科学的多个方面的、世界范围的研究项目，官方启动时间为 1956 年至 1957 年，但是同时开创了很多长期的实验。基林的计划是要在同事的协助下测量全球几个地点的大气中二氧化碳的浓度，包括夏威夷岛的莫纳罗亚火山的山顶。这座火山位于太平洋的中心，远离任何森林或工业污染源。他亲自在莫纳罗亚火山顶进行实验，并且在 1958 年 3 月的第一天，记录了二氧化碳浓度为 3.13×10^{-4}。

让基林感到意外的是，二氧化碳浓度在 3 月、4 月和 5 月都有轻微上升，然后开始下降，到了 10 月又开始上升，一直到次年 5 月，这一模式一直重复下去。这种模式的确在每年重复。这一循环表明，整个地球正在“呼吸”，因为北半球与南半球相比陆地面积更大，所以地面的植物也更多。在北半球的夏季，植物生长，从空气中吸收二氧化碳；到了冬天植物枯萎腐烂，释放二氧化碳。这种行为导致了每年二氧化碳的浓度有 $\pm 5 \times 10^{-6}$ 起伏的周期变化。

然而除了已经考虑的季节因素的影响之外，1959 年空气中二氧化碳的平均浓度仍然高于 1958 年，而 1960 年还要更高一些。基林在科学论文中报道了这些情况，并且定期更新，形成了所谓的“基林曲线”，显示了加入季节性循环数据后大气中二氧化碳浓度的升高。到了 20 世

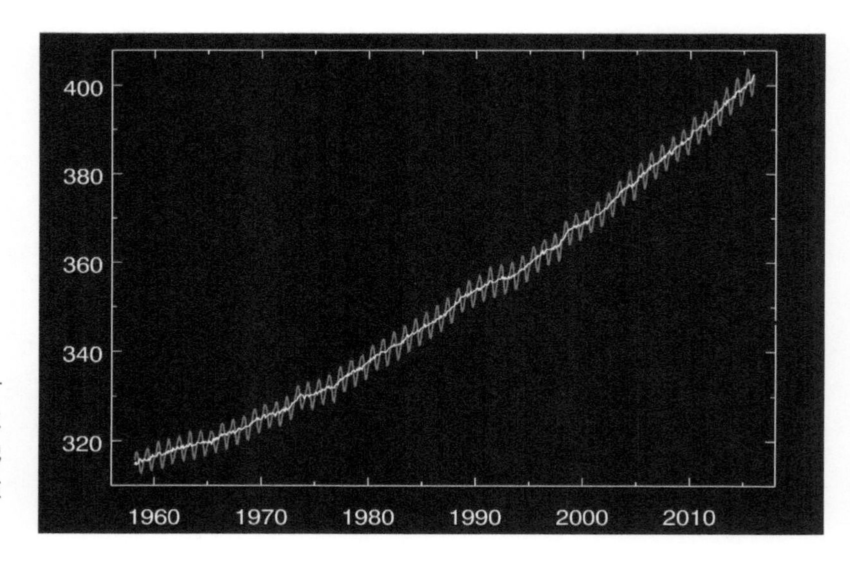

基林曲线——1958—2015 年莫纳罗亚火山二氧化碳浓度记录（纵坐标的数值应 $\times 10^{-6}$）。

查尔斯·基林（1928—2005），照片在1992年拍摄于美国圣迭哥斯克里普斯海洋研究所的实验室。

纪70年代，随着对这种二氧化碳浓度的升高可能会通过所谓的温室效应导致全球变暖的担忧，人们开始意识到这种浓度的升高来源于人类活动，包括森林砍伐与化石燃料的燃烧。这在20世纪70年代被证实了：一场政治危机导致了原油价格上涨，以及随之而来的以石油为基础的燃料的燃烧量下降，这时基林曲线的上升稍有减缓，与人为因素造成了二氧化碳浓度的变化这一猜测相符。

到2015年，空气中的二氧化碳浓度已经升高到了4×10^{-4}，这比1958年大约增长了28%。通过比较全球范围内的化石燃料燃烧量，可以发现燃烧产生的二氧化碳57%留在空气中，而剩下的则被人类了解甚少的海洋等天然“吸附物”所吸收。长期以来人们对极区冰芯所困住的气泡的研究表明，在40万年以前，冰期的二氧化碳浓度约为2×10^{-4}，而在所谓的间冰期二氧化碳浓度则约为2.8×10^{-4}。19世纪初二氧化碳浓度开始进一步上升。这说明因为过去一个半世纪的人类活动，即使是1958年的二氧化碳浓度也要高于“自然”水平。因为已知二氧化碳会在地球表面附近捕获热量（见108页），很明显二氧化碳浓度的增加推动了地球变暖，并且很有可能是地球从至少20世纪中期开始正在经历的全球变暖的罪魁祸首。因为这些影响的重要性，现在全球有100个二氧化碳浓度监测站，但是莫纳罗亚火山的记录仍然是拥有历史最久的记录，仍然占据重要地位。这些观测现在由基林的儿子拉尔夫指导，他是斯克里普斯海洋研究所的一位教授。

No.90 宇宙大爆炸的回声

在1963年，两位年轻的研究者，阿尔诺·彭齐亚斯和罗伯特·威尔逊合作改造了一台射电望远镜，它原本的设计目的是验证天文工作所使用的全球卫星通信系统的可靠性。这台望远镜位于美国新泽西州的克劳福德山，为贝尔电话公司所有，这家公司允许公司的研究小组研究纯粹的科学项目。在进行天文观测之前，观测者必须校正这台望远镜，并且排除所有的干扰源——“噪声”。在这一过程中他们意外地收获了一个为他们带来诺贝尔奖的发现。

望远镜的工作端包括一个非常灵敏的接收器，用于探测来自太空的微弱射电辐射。天文学家把这些辐射称为“信号”，但是它们并不是像电视转播中一样的人工信号，而是活动星系等天体产生的天然射电辐射。这些信号的强度依据等效黑体辐射的温度来测量。接收器是一个使用了微波激射放大器的辐射计，它灵敏到能够探测到温度低至几开尔文（K）即略高于零下273摄氏度的物体的辐射。

为了矫正望远镜，需要将它指向天空（并没有特别对准什么），让辐射计在来自天线的信号与用液氦保持在稍高于4开尔文的“冷负载”的信号之间转换。这使他们能够知道天线信号的温度比冷负载的信号温度高或低多少。彭齐亚斯和威尔逊预测“天空的温度”是零，因此他们可以校准并排除所有已知的噪声源，比如天线上方带有温度的空气。剩下的应该就只是天线本身的噪声，他们打算通过合适的方法排除这种噪声。但是无论他们怎样努力，都无法将系统的噪声减小到零。他们甚至费力地清除掉了筑巢的鸽子留下的粪便，并且用闪耀的铝带盖住所有的铆钉结合处，但是没有任何用处。他们被介于2开尔文至3开尔文之间的“额外天线温度”所困扰，这意味着从天线进入辐射计的辐射至少比他们能解释的高2开尔文。信号在白天与黑夜、每一天和每一周都是一样的。这对应于微波频率的非常微弱的射频噪声，就像一个非常冷的微波炉产生的“信号”。

1964年这一整年，彭齐亚斯和威尔逊仍然很困惑，他们的整个射电天文学项目悬而未决。随后他们遭遇困境的消息传到了附近的普林斯顿大学射电天文学研究组。他们对宇宙源自于一种高温高密度状态

位于美国新泽西州霍姆德尔镇的贝尔实验室的号角天线。

（大爆炸）的可能性很感兴趣，并且计算出这一状态应该曾经以电磁辐射的形式充满整个宇宙，而这些辐射现在已经冷却到几开尔文。（他们还不知道，拉尔夫·阿尔芬和罗伯特·赫尔曼曾经在20世纪40年代提出了相同的预测，但却被忽视了。）当普林斯顿大学研究组得知克劳福德山上的研究工作时，他们正在为寻找这一辐射而搭建射电望远镜。

当两个研究组聚在一起讨论这一发现时，越来越明显，彭齐亚斯和威尔逊发现的来自太空的射电辐射可能就是宇宙大爆炸的回声。彭齐亚斯和威尔逊仍然不是很确信，但是他们因为找到了一种解释而如释重负，并且在1965年自信地在文章《4 080Mc/s' 额外天线温度的测量》中发表了他们的结果，但实际上他们并没有声明自己探测到的是宇宙诞生时产生的辐射。正如威尔逊在他的诺贝尔获奖演讲中所说的："阿尔诺和我在通信中小心地排除了有关微波背景辐射起源的任何宇宙学理论的讨论，因为我们从来没有涉及过那些工作。此外，我们认为我们的测量不依赖于理论，并且或许比理论更持久。”[48]

但是这一声明引发了证明宇宙被温度为 2.712 开尔文的微波辐射充满这一观点的一些深入实验，并且这成了发生过宇宙大爆炸的令人信服的证据。在 21 世纪，这种对微波背景辐射的观测修正了我们对宇宙的理解，并且揭示了宇宙性质的细节（见 272 页）。

1978 年，彭齐亚斯和威尔逊因“发现了宇宙微波背景辐射”而分享了诺贝尔物理学奖。

No.91 相对论的时钟

狭义相对论的著名预言是，与观察者相对运动的时钟将会看起来比观察者的时钟走得慢——时间膨胀。而正常引力场中的时钟则会比处于较弱的引力场中的观察者的时钟看起来走得慢，则是一个没那么著名的广义相对论的预言。这与观察到的来自引力场的源的光的波长变化相关联，称为引力红移。这些预言在 1971 年被环绕地球飞行的普通商用飞机中的时钟实验所证实。

这一实验是由两位美国物理学家约瑟夫·海福乐和理查德·基廷进行的。他们的实验目的是想知道在高海拔地区移动的时钟与在地面上静止不动的时钟相比是怎样记录时间的（将狭义相对论和广义相对论的效应结合起来）。如果他们能够租一架私人飞机，实验将会容易得多，但是因为预算有限，他们不得不乘坐普通定期航班的经济舱。他们所使用的超精确原子钟固定在客舱前方的墙壁上，并且由飞机的电源供电；一组相同的原子钟放置在华盛顿哥伦比亚特区的美国海军天文台，做好了在旅行中的时钟返回时与它们比较的准备。

1971 年 10 月 4 日至 7 日，这些时钟由西至东完整地绕地球飞行了一圈。在考虑了多处中途停留、海拔的变化以及飞机飞行速度的变化后，研究组计算出原子钟应该走快了 254~296 纳秒（1 纳秒为十亿分之一秒），其中的 2/3 是由所处海拔的引力效应（位于高海拔地区的时钟走得更快，因为在高海拔处引力更弱）带来的。余下的 1/3 是因为狭义相对论所预言的效应，这一效应与引力效应叠加——因为地球自转带来的复杂性。设想这一情景最简单的方法就是在地球中心静止的“参照系”

中考虑。向东飞行的飞机上的时钟与地球自转的方向相同，比地面上的时钟走得快，但是向西飞行的飞机上的时钟比地面上的时钟走得慢，时间差是 273 纳秒，正好在预测范围的中间。

后来在 1971 年 10 月 13 日至 17 日，相同的时钟又被放置在向西环绕地球飞行的飞机中。这一次实验的结果就没有那么令人印象深刻了。这一次，时钟运动带来的时间膨胀效应导致的时钟变慢会超过引力效应导致的时钟变快，与地面时钟相比时间差为 40 ± 23 纳秒。因为数据测量的一些问题，这一次这个研究组只能说时间差为 49~69 纳秒，差不多与预测值一致。但是这个实验的两部分证明了，爱因斯坦预言的时间膨胀效应是真实存在的。

一个采取同样步骤的更精确测试在 1976 年进行，史密森天体物理天文台和美国国家航空航天局（NASA）都参与其中。采用引力探测器 A 的火箭运载实验在一次用时近两小时、几乎垂直向上和向下的飞行中到达海拔 10 000 千米（远高于任何飞行器）。这意味着地球自转的效应可以忽略。在这次飞行的最高高度，有效负载所受到的引力影响只有我们在地球表面所感受到的 10%。

在这次飞行中，火箭有效负载中的时钟（包含微波激射器）记录的

约瑟夫·海福乐和理查德·基廷与他们的原子钟。

时间被无线电通信线路监测，并在飞行过程中与地面上的一个相同时钟的时间记录相比较。火箭变化的速度和有效负载也同时用多普勒效应（见 104 页）来监测——探测器接收从地球发出的秒脉冲，然后再将其传输回地球。随后，将这些监测结果与用相对论理论公式计算出来的预测值相比较，这一次，测量值与预测值的误差达到了 7×10^{-5}。没人感到惊讶，只是很多物理学家感到非常欣慰，这是至今为止对引力红移所进行的最完整、最精确的测量。

No.92 在宇宙中产生波

自然界最壮观的实验之一是由一对恒星进行的，每颗的大小像地球上的一座大山，但是质量却比太阳的质量大，它们由于引力作用处于彼此的怀抱中，以每秒上百千米的速度彼此绕行。人类对这一被称为脉冲双星的系统的观察表明，它正在空间本身的构造中产生涟漪——引力波。

这种引力辐射早在 1916 年就被阿尔伯特·爱因斯坦所预言，但是直到 1974 年他预言的准确性才被证实。那一年，年轻的天文学家罗素·胡尔斯在波多黎各使用阿雷西博射电望远镜注意到了一种被称为脉冲星的射电星的怪异行为。脉冲星是快速旋转的中子星，体积小但密度很高（与原子核一样致密），它发出的无线电噪声束像灯塔的光束一样四处扫描。中子星的半径约为 10 千米，这样的恒星表面引力是地球表面引力的 1 000 亿倍。如果地球刚好位于脉冲星发出的射频波束传播路径上，射电望远镜将会获得一个有规律的无限电波脉冲，就像时钟嘀嗒作响一样。这种特别的脉冲星被称为 PSR 1913+16，每隔 0.059 秒绕轴自转一周，是已知自转速度最快的脉冲星。

大多数脉冲星是超级精确的时钟，以精确测量到小数点后多位的时间间隔“打着拍子”。但是在 1974 年夏天对这一脉冲星进行一系列观测时，胡尔斯发现每一天观察到的周期差高达 30 微秒——这对于脉冲星来说是一个巨大的“误差”。这一变化是因它自身的节律在一个规律的循环中发生测量周期的改变而引起的。他意识到这可能是一颗脉冲星进入了相似恒星的狭窄轨道中——后者没有发射任何可以被探测得到的无

阿雷西博射电望远镜的艺术描绘。

线电噪声——因而产生了变化的多普勒效应所导致的。

胡尔斯的同事约瑟夫·泰勒（他们都在马萨诸塞大学工作）参与了胡尔斯的工作，并进行了一个更细致的调查。他们共同发现，这一脉冲星绕其伴星运动的轨道周期是7小时45分钟，最快速度为300千米/秒，平均速度约为200千米/秒，轨道长度约为6×10^6千米，约与太阳的周长相同。所以整个双星系统刚好可以放在太阳内部。轨道的性质也使他们得知双星的质量之和是太阳质量的2.827 5倍。

天文学家立刻意识到，这样一个极端系统将为爱因斯坦基于广义相对论的引力辐射理论提供一个试验台。根据广义相对论，在这样的极端条件下，绕轨道运动的脉冲星应该可以在空间产生涟漪，就像你可以想象出的一个哑铃在一池水中产生的涟漪。这种引力辐射将会把能量带出系统，改变脉冲星的运行轨道。它将会使轨道周期每年增加七千五百万一个假想的脉冲双星系统。一颗中子星（中下方）发出能量脉冲。脉冲星是快速旋转的中子星，在旋转时发出窄的能量束。图中的深粉色椭圆是双星围绕共同质心（蓝点）转动的共同轨道。由于引力辐射系统渐渐损失能量，轨道慢慢向外扩展。（这一效应在这里被大幅夸大了！）

分之一秒——约为每年增加 0.000 000 3%。在 1978 年，即开始观测的 4 年之后，这一周期的改变已经可以测量得足够精确，能够证明爱因斯坦是正确的——引力辐射是真实存在的。到了 1983 年，这一周期改变的精度被控制到每年二百万分之一秒，于是将周期改变值修正为每年 7 600 ± 200 万分之一秒。从那时以来，广义相对论的误差率已经被证实小于 1%。

进一步的观察也为计算出双星质量之比提供了可能，部分来源于脉冲星的高速转动对其时间记录产生的时间膨胀效应。研究者用这种方法证明了狭义相对论的准确性，因为胡尔斯和泰勒已经知道了总质量，质量比使他们能够计算出 PSR 1913+16 自身的质量为 1.42 倍的太阳质量，而它伴星的质量为 1.40 倍的太阳质量。这是对中子星质量的首次精确测量。

自从人们发现了 PSR 1913+16 的双星本质，其他相似的系统也被陆续发现，也同样证实了广义相对论的精确性。但是对于天文学家来说，PSR 1913+16 仍然是“那个”脉冲双星。在 1993 年，胡尔斯和泰勒因“发现了一种新型的脉冲星，一个为引力研究打开新可能的发现”而分享了诺贝尔物理学奖。

No.93 冰期的“起搏器”

地球为何会经历冰期？这似乎是一个很自然的问题，但是这其实是一个方向错误的措辞。真正的谜题应该是，在今天这种大陆分布的情况下，为什么地球不是处于永恒的冰河世纪。答案在 100 多年前就已经被提出了，但是直到 20 世纪 70 年代它才被实验证实。

到了 19 世纪，地质学家们才意识到岩石的划痕与创伤以及其他证据表明巨大的冰川曾经一度（或许不止一次）从极区（见 106 页）向南方蔓延过欧洲和北美洲。19 世纪的苏格兰人詹姆斯 · 克罗尔与 20 世纪前叶的塞尔维亚人米卢廷 · 米兰科维奇提出，这可能与地球绕太阳做轨道运动时的倾斜和摆动相关，但是这一被称为米兰科维奇循环的观点并没有被人们广泛接受。

地球历经四季，是因为在围绕太阳运动时自转的地球相对于垂直方向倾斜了大约 23.5 度的角度。这意味着地球的一个半球偏向太阳，经历夏天，而与此同时，另一个半球经历着冬天。但是这种倾斜角度不是固定不变的，因为存在一个太阳和月球的引力影响所造成的摆动，所以在经过几千年以后，这一角度从 21.8 度变成 24.4 度。此外，还存在着其他更加精细的轨道扰动。所有这些都改变了地球不同纬度、不同季节从太阳获得的热量（日射量），但整个地球在一整年中获得的热量总和保持不变。

米兰科维奇计算了所有这些是怎样在成千上万年的时间里影响日射量的——这是在计算机出现以前的年代里杰出的代表实验。冰期出现在北半球的冬天最为寒冷的极值点，这是一个很自然的预期，这样冰就可以穿越陆地。因为南极洲总是被冰覆盖，而且那里没有邻近的陆地可以被影响，所以南半球并没有这样强大的潜在影响存在。但是当地质学家

米兰科维奇循环。地球自转轴约每 26 000 年完成一个进动的完整周期（上图）。与此同时，地球的偏心率变化周期约为 400 000 年（右下图）。此外，地球自转轴的倾斜角在 41 000 年的时间里从 22.1 度变化到 24.5 度，然后再次如此循环变化。当前这一角度是 23.44 度并且正在减小。

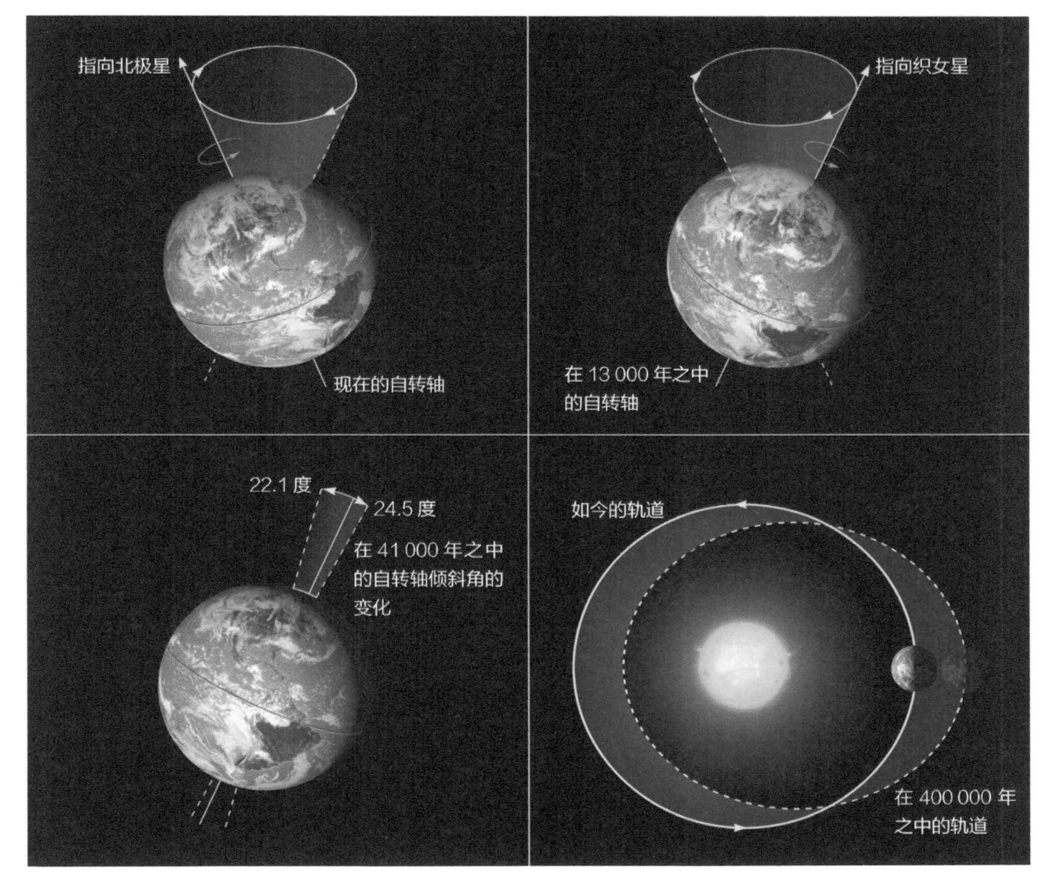

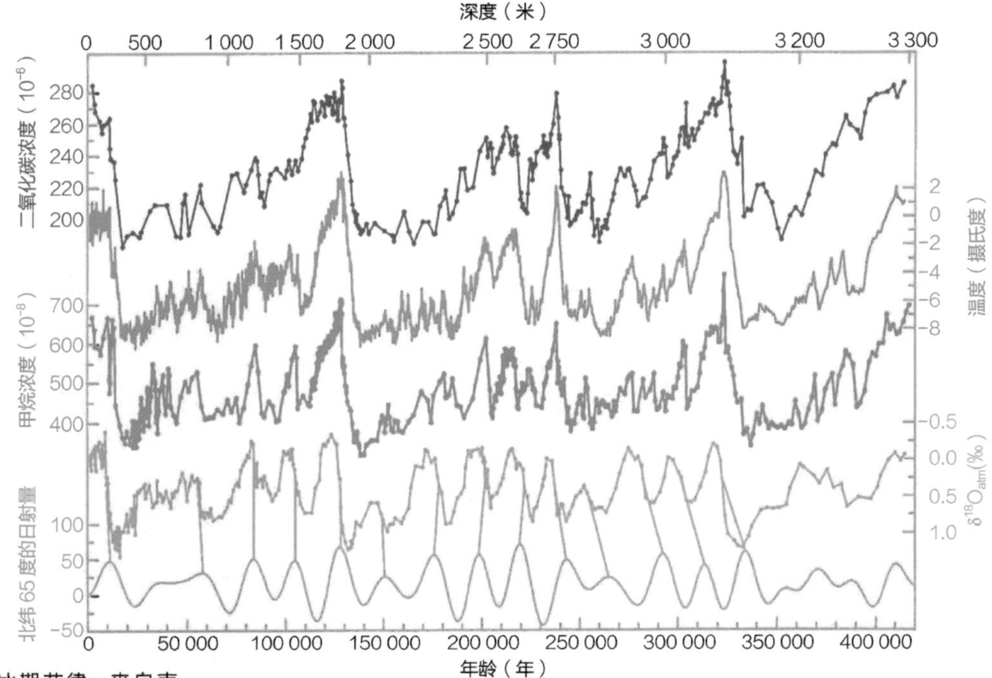

冰期节律。来自南极洲考察站东方站的 42 万年冰芯的数据揭示了氧的同位素的浓度、甲烷的浓度以及空气中二氧化碳浓度的变化。氧的同位素反映了温度的变化。所有这一切与米兰科维奇循环导致的北纬 65 度地区变化的日射量相称，日射量的变化与氧浓度 / 温度曲线匹配。注意最近几十年（左侧）上方曲线的跳变与天文学周期不一致，这是人类活动使地球变暖的结果。

收集了更多的数据时，他们却发现了与预期模式恰好相反的结果。在米兰科维奇计算出的北半球最冷的时间段，冰盖开始消退。这一模式出现在第四纪地质时期地球受一个冰“世”控制的几百万年间，其中大约 10 万年冰盖铺展成冰期的标准样貌，然后在间冰期的约 1 万年的间隔中暂时消退。我们就生活在一个间冰期。

后来，理论物理学家意识到了这是怎么一回事。因为热量在一年中是平衡的，非常冷的北半球的冬季与非常热的北半球的夏季是密切相关的。只有当北半球的夏天热到能够使冰盖消退回北极时，间冰期才会出现。

这在原理上是行得通的，但是怎样去证明呢？关键的实验是地球磁场强度的变化以及偶尔发生方向反转，并且在岩石中留下微量化石磁性（见 230 页）的发现。利用这种化石磁性以及来自其他示踪器的证据，地质学家能够确定从非洲、澳大利亚以及南极洲中心的南冰洋海底钻取的岩芯沉积层的年代。这些沉积物随着时间的流逝而下沉，最年轻的位于顶部，并且在海床上保持不动。到了 20 世纪 70 年代中期，地质学家拥有了一个可以追溯到50万年前的连续记录。岩芯包裹着被称为有孔虫类的微小海洋生物的遗骸，并且这些生物的壳含有来自它们生活水域的氧原子——它们用这些水来建造壳。海水中的氧元素有两种同位素，即氧-16和更重一些的氧-18。较重的分子比较轻的分子更易凝结，所以在冰期，水中可供有孔虫类吸收的氧-18的比例较少。因此通过测量深海沉积物中生物遗骸的氧-16和氧-18的比例，气候学家就可以推测冰川是怎样在几千年间前进和后退的，这足以精确验证改进的米兰科维奇循环的预言。

1976年，吉姆·海斯、约翰·英布里和尼克·沙克尔顿在《科学》上发表了一篇论文——《地球轨道变化：冰期的"起搏器"》。这篇论文将所有证据加以总结，证明了在北半球只有夏季最热时才会出现间冰期。"结论是，"论文写道，"地球轨道的变化是第四纪冰期接续的根本原因。"[49]这是米兰科维奇循环脱离被孤立的困境，通过实验验证成为理论的时刻。

No.94 世界是非局域的

常识告诉我们，如果我在英国的一个球场打出一个板球，这件事对澳大利亚的板球是没有影响的，即使两只球曾经是由同一工厂的同一个批次生产的，并且在同一个盒子里并排放置着。但是同样的常识能否适用于量子世界的事物，比如光子或电子呢？尽管这可能看上去很奇异，在20世纪，量子物理学家却提出了现实的可能性，答案应该是"不能"。这一声明最终在1982年进行的一个实验中被证实。

这个故事要从1935年说起，阿尔伯特·爱因斯坦和他的同事鲍里斯·波多尔斯基与纳森·罗森以思想实验的形式提出了一个谜题（有时被称为"EPR悖论"）。后来大卫·波姆对该谜题进行了修正，随后约翰·贝尔又进行了修正。在后期的形式中，这一谜题考虑了一个原子反向发出的两个光子（光的粒子）的行为。光子有一种行为叫作偏振，而偏振可以被看作一支指向上、下，或者是与传播方向垂直的平面上呈任一角度摆放的矛。这一谜题的关键特征是这些光子必须具有不同的偏

L.S.V.P.
|P(a, b)−P(a, b')| + |P(a', b) +
a
a'
10⁻⁹ sec

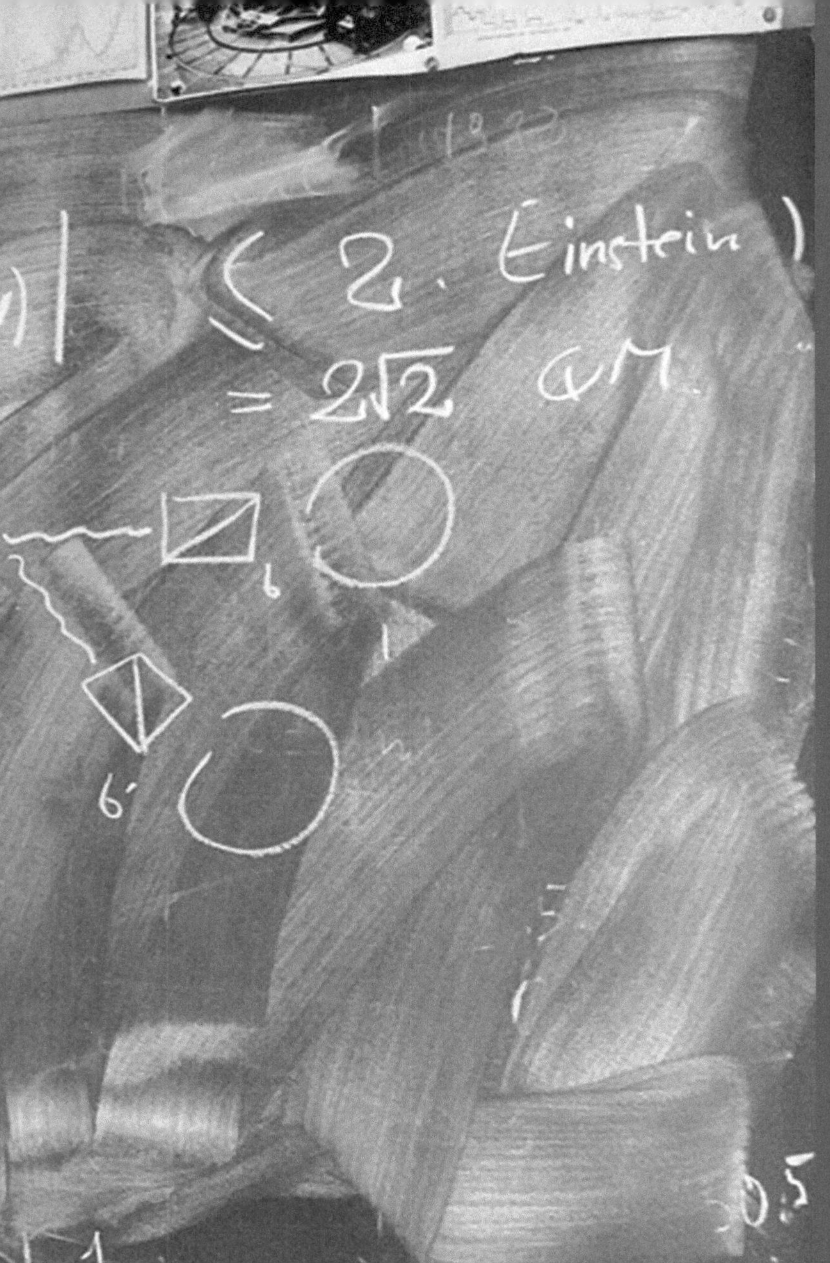

约翰·贝尔（1928—1990）。

振，但是它们按一定的方式互相关联。为简单起见，设想如果一个光子垂直偏振，则另一个光子必须水平偏振。

现在麻烦来了。量子物理学的知识告诉我们，光子的偏振是不确定的——它不是“真实的”——直到它被测量为止。测量的行为迫使它“选择”了一个特别的偏振，并且设想一个迫使光子垂直偏振或水平偏振，或者你希望的任何角度的偏振的实验是可能的（甚至是很简单的）。这几乎不比让光通过一对偏振太阳镜片更复杂。EPR 悖论的精髓在于，根据以上条件，测量一对光子中的一个，并且迫使它，比如说，变成垂直偏振，同时也就迫使了另一个远离它而且没有接触的光子变成水平偏振。爱因斯坦与他的同事认为这是荒谬、有悖常理的，因此量子力学一定是错了。

在 20 世纪 60 年代，约翰·贝尔以一种格外清晰的形式提出了这一谜题之后，几个实验小组就开始了验证这一预测的工作。20 世纪 80 年代初，巴黎的阿兰·阿斯佩与他的同事进行了一个综合完整的实验。尽管这一实验后来被修正和改进，但它们总是得出与阿斯佩的实验相同的结果。

实验的主要步骤是，在光子离开原子之后，由实验自动和随机选择测量到的是哪种偏振。在“被强迫的”光子到达检偏器时，并没有足够长的时间使任何信号，甚至以光速传播的信号，传递到实验装置的另一端。因此用来测量第二个光子的探测器无法“知道”第一个测量的是什么。

严格用一对光子，也就是一次两个，来进行这一实验是非常困难的（几乎是不可能的，即使是用现在的技术），但是在阿斯佩的实验以及后续实验中人们研究了很多对光子，考查了超过两种偏振角度，并且用统计的方法分析了实验结果。约翰·贝尔的伟大贡献在于表明在这种分析中如果统计出现的一个确定的数比另一个确定的数大，则常识获胜，不存在爱因斯坦所说的“幽灵般的超距作用”的迹象。这就是贝尔希望看到的，即贝尔不等式。但是实验表明贝尔不等式不成立——第一个数小于第二个数。当实验出现了与实验者预先的设定相反的结果时，不知何故总是特别令人信服——它一定表明实验者没有欺诈行为，或者没有因为他们先入为主的观念而无意识地带有倾向性！但是这意味着什么呢？

光子对真的是通过幽灵般的超距作用相联系的，与“常识”混杂在一起。光子 A 的变化的确会同时影响光子 B，无论它们相距多远。这叫作“非局域性”，因为效应是非“局域的”（特别是它发生的速度比光速快，尽管已经证实没有有用的信息，例如纽马克特赛马的结果，能够用这种方式或其他任何方式以比光速更快的速度传递）。阿斯佩实验以及它的后续实验证明了世界是非局域的，并且这一奇异的性质甚至还有实际应用，例如在量子计算领域。

No.95 终极量子实验

最终诠释了理查德·费曼所说的量子力学的“中心谜题”的实验是由一个日本研究组在 20 世纪 80 年代末进行的。就在那时，双缝实验（见 77 页）的最终版本用单个电子诠释了波粒二象性以及量子世界的全部本质。

在双缝实验的经典版本中，光通过两个孔，并且传播到另一边，产生干涉图样，证明了光是一种波。在日立制作所的外村彰和他的同事发展的另一种实验版本中，一次只发射一个电子，并使它通过与电子路径垂直的细导线，给它两种通过导线的路径选择。这一设置被称为电子双棱镜。在导线的另一边是一个屏幕，与电视屏幕或计算机屏幕基本上相同，每个电子在落在屏幕上时产生光点。但是光点不只是出现和消失，随着更多电子的到达，每个光点都会留在屏幕上，并且整个过程被记录下来。因此这个研究组得到了一段影片，显示屏幕上的图案是怎样随着越来越多电子的到达和越来越多光点的产生而形成的。

如果电子的行为像日常生活中的粒子一样——或许像网球——你将完全不会期望得到上述图案，从导线一端绕过去的球将会在屏上形成一团亮斑，而从另一端绕过去的球将会在屏上形成另一团亮斑。日立研究组看到的现象并不是这样的。每个电子确实在屏上形成单个亮斑，并且起初这些亮斑在屏上是随机分布的，后来随着亮斑的增多，它们最终构成了一幅图。这幅图是干涉产生的典型条纹图案。尽管电子在出发和到达时是粒子，但是在实验过程中它们的行为看起来像波，即使每次只

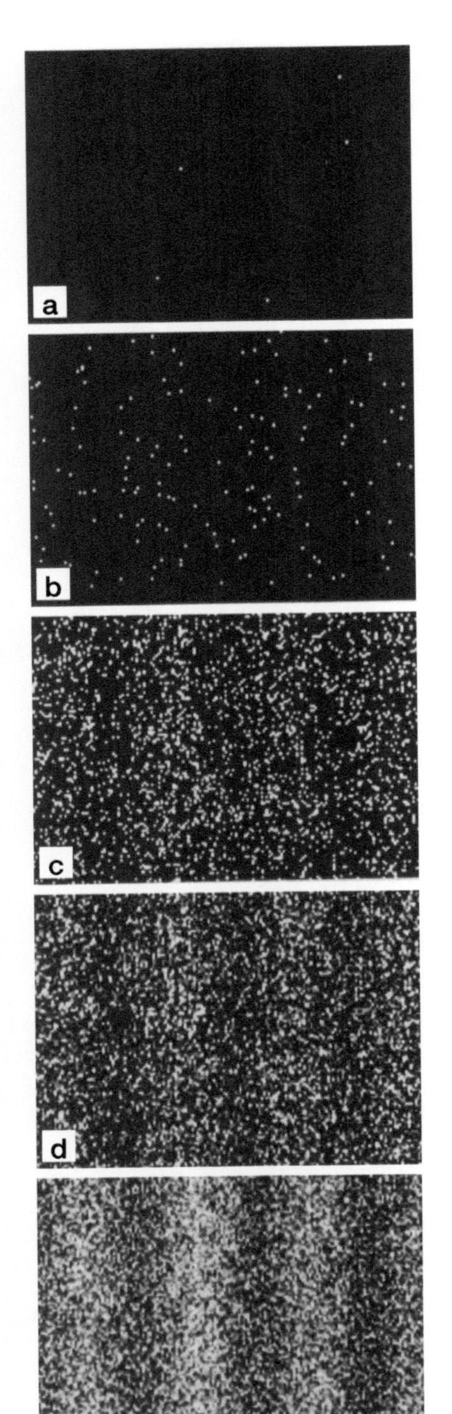

有一个电子通过双棱镜，彼此之间也有明显的干涉。它们似乎在时间和空间上“知道”整个实验的设置。

并不是只有在1989年发表结果的日立研究组观察到了这一现象。皮耶尔·乔吉奥·梅利、朱利奥·波奇以及詹弗兰科·米西罗利于20世纪70年代在博洛尼亚也进行了单电子干涉实验。关于谁最先做出了发现曾经有一些争论，但是日本研究组在实验中似乎更加小心谨慎、注意细节。波奇和他的同事也用真实的双缝进行了第一个这样的实验，并且在2008年公布了他们的结果。不出所料，他们得到了干涉条纹。

这一工作鼓励了其他人进一步设计实验来产生电子干涉，不是只把电子双棱镜换成双缝，而是可以任意打开和关闭的缝。一个由赫尔曼·巴特兰领导的内布拉斯加大学林肯分校的小组在2013年公布了他们的实验结果。在他们的实验版本中，一次发射一个电子到镀金的硅膜做成的壁上。壁上有两条缝，每条缝宽62纳米，缝间距272纳米。按照实验者的选择，可以随时用滑动闸板关闭一条缝或两条缝。像以往一样，当电子通过缝后在屏上被捕获。每秒只能探测约一个电子。

当只有一条缝打开时，他们观察到了电子像网球一样的行为所形成的一团亮斑。但是当两条缝都打开时他们看到了干涉条纹，就像意大利小组和日本小组在他们各自的实验中所看到的那样。电子“知道”几条缝是打开的。

这怎么可能？如果你不理解也不要担心。正如费曼在他的书《物理定律的本性》中所说的，“我认为我可以放心地说，没有人懂量子力学”。并且他建议，“如果你能够避免，不要一直对自己说，‘但是怎么会是那样的呢’，因为你将会‘白费力气’，并且进入一个至今没有人能逃出的死胡同。没有人知对页：双缝实验的一个版本，每次只发射一个电子形成的干涉图样。

道怎么会是那样的”。

然而，虽然不理解为什么量子力学是那样的，科学家们仍然可以将它用于实际应用，尤其是在量子计算领域（见 266 页）。

No.96 加速的宇宙

20世纪 90 年代，两个研究组通过研究在遥远的星系中观察到的被称作超新星的爆发星所发出的光来描绘宇宙。一种特别的超新星，SN 1a 族的一部分，对这项工作非常有用，因为它们在爆发过程中都达到了相同的最大亮度。因此如果天文学家能够用与测量造父变星亮度确立旋涡星系是银河系以外的星系并且宇宙正在膨胀（见 168 页）相同的方式，测量一颗遥远的超新星的亮度，他们就能算出它所属的星系距离地球有多远。

这是非常困难的工作，因为所需要的技术已经达到了现今技术的极限。平均来说，每 1 000 年在一个星系中就有两颗超新星爆发，因此每年你需要观察 5 万个星系来探测约 100 颗超新星。通过不断地为几十片天空拍照——每片天空包含几百个非常模糊的星系，天文学家们希望每年能够找到几颗超新星。通过比较这些超新星的峰值亮度与它们的寄主星系的红移，他们打算测量宇宙膨胀放缓的速度，因为引力试图阻碍从宇宙大爆炸开始的膨胀。由于光穿越宇宙需要一定的时间，通过考虑遥远星系，天文学家们就可以回顾过去，看到宇宙是怎样随着时间的流逝而改变的。

出乎意料的是，这两个研究组独立地发现了奇怪的事。对于非常模糊的星系（也就是说非常遥远的星系），由观测值计算出来的距离与他们的预期不太符合。根据标准红移 - 距离定律，超新星有些太模糊了。这意味着两者只能取其一：遥远的超新星真的比更近的超新星更模糊，或者它们比红移推测的距离更远。如果它们更远，这意味着宇宙比预料中膨胀得更多——膨胀在加速而不是减速。一定有什么在和引力对抗。

我们没有理由认为遥远的超新星与它们附近的超新星有任何不同，尽管大众媒体认为宇宙学的基础被这一发现动摇了，但是事实上宇宙学

星系 NGC 4526 的一颗超新星（左下方）的图像，显示了一颗超新星正在短暂地闪烁，它的亮度相当于它的母星系中的所有恒星的亮度之和。

亚当·利斯
（1969— ）。

家对使宇宙加速膨胀的力的源头有一个自然解释。当阿尔伯特·爱因斯坦用他的广义相对论建立描述整个宇宙本质的方程时，他引入了一个宇宙学常数，这个常数是对真空能量的一种度量。这个常数以前常常被设置为零，因为它看起来没有必要存在。但是如果它有一个很小的值，那就意味着每立方厘米有相同的能量，称作暗能量。暗能量为空间提供一种弹性，产生对抗引力的向外的推力。

就在宇宙大爆炸之后，尽管宇宙在膨胀，引力却使膨胀减速。在那时，暗能量的向外推力太小了，没有很大效果。但是随着宇宙的膨胀，它的空间体积变大，因此有更多的暗能量。与此同时，星系间的万有引力随着它们之间距离的增加而变弱。所以当暗能量产生的向外推力比引力的向内拉力大时，膨胀开始加速。超新星的这一研究结果在 1998 年被报道，并且很快被以暗能量的方式解释。从那以后，人类对更模糊的超新星的研究——表明更远的物体见证了更久远的时间——证实了当宇宙更年轻时膨胀的确是减速的。

做出这一发现的两个研究组之一是由布莱恩·施密特和亚当·利斯领导的，而另一个小组是由索尔·珀尔马特领导的。在 2011 年，他们 3 位因“通过观察遥远的超新星而发现了宇宙的加速膨胀”而分享了诺贝尔物理学奖。正如珀尔马特在 BBC 的访谈中所说的，“两个研究组宣布他们结果的时间相隔只有几周，并且如此相符，这是使科学界如此之快接受这一结果的原因”。

但是每个团队都需要在全球各地工作的许多研究者。现在人们认为暗能量至少构成了宇宙质能的 2/3（见 272 页）。发现更多有关暗能量及其对宇宙命运的影响的信息是当今宇宙学研究的一个关键领域。

No.97 人类基因组图谱

就在70年前——《圣经》中提及的人类的寿命——基因的化学组成仍然是一个备受争议的问题。那之后不到60年，在2001年，人体中每个基因的组成（人类基因组）被绘制出来了，在现有技术的条件下，原则上有运用基本化学物质制造一个人的可能性。更实际的应用是，它可以使人类通过基因工程修复有缺陷的基因，以治疗囊包性纤维症等疾病。

DNA是构成基因的物质，由用字母A、C、G和T标记的一串碱基构成（见170页），它们可以被看作一个四字母表中的字母。在细胞层面上身体的构建与运行的指令以三字母“单词”的形式，例如AGT、GAT、AAC等编码成基因，这些被称为三联体。一串这样的单词包含着一定的信息，就像我们的字典中的一串单词有特定的含义一样。任何

计算机自动运行的人类基因组DNA测序。拍摄于加州理工学院的勒罗伊·胡德实验室。

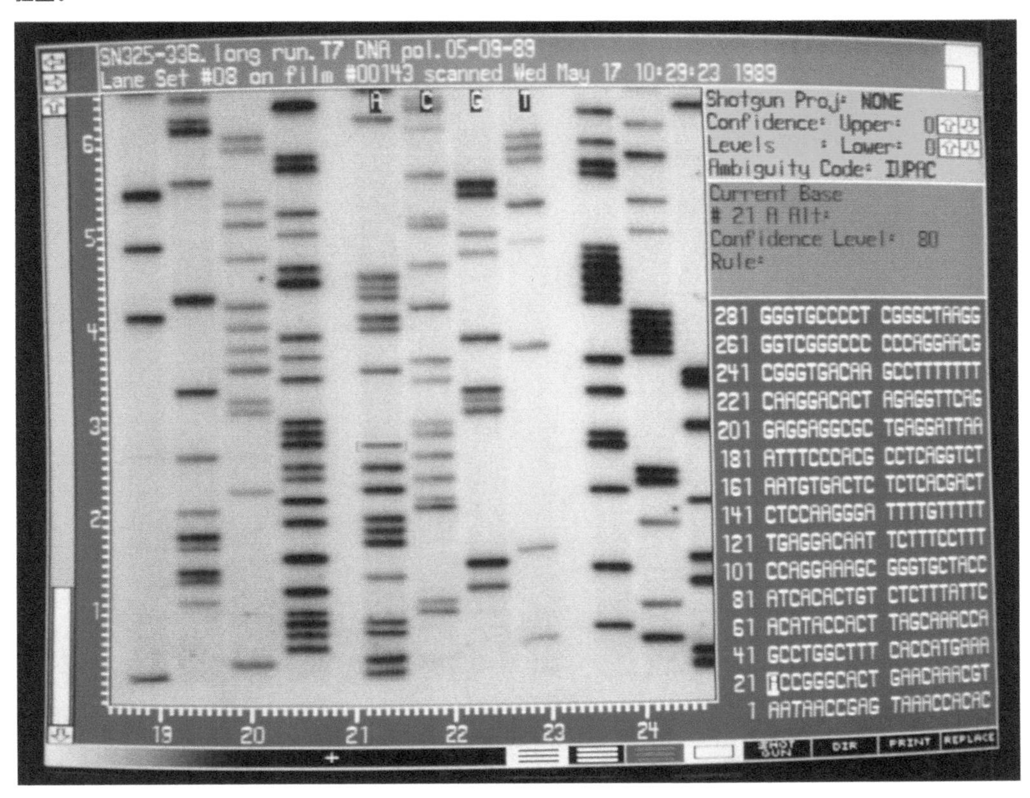

暗室中的科学家，正在为绘制从大肠杆菌的染色体中提取的DNA的凝胶电泳过程做拍摄准备。

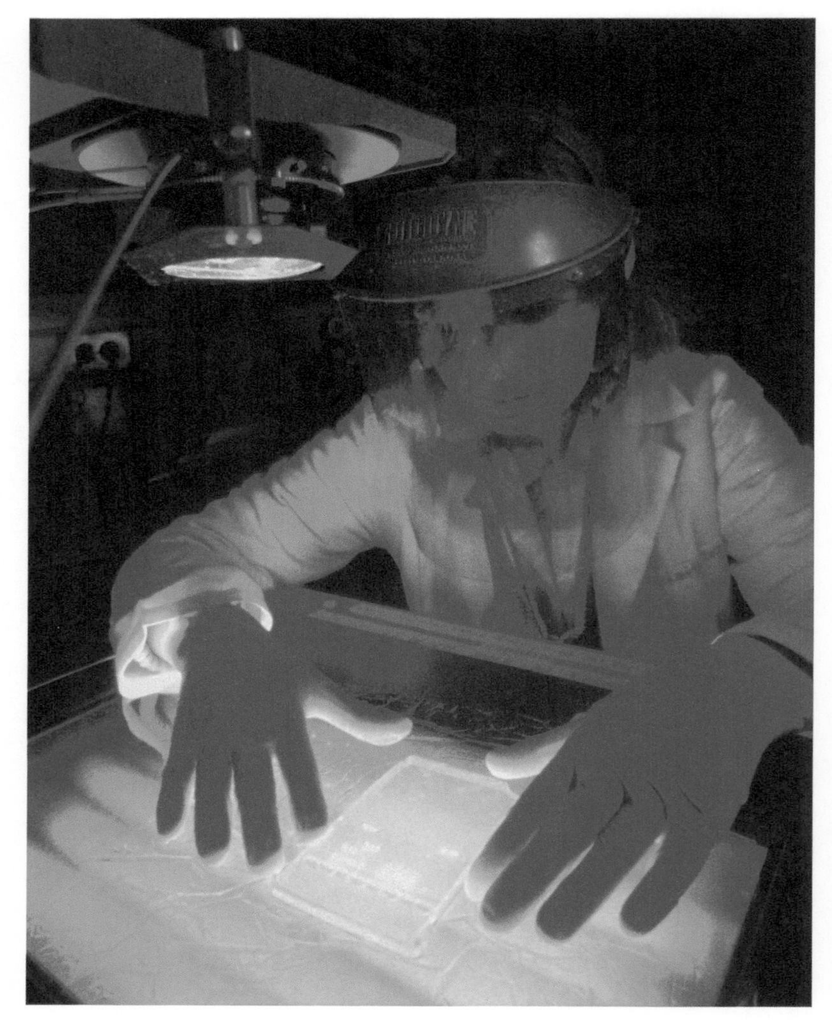

信息都可以被用这种方式“写下来”，只要这一串字母足够长——毕竟，任何可以用英语写下来的信息都可以记成计算机的二进制编码，这种语言只有两个数字，即0或1，表示开或关，这也是我们写这本书的方式。如果你使用的是电子阅读器，那么这也是你阅读的方式。

DNA中的一串字母足够长，可以包含人类生命所需要的信息。人类基因组含有约30亿个字母，相当于计算机内存的一吉字节。从某种意义上说，这一数目出乎意料得少，这使我们绘制人类基因组的工程可能开展，但是它适用于每个个体细胞。多亏了基因图谱，我们现在知道有2万~2.5万个分离的人类基因，排列成22对染色体，再加上决定性别的 X 和 Y 染色体。

绘制基因（或基因组）在技术上称为测序——分析沿着一串 DNA 排列的碱基的排列方式。实验者也需要找到在一串 DNA 上一个基因在哪里结束，另一个基因在哪里开始。为了找到答案，他们使用了起化学剪刀作用的酶，依据要寻找的特定的碱基，就像在一本书中寻找某一个单词一样，将 DNA 在准确的位置切成小片。最后这些碎片被一种叫作凝胶电泳的方法分离。DNA 碎片被放在充满黏性凝胶的玻璃管的一端，并且加一个电流，使碎片在凝胶中通过。因为小碎片受到的阻力更小，所以它们比大碎片运动得更快，DNA 碎片按照大小排列开来。然后，用化学方法分析碎片去寻找沿着它们排列的碱基序列。这需要用与人体复制 DNA 相同的方法制作多份复制品来“放大”碎片，因此化学家用含有一串 DNA 的许多相同复制品的混合物去化验。

测序人类全基因组的想法是由美国研究者罗伯特·辛斯海默在 1985 年提出的。这一想法让美国国立卫生研究院主持建立了一个项目。但是后来美国国立卫生研究院的研究者克雷格·文特尔离开了研究院，建立了他自己的基因组项目，使用的是一种略有不同的方法。这是塞莱拉公司名下的一个商业项目，结果造成了绘制人类基因组的激烈竞争和比赛，这场竞赛在 2001 年的短暂休战期达到顶点，两个各拥有上千名研究人员的研究组发表了他们的图谱。他们约定，文特尔研究组在《科学》上发表他们的成果，而美国国立卫生研究院的研究组，现在被称为国际人类基因序列协会，在《自然》上发表，并且都是在 2001 年 2 月的第二个星期。

实际上这两幅图都不完备。两个小组都承认他们的序列是初稿，他们都测定了超过 90% 的人类基因组，有着 10 万个字母（指字母 A、C、G、T）长度的缺失。完成这一任务的竞争很快又变得像从前一样激烈。塞莱拉公司现在专注于研发基于基因组信息的药物，而协会则努力想把空缺补上。因此，随后有几个宣称测序“完整”的声明，并且美国国立卫生研究院特别选定 2003 年作为标志性日期。但是正如全程关注这一事件的美国评论员劳拉·赫尔穆特所指出的，“将 2003 年而不是 2001 年作为人类基因组测序最重要的年份来纪念，就像纪念最后的阿波罗计划实施日期而不是人类第一次登月的日期一样”[50]。

№98 15等于3乘以5

15这个数字可以用数字5乘以数字3得到，因而15的因子是3和5。这似乎并不是非常深奥的知识。在21世纪的前几年人类研发出了一种本身可以解决这一问题（通过数字15的“因式分解”）的新计算机，它标志着传统计算机向实用性量子计算机的巨大飞跃。一台真正的量子计算机比传统计算机先进，就像传统计算机比算盘先进，然而这样的机器的出现时间可能距离我们不到20年。

传统计算机通过0和1（分别被看作关和开）表示的二进制代码操纵数据来运行。每个开关对应着1比特信息，8比特的“单词”被称为1字节。衡量计算机能力的一项指标是计算机在计算过程中可以被存储和运算的比特数（或字节数）。但是当我们在处理量子实体，例如单个原子或电子时，规则却不同了。一个量子“开关”可以同时开和关，处于所谓的叠加态。

一个电子可以作为这一现象的例子。电子有一种叫作自旋的性质，这可以被看作是像箭头一样指向上或下。向上可能对应着二进制语言中的0，而向下则对应着1。但是在实际情形下，一个电子可以同时存在两个状态（就像一些原子可以做到的那样），其结果被称为量子比特，或量子位元（qubit，发音像古代单位cubit）。用计算机术语来说，一串量子比特的能力相当于比特数等于2的量子比特数次幂的传统计算机的能力。因此一台4量子比特计算机相当于2×2×2×2=16比特的传统计算机，以此类推。这种指数增长非常迅速，一台10量子比特的量子计算机相当于1 024字节（称为千比特，因为它与1 000比特非常相近）的传统计算机。

不幸的是，维持和操纵量子比特串，以及从量子比特串读取数据非常困难。然而人们已经迈出了最开始的一步，而因式分解问题的解决就是一个结果。

因式分解被选为第一个要处理的问题，因为它对用于银行安全、大公司、军事用途，以及保护网络信息安全的密码至关重要。这些领域所使用的密码基于非常大的数字的性质，这些数字有几百位，是由两个很大的质数（不能被因式分解的数字，例如7或317，但是要更大一些）

相乘得到的。这个多位数被用来扰乱被编码的信息，而只有知道这个多位数的因数的某个人才能将信息复原。传统计算机需要用几年时间解决的问题，对于标准量子计算机来说只需要几分钟就可以解决。解决这一问题的方法是由贝尔实验室的彼得·肖尔发展出来的，并且被称为肖尔算法。

2001 年，IBM 的一组研究者设法操作一个含有由 5 个氟原子和 2 个氧原子组成的分子的系统，这个系统就像一台 7 量子比特计算机。它等价于 2^7 比特（128 比特）的传统计算机。他们用这台“计算机”算出 15 的因子，验证了肖尔算法。你不会对他们得到答案 3 和 5 感到讶异。

不幸的是，这一特别方法的缺点是它无法被扩展到有大量的量子比特的系统，但是它清楚地证明了肖尔算法是有效的，以及一台大规模的量子计算机是不仅能对安保系统进行彻底检查，也能处理很多其他问题的强大机器。

关键突破发生在 2012 年，加利福尼亚大学（UCSB）圣巴巴拉分校的一个研究组在一个含有 4 个超导相量子比特的固态处理器，即晶体管的量子等价物上运行了肖尔算法的一种版本。和前辈一样，他们找到了数字 15 的因数，而 15 是肖尔算法可以处理的最小数字。但是与 IBM 的工作不同，这真的是在一片芯片上的量子计算，并且有可以扩大规模的潜力。这将不会很容易，但是正如加利福尼亚大学的其中一位研究者安德鲁·克莱兰当时所说的，“前进的道路是很清晰的”。

彼得·肖尔（1959— ）。

No.99 让物质变重

希格斯粒子背后的想法是在 20 世纪 60 年代早期出现的，来源于科学家们对自然之力在亚原子层面的作用方式的研究。这是一个提出时机成熟的观点，在 1964 年，几个研究组都在调查这一可能性。彼得·希格斯在爱丁堡大学独自工作；弗朗索瓦·恩格勒特与罗伯特·布鲁在比利时共同工作；汤姆·基伯、杰拉德·古拉尼和卡尔·哈根在伦敦帝国理工学院工作。每个研究组独立发表了内容或多或少相同的论文。他们中的任何人都不知道，理论物理学家萨夏·米格代尔和萨夏·波利亚科夫也提出了这一观点，但是却被摒弃这一观点的、持怀疑态度的资深科学家劝止他们发表论文。

这一想法涉及携带自然的弱相互作用的粒子的行为。这些粒子与光子（光的粒子）相似，但是与光子不同的是它们有质量。弱相互作用出现在类似于使太阳发光的核相互作用的过程中，因此所有这些的意义远远超出学术兴趣。但是为什么弱相互作用的粒子（被称为 W 玻色子和 Z 玻色子）应该有质量呢？而光子为什么又没有质量呢？

基伯第一个指出，来源于布鲁（Brout）、恩格勒特（Englert）和希格斯（Higgs）名字的首字母的 BEH 机制提供了一个解释。这一机制同样解释了每个粒子的质量来源，包括电子以及构成质子和中子的夸克等粒子，它们构成了我们日常的物质世界。

根据这种观点，宇宙充满了一种与某些粒子族的相互作用比其他粒子更强的场。你可以用磁场做一个粗略的类比。磁性物质在磁场中运动会受到影响，但是非磁性物质却可以平静地顺利通过磁场而完全意识不到磁场的存在。唯一不被所谓的希格斯场影响的粒子就是光子，并且它们以光速穿过希格斯场。众所周知，使重物体运动起来比使轻物体运动起来更难。这是因为轻微地“感受到”这种场的粒子几乎与被轻微“推动”的光子运动得一样快，而那些强烈地“感受到”这种场的粒子相应地对于一定量的推动运动得更慢。它们有更大的惯性，对应着更大的质量。但是场本身不会改变。这和试图涉水有些类似——一条流线型的鱼比一个涉水的人运动得更快，尽管二者在同一种液体中运动。与希格斯场的相互作用赋予了粒子我们称作质量的性质。

在发表这一观点的6位先驱之中，只有彼得·希格斯意识到了这种场一定有它自己的玻色子，并且预言了它的性质。这种玻色子被称为希格斯粒子。意料之中的是，预测的希格斯粒子能够感受到自己的场，因此它需要有质量。这样的粒子在今天将不会自然地出现在我们周围（尽管它们在宇宙大爆炸时存在），它们失去了自己的能量并且发生了衰变，类似于放射性衰变的过程。但是它们可以在足够强大的机器中由纯粹的能量产生，与爱因斯坦的著名方程一致。科学家们预言这种粒子的质量非常大，然而，用20世纪60年代的粒子加速器无法探测到这种粒子。

质子与质子发生碰撞产生玻色子的艺术表达。

欧洲核子研究组织大型强子对撞机的紧凑型缪子螺线管探测器（CMS）的一端（在维护期间）。

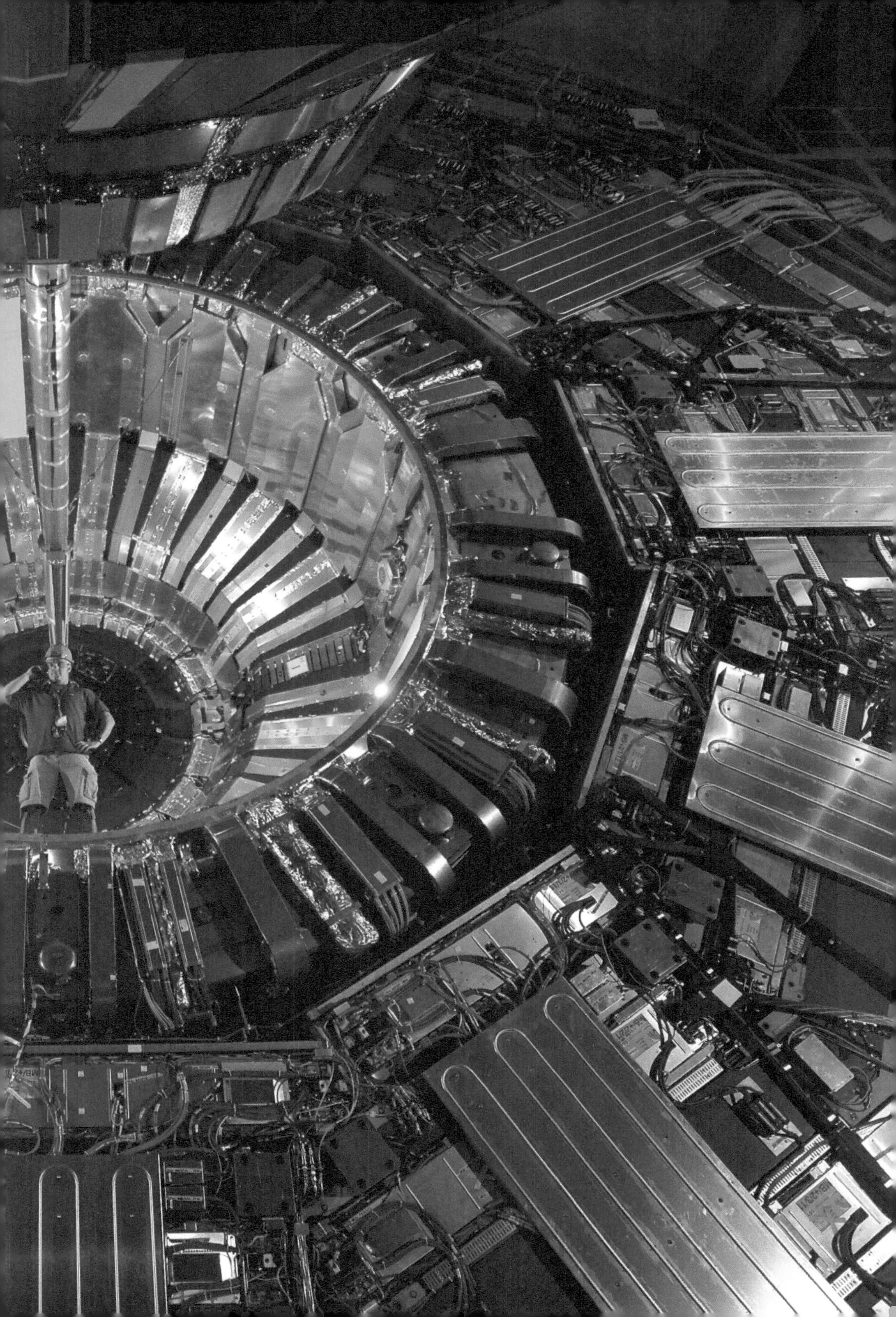

直到 2012 年 7 月，这一机制被提出 48 年之后，欧洲核子研究组织的大型强子对撞机才在实验过程中得到了一种能量约为 126 吉电子伏特的新型粒子。这种粒子的性质与 BEH 机制最简单的版本中希格斯粒子的预测性质完全符合。这是被描述为历史上最大型（也是最贵的）、最复杂的精密仪器所取得的一项令人震惊的成就，这一实验涉及数百名研究者，用时超过 20 年。这一实验以及理论的重要性在 2013 年被确认，诺贝尔物理学奖被授予希格斯和恩格勒特（布鲁在 2011 年去世，就在他的观点被证明正确之前），这一实验在异常冗长的颁奖词中被提及："因为对我们理解亚原子粒子质量起源的机制的理论发现起到了帮助工作，而这一理论最近因欧洲核子研究组织大型强子对撞机的 ATLAS 和 CMS 实验发现了预言的基本粒子而被证实。"

No.100 宇宙的组成

在阿基米德洗那次著名的澡（见 14 页）时，太阳还被认为是绕地球转动的，而星星则被看作是附着在与地球的距离不比太阳远多少的一个球面上的光点。现在我们知道了太阳和星星的组成，并且最近的实验揭示了这些只是由难以捕捉的暗物质和暗能量构成的宇宙的一小部分。在这一过程中，宇宙的年龄（从宇宙大爆炸开始的时间）被确定为 138 亿年。

很多观察都促进了这些发现，尤其是对 259 页描述的遥远的超新星的研究。但是最终的实验（到目前为止）是在普朗克卫星（以第一个解释了黑体辐射本质的人命名）上进行的，并且结果在 2015 年年初公布。这颗卫星是由欧洲空间局在 2009 年 5 月 14 日用阿丽亚娜 5 号运载火箭发射升空的。在 2013 年 3 月发回第一份结果之前，它已经用了几年时间来观测太空。观测一直进行到那一年的 10 月，因为燃料即将用尽，卫星被迫终止运行。但是数据分析一直持续到 2015 年年初，并且给出了最终结论。

正如其名，普朗克卫星被设计用于细致研究早在半个世纪前阿尔诺·彭齐亚斯和罗伯特·威尔逊发现的宇宙微波背景辐射（见 242 页）。但是彭齐亚斯和威尔逊只能探测到来自空间中所有方向的似乎恒定的

普朗克卫星和赫歇尔空间望远镜的图片。这两艘航天器于2009年5月14日由阿丽亚娜5号火箭发射。航天器安装在火箭的第二（上方）级上。这里罩（整流罩）分离，露出了内部的航天器。首先是赫歇尔空间望远镜（这里所看到的），然后是普朗克卫星（在它的运载者内部，黑色）与上级分离，远离地球去执行它们的任务。

无线电噪声，普朗克卫星可以测量每一处空间温度的微小差别，揭示了在宇宙大爆炸几十万年后辐射与物质解耦合时宇宙状态的各向异性。这发生在当宇宙足够冷，使带正电的核与带负电的电子结合形成中性原子时，在这时物质停止了与电磁辐射的相互作用。被普朗克卫星探测到的某些光子来源于物质更密集的区域，并且成了星系和恒星发展的种子；其他光子来源于这些星系种子的空隙区域。关键是，这不同的来源对应着温度差。

背景辐射中这些各向异性或“涟漪”的本质，取决于早期宇宙中的平衡行为。物质（由暗物质和构成我们的重子组成）试图通过引力聚集在一起，但是以高能光子形式存在的辐射试图将波动抚平。这些效应的相互作用产生波，称为声振动，这些波具有不同的波长。当辐射与物质

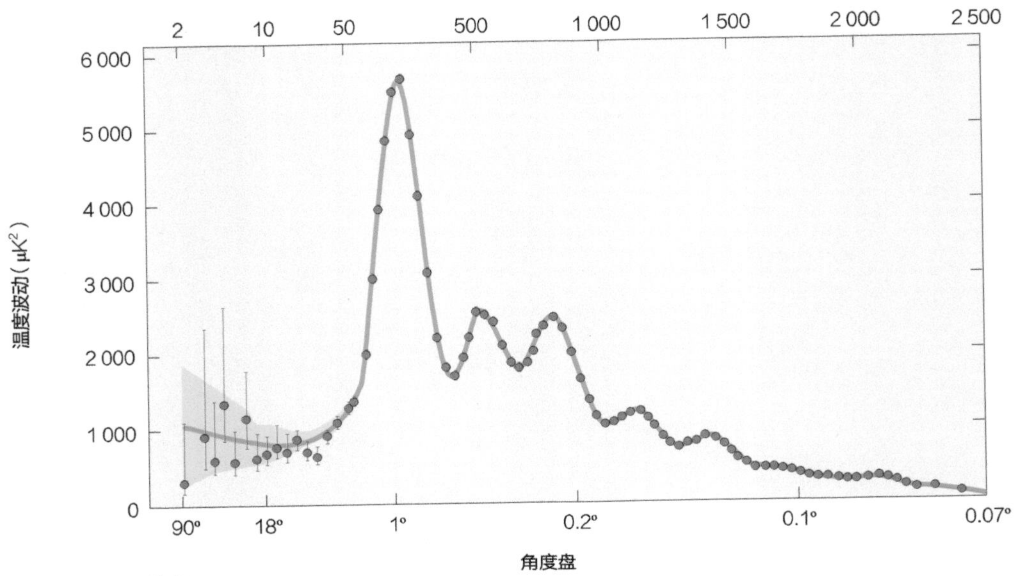

上图：普朗克数据（点）的功率谱分析与正文中描述的宇宙模型精确一致——4.9% 的重子物质，26.8% 的暗物质，68.3% 的暗能量，以及 138 亿岁的年龄。

对页：欧洲空间局的普朗克卫星（上图右上方）和它的前任 NASA 的威尔金森微波各向异性探测器（WMAP）（上图左下方）观测到的宇宙微波背景辐射。普朗克卫星传输了至今为止最详细的宇宙微波背景辐射图像。

解耦合时，这些波的形状被以普朗克卫星测量到的不同位置的温度差的形式“冻结”。各处的温度差别是微小的。在某些地方，来自宇宙大爆炸的剩余辐射温度高几百万分之一开尔文，而在其他地方，温度低几百万分之一开尔文。普朗克卫星能够测量这些差别，并且实验者能够测算出产生这些温度差的波形，以一种与通过分析一根琴弦发出的声音来得出该弦表示的单个音符类似的过程。这种方法被称为功率谱分析，并且尽管这是一个标准过程，但是一位研究者将它描述为就像通过分析一架三角钢琴被推下一段楼梯时发出的噪声得出钢琴的质量一样，这样的描述也说明了这种分析过程的复杂性。

在这些努力之后，我们就在令人震惊的细节上知道了宇宙的组成。宇宙只有 4.9% 是由重子物质——被我们看作“普通”物质（组成恒星、行星和人类的物质）——构成的，另外 26.8% 是由暗物质构成的，从暗物质似乎是以某种粒子的形式存在，但除了引力以外和其他重子物质完全没有相互作用层面上来说，暗物质也是普通物质。而剩下的 68.3%（超过 2/3）是以超新星研究团队发现的暗能量的形式存在的。在这一过程中，普朗克卫星确定了宇宙年龄为 137.98 亿岁，并且测量了宇宙的速度，哈勃常数为 67.8（千米 / 秒）/ 百万秒差距。所有这些都与前一个叫作 WMAP 的探测器测量的结果非常符合，但是 WMAP 的结果没有那么精确，这使得普朗克卫星获取的数据成为我们对宇宙理解的基准。

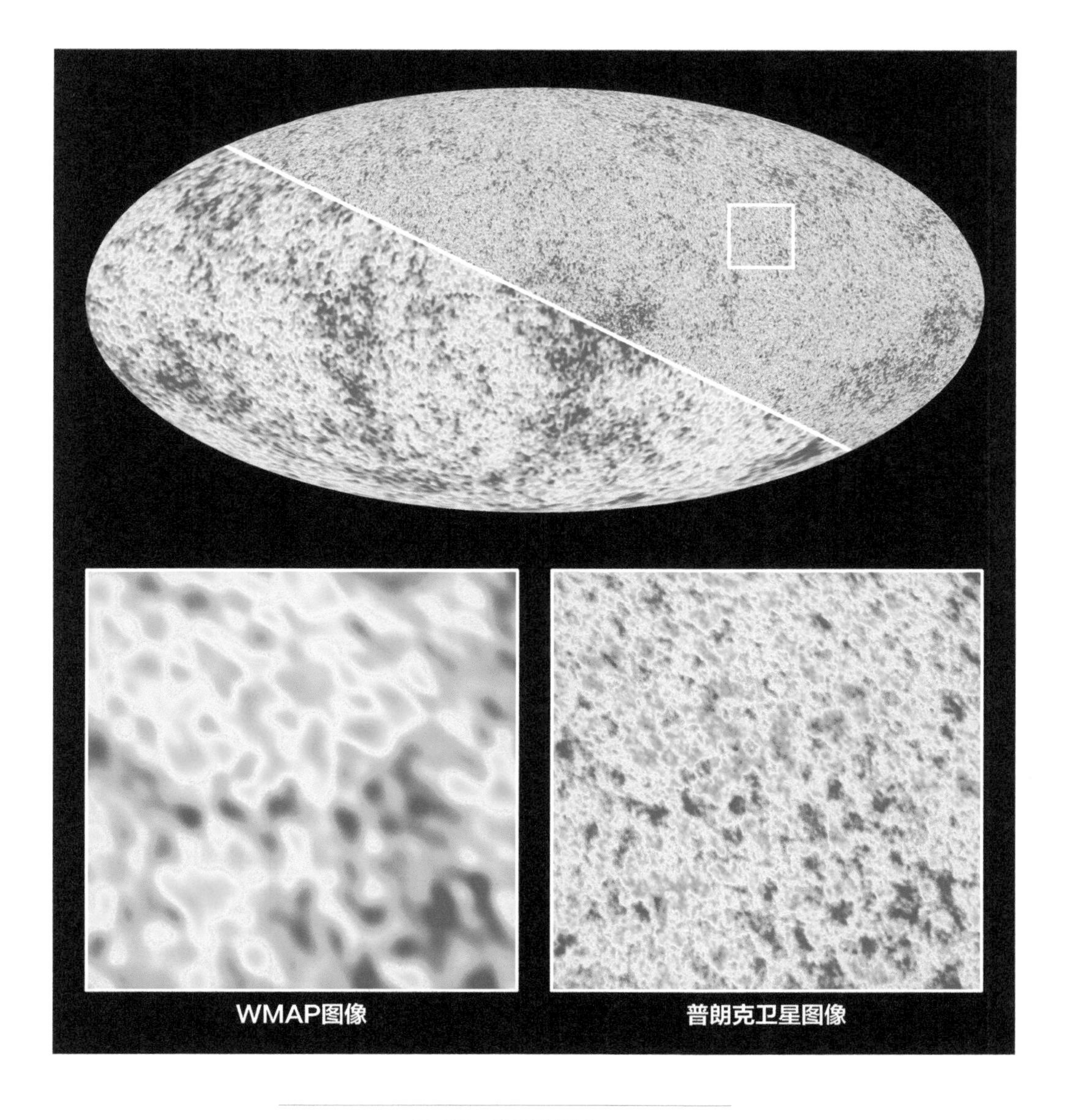

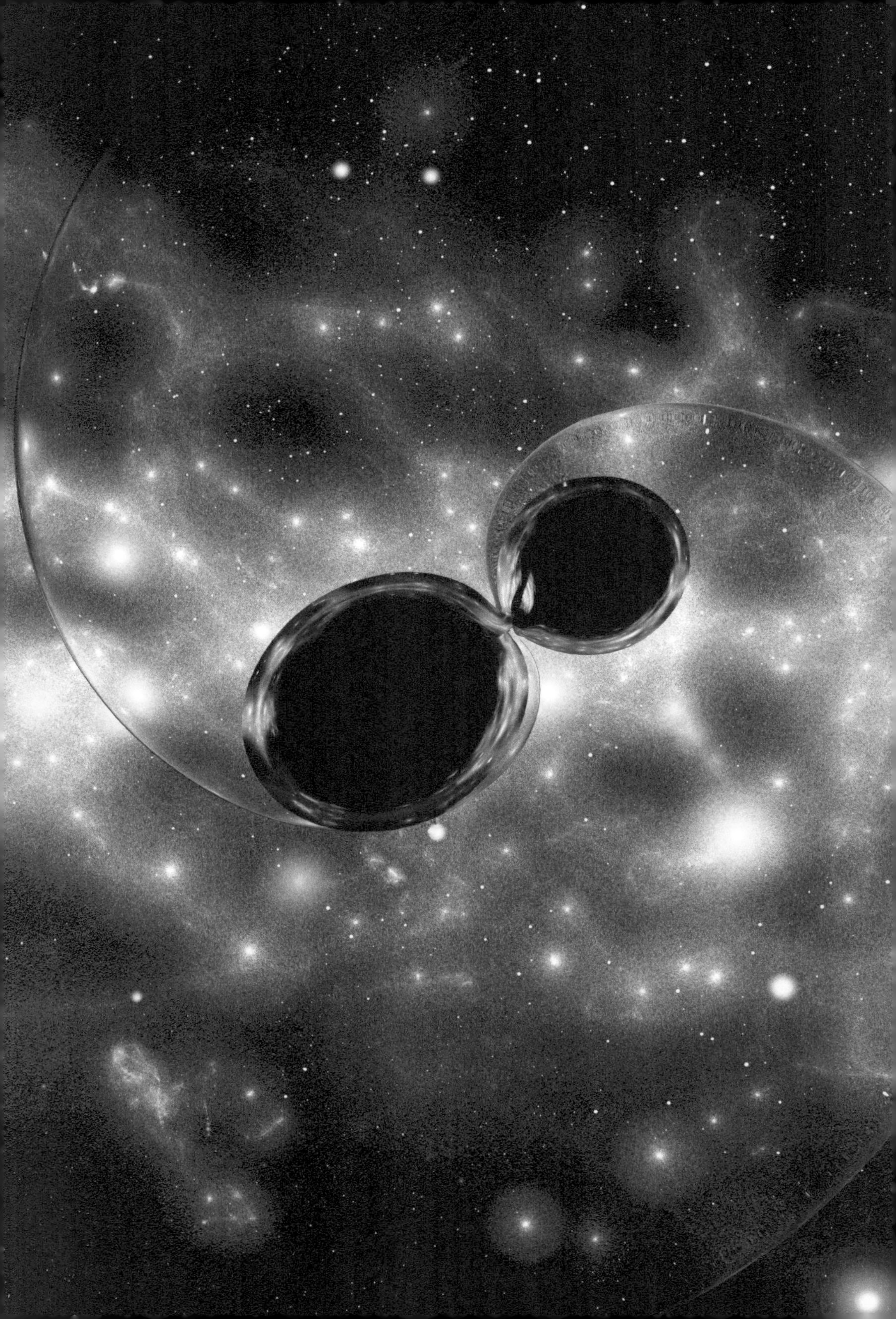

实验 101

2016年2月，一个大型科学家团队公布了一个实验结果，这个实验完美地贴合了费曼对于科学方法的描述，因此应当就像大学的基础课程里面的例如“物理101”的叫法一样被称为“实验101”。这个项目中的计算基于广义相对论。它告诉我们当一个巨大的天体围绕着另一个天体在空间中进行轨道运动的时候，应该会使空间本身产生涟漪，也就是引力波，并向宇宙中扩散。我们已经从对脉冲双星系统的研究中获得了证明这种涟漪存在的证据，但是如果它们可以在地球上通过实验直接探测，就可以为我们提供一种观察宇宙的新方法。

完成这个目标的实验（就像费曼说的验证定律的方式）需要建造两个探测臂，探测臂由真空管制成，两个臂之间的夹角为90度，激光束沿着真空管传播4千米，然后再通过固定在一个摆锤系统上的、悬挂的大质量物体表面上的反射面反射回来，再回到管道里与其他的激光束汇合。这个系统安装得十分精确，并且隔绝了外界的干扰；两束激光以相同的步调传播（事实上步调完全不同），这样它们在汇合时就会完全相互抵消。

预测（费曼所谓的“猜想”）的结果是，实验中引力波会从不同的方向拉伸或压缩两道呈直角的激光束，使得两道光束不再同步，在它们结合处的探测器中留下代表活动的闪烁信号。使用广义相对论进行的计算预言了会产生什么样的图案。而在2015年9月14日，那个图案在一个0.1秒的脉冲中出现了，相当于改变了激光不足原子直径大小的长度。

更完美的是，这个脉冲在两个分别放置在北美大陆两端的、完全相同的探测器上出现了，从激光到达第一个探测器到它到达第二个探测器有着6.9毫秒的延迟。这意味着这个信号是真实的，并且以光速传播。这个脉冲波纹的特定图案与预测中两个黑洞的碰撞与并合相吻合，每个黑洞都有大概30个太阳的质量，然后在整个过程中有大约3个太阳的质量根据爱因斯坦的质能方程 $E=mc^2$ 转化成了能量，并以引力波的形式释放出来。这个巨大的能量爆发来自于据估计大约10亿光年外的宇宙，该爆发传播过来，在地球的探测器上留下了这样一个微小的颤抖。

这个惊心动魄的实验结果达到了过去2000多年实验科学的顶峰，而这一切都始于另一种形式的波纹——古希腊哲学家阿基米德浴缸中的水波！

对页：两个黑洞（中央）并合导致引力波（螺旋线）生成的艺术效果图。2015年9月，引力波首次被直接探测到。波来自于质量分别为36个太阳质量和29个太阳质量、相距约13亿光年的两个黑洞的碰撞。这些波被美国激光干涉引力波天文台（LIGO）的两个探测器探测到。

参考文献

[1] Richard Feynman. *The Key to Science*. Lecture at Cornell University, 1964.
[2] William Gilbert. *On the Loadstone and Magnetic Bodies, and On the Great Magnet the Earth*. trans. P. Fleury Mottelay (New York: John Wiley and Sons, 1893).
[3] P. A. M. Dirac. *The Principles of Quantum Mechanics*, 1893 (Oxford University Press, Oxford, 1958).
[4] Galileo Galilei. *Dialogue Concerning Two New Sciences 1638* (Prometheus Books 1991).
[5] Letter from Périer to Pascal, 22 September 1648, in Blaise Pascal, *Oeuvres complètes* (Paris: Éditions du Seuil, Paris, 1964).
[6] Royal Society archive: 'Letter of Benjamin Franklin Esq. to Mr. Peter Collinson F. R. S. concerning an Electrical Kite. Read at R.S. 21 Decemb. 1752. Ph. Trans. XLVII. p. 565'.
[7] Joseph Black and John Robison. *Lectures on the Elements of Chemistry* (Longman and Rees, London, 1803).
[8] Quoted in Andrew Carnegie. *James Watt* (Doubleday, Page & Company, New York, 1905).
[9] Antoine Lavoisier. *Mémoires of the French Academy* (1786).
[10] J. L. E. Dreyer (ed.). *The Scientific Papers of Sir William Herschel*. 2 vols (The Royal Society, London, 1912).
[11] Clifford Cunningham. 'William Herschel and the First Two Asteroids' in *The Minor Planet Bulletin* (Dance Hall Observatory, Ontario, 11:3, 1984).
[12] J. J. Berzelius. *Essai sur la théorie des proportions chimiques* (Paris, 1819).
[13] Lucretius. *The Nature of Things* (trans. A. E. Stallings, Penguin Books, London, 2007).
[14] Charles Darwin. *Voyage of the Beagle* (Penguin Books, London, 1989; first published 1839).
[15] Ibid.
[16] Louis Agassiz. '*Discours prononce a l'ouverture des seances Société Helvétique des Sciences Naturelles*'. address delivered at the opening of the Helvetic Natural History Society, at Neuchâtel, 24 July 1837 (*The Edinburgh New Philosophical Journal* v.24, Oct. 1837–April 1838, pp.364–383).
[17] Louis Agassiz. *Études sur les Glaciers* (Jent et Gassmann, Neuchâtel, 1(3) 122, 1840).
[18] John Tyndall. *Light and electricity*, notes of two courses of lectures before the Royal Institution of Great Britain (D. Appleton and Co., New York, 1883).
[19] Thomas Lefroy. *Memoir of Chief Justice Lefroy* (Hodges, Foster & Co., Dublin, 1871).
[20] Crawford Long. An account of the first use of Sulphuric Ether by Inhalation as an Anaesthetic in Surgical Operations (*Southern Medical and Surgical Journal*, vol. 5, 705–713, 1849).
[21] Letter to the editor of the *Medical Times and Gazette*, September 1854.
[22] Ibid.
[23] Louis Pasteur. *Methode pour prevenir la rage apres morsure* (C. R. Acad. Sci. 101, 765–774, 1885).
[24] Reprinted in R. S. Shankland, 'Michelson–Morley experiment' (*American Journal of Physics*, 31(1), 1964).
[25] Quoted at: archive.
[26] Lord Rayleigh. 'The Density of Gases in the Air and the Discovery of Argon', *Nobel Lecture*. 12 December 1904.
[27] Sir William Ramsay. 'The Rare Gases of the Atmosphere', *Nobel Lecture*. 12 December 1904.
[28] J. J. Thomson. 'On the Masses of the Ions in Gases at Low Pressures' (*Philosophical Magazine*, 5:48, No.295, pp.547–567 (page 565), December 1899).
[29] Antoine H. Becquerel. 'On radioactivity, a new property of matter', *Nobel Lecture*. 11 December 1903.
[30] Philipp E. A. Lenard. 'On Cathode Rays', *Nobel Lecture*. 28 May 1906.
[31] Robert A. Millikan. 'The electron and the light-quant from the experimental point of view', *Nobel Lecture*. 23 May 1924.
[32] Ivan Pavlov. 'Physiology of Digestion', *Nobel Lecture*. 12 December 1904.
[33] Ibid.
[34] William Lawrence Bragg. 'The diffraction of X-rays by crystals', *Nobel Lecture*. 6 September 1922.
[35] Clinton J. Davisson. 'The discovery of electron waves', *Nobel Lecture*. 13 December 1937.
[36] Alexander Fleming. 'Penicillin', *Nobel Lecture*. 11 December 1945.
[37] Ibid.
[38] Albert Szent-Györgye. 'Oxidation, energy transfer, and vitamins', *Nobel Lecture*. 11 December 1937.
[39] Dorothy Crowfoot Hodgkin. 'X-Ray Photographs of Crystalline Pepsin', in *Nature*. 133, 795, 1934.
[40] Frédéric Joliot and Irène Joliot-Curie. 'Artificial Production of Radioactive Elements'. *Nobel Lecture*. 12 December 1935.
[41] Frédéric Joliot. 'Chemical evidence of the transmutation of elements', *Nobel Lecture*. 12 December 1935.
[42] Otto Hahn. 'From the natural transmutations of uranium to its artificial fission', *Nobel Lecture*. 13 December 1946.
[43] Enrico Fermi. 'Fermi's Own Story', in *The First Reactor* (United States Department of Energy, DOE/NE-0046, pp.25–26, 1982).
[44] Linus Pauling. *The Nature of the Chemical Bond* (Cornell UP, 1939).
[45] Milly Dawson. 'Martha Chase dies', *The Scientist*. 20 August 2003.
[46] From the University of Cambridge Darwin Correspondence Project.
[47] Dorothy Crowfoot Hodgkin. 'The X-ray analysis of complicated molecules', *Nobel Lecture*. 11 December 1964.
[48] Robert W. Wilson. 'The Cosmic Microwave Background Radiation', *Nobel Lecture*. 8 December 1978.
[49] J. D. Hays, John Imbrie, N. J. Shackleton. Variations in the Earth's Orbit: Pacemaker of the Ice Ages' (*Science*, 194: 4270, pp. 1121–1132, 10 December 1976).
[50] Laura Helmuth. 'Watch Francis Collins Lunge for the Nobel Prize', *Slate*. 4 November 2013.

致谢及图片来源

作者感谢 Alfred C. Munger 基金会提供的资金支持，以及苏塞克斯大学提供的研究基地。

图片来源

出版方感谢下述机构和个人允许在本书中使用相关图片。

3 NASA/Science Photo Library; 6–7 Caltech/MIT/Ligo Labs/Science Photo Library; 8 National Library of Medicine/Science Photo Library; 9 Physics Today Collection/American Institute of Physics/Science Photo Library; 10 Science Source/Science Photo Library; 11 Paul D. Stewart/Science Photo Library; 14 Science Photo Library; 16 Sheila Terry/Science Photo Library; 18 Science Museum/Science & Society Picture Library; 19 Science Source/Science Photo Library; 20 British Library/Science Photo Library; 21 British Library/Science Photo Library; 23 Science Photo Library (×2); 25 New York Public Library/Science Photo Library; 27 Dr Jeremy Burgess/Science Photo Library; 28 Science Photo Library; 29 Science Source/Science Photo Library; 31 Royal Astronomical Society/Science Photo Library; 33 British Library/Science Photo Library; 34 Natural History Museum, London/Science Photo Library; 36 David Parker/Science Photo Library; 37 Universal History Archive/UIG/Science Photo Library; 39 New York Public Library/Science Photo Library; 40 St. Mary's Hospital Medical School/Science Photo Library; 41 Science Photo Library; 42 Print Collection, Miriam and Ira D. Wallach Division of Art, Prints and Photographs/New York Public Library/Science Photo Library; 43 Sheila Terry/Science Photo Library; 44 Middle Temple Library/Science Photo Library; 45 Sheila Terry/Science Photo Library; 47 Claus Lunau/Science Photo Library; 48 Science Photo Library; 50–51 Science Photo Library; 52 Biophoto Associates/Science Photo Library; 54 New York Public Library Picture Collection/Science Photo Library; 55 Royal Astronomical Society/Science Photo Library; 56 Science Photo Library; 58 Gregory Tobias/Chemical Heritage Foundation/Science Photo Library; 59 Science Photo Library; 60 Science Source/Science Photo Library; 62 Dorling Kindersley/UIG/Science Photo Library; 64 Science Photo Library; 65 Sheila Terry/Science Photo Library; 66 Jean-Loup Charmet/Science Photo Library; 67 CDC/Science Photo Library; 68 Doublevision/Science Photo Library; 70 Universal History Archive/UIG/Science Photo Library; 72 NASA/JPL-Caltech/UCLA/MPS/DLR/IDA/Science Photo Library; 73 Science Photo Library; 75 Sheila Terry/Science Photo Library; 77 Emilio Segre Visual Archives/American Institute of Physics/Science Photo Library; 78–79 Erich Schrempp/Science Photo Library; 80 GIPHOTOSTOCK/Science Photo Library; 81 David Taylor/Science Photo Library; 82 Science Photo Library; 84 Science Photo Library; 85 Sheila Terry/Science Photo Library; 87 Sheila Terry/Science Photo Library; 88 Ashley Cooper/Science Photo Library; 91 Patrick Dumas/Look at Sciences/Science Photo Library; 92 American Philosophical Society/Science Photo Library; 93 GIPHOTOSTOCK/Science Photo Library; 94 Sheila Terry/Science Photo Library; 95 Sheila Terry/Science Photo Library; 96 Molekuul/Science Photo Library; 98 Royal Institution of Great Britain/Science Photo Library; 99 Royal Institution of Great Britain/Science Photo Library; 100 Sheila Terry/Science Photo Library; 101 Natural History Museum, London/Science Photo Library; 102 Photo Researchers/Science Photo Library; 103 Science Museum/Science & Society Picture Library; 105 Jose Antonio Peñas/Science Photo Library; 106 British Library/Science Photo Library; 107 Getty Images: Print Collector/Contributor; 108 Royal Institution of Great Britain/Science Photo Library; 109 British Library/Science Photo Library; 111 David Parker/Science Photo Library; 112 Royal Astronomical Society/Science Photo Library; 114 Science Photo Library; 116 Emilio Segre Visual Archives/American Institute of Physics/Science Photo Library; 116 Detlev Van Ravenswaay/Science Photo Library; 117 Science Photo Library; 118 National Library of Medicine/Science Photo Library; 119 Science Photo Library; 121 Science Photo Library; 122–123 National Physical Laboratory © Crown Copyright/Science Photo Library; 125 Science Photo Library; 127 Sinclair Stammers/Science Photo Library; 129 Natural History Museum, London/Science Photo Library; 130 Alfred Pasieka/Science Photo Library; 131 Science Photo Library; 132 Martyn F. Chillmaid/Science Photo Library; 133 James King-Holmes/Science Photo Library; 135 Universal History Archive/UIG/Science Photo Library; 136 Andrew Lambert Photography/Science Photo Library; 137 Science Photo Library; 138 Dorling Kindersley/UIG/Science Photo Library; 139 Roger-Viollet/Topfoto; 140 Emilio Segre Visual Archives/American Institute of Physics/Science

Photo Library; 141 NYPL/Science Source/Science Photo Library; 143 Royal Institution of Great Britain/Science Photo Library; 144 Library of Congress/Science Photo Library; 145 By Alchemist-Hp (Talk) – Own Work, GFDL 1.2; 146 Science Photo Library; 147 Adam Hart-Davis/Science Photo Library; 148 Jean-Loup Charmet/Science Photo Library; 149 Science Photo Library; 150 American Institute of Physics/Science Photo Library; 151 Emilio Segre Visual Archives/American Institute of Physics/Science Photo Library; 153 Science Photo Library; 154 Emilio Segre Visual Archives/American Institute of Physics/Science Photo Library; 155 Emilio Segre Visual Archives/American Institute of Physics/Science Photo Library; 156 Jacopin/Science Photo Library; 157 Ceroi (Own work), via Wikimedia Commons; 158 –159 Science Source/Science Photo Library; 161 Mikkel Juul Jensen/Science Photo Library; 162 Gary Hincks/Science Photo Library; 164 Prof. Peter Fowler/Science Photo Library; 165 Jacopin/Science Photo Library; 166 Harvard College Observatory/Science Photo Library; 167 NASA/JPL-Caltech/Science Photo Library; 169 Steve Gschmeissner/Science Photo Library; 170 Science Photo Library; 171 Science Source/Science Photo Library; 172–173 Eye of Science/Science Photo Library; 175 Photo By Ed Hoppe, Cambridge University Press, Courtesy AIP Emilio Segre Visual Archives, Physics Today Collection/Science Photo Library; 176 (左) Royal Institution of Great Britain/Science Photo Library; 176 (右) Science Photo Library; 178 Royal Astronomical Society/Science Photo Library; 180 NYPL/Science Source/Science Photo Library; 181 Omikron/Science Photo Library; 182 Library of Congress/Science Photo Library; 183 Gunilla Elam/Science Photo Library; 184–185 Mike Peres/Custom Medical Stock Photo/Science Photo Library; 187 (左) St Mary's Hospital Medical School/Science Photo Library; 187 (右) St Mary's Hospital Medical School/Science Photo Library; 188 National Library of Medicine/Science Photo Library; 189 The Cavendish Laboratory, University of Cambridge; 191 Raul Gonzalez Perez/Science Photo Library; 193 US National Library of Medicine/Science Photo Library; 194 Courtesy of Marx Memorial Library, London; 196–197 Science Photo Library; 199 I. Curie and F. Joliot/Science Photo Library; 200 Francis Simon/American Institute of Physics/Science Photo Library; 201 Victor De Schwanberg/Science Photo Library; 203 Emilio Segre Visual Archives/American Institute of Physics/Science Photo Library; 204 Emilio Segre Visual Archives/American Institute of Physics/Science Photo Library; 205 US National Archives & Records Administration/Science Photo Library; 206 Gary Sheahan/US National Archives & Records Administration/Science Photo Library; 208–209 Bletchley Park Trust/Science & Society Picture Library; 210 Topfoto; 212 World History Archiv/Topfoto; 213 Photo Researchers/Mary Evans Picture Library; 214 Demarco/Fotolia; 216 Smithsonian Institution/Science Photo Library; 217 Kenneth Eward/Science Photo Library; 220–221 Eye of Science/Science Photo Library; 223 (左) Science Source/Science Photo Library; 223 (右) King's College London Archives/Science Photo Library; 224 A. Barrington Brown, Gonville & Caius College/Science Photo Library; 225 Jose Antonio Peñas/Science Photo Library; 227 Emilio Segre Visual Archives/American Institute of Physics/Science Photo Library; 228 (左) Sputnik/Science Photo Library; 228 (右) Sputnik/Science Photo Library; 229 Emilio Segre Visual Archives/American Institute of Physics/Science Photo Library; 232–233 Dr Ken Macdonald/Science Photo Library; 234 David Parker/Science Photo Library; 235 Brookhaven National Laboratory/Science Photo Library; 237 Corbin O'Grady Studio/Science Photo Library; 238 Alfred Pasieka/Science Photo Library; 240 NOAA/Science Photo Library; 241 Hank Morgan/Science Photo Library; 243 Emilio Segre Visual Archives/American Institute of Physics/Science Photo Library; 247 David A. Hardy/Science Photo Library; 248–249 Mark Garlick/Science Photo Library; 251 Mark Garlick/Science Photo Library; 252 Science Source/Science Photo Library; 254–255 CERN/Science Photo Library; 258 provided with kind permission of Dr Tonomura; 260–261 NASA/ESA/STSCI/High-Z Supernova Search Team/Science Photo Library; 262 Emilio Segre Visual Archives/American Institute of Physics/Science Photo Library; 263 Peter Menzel/Science Photo Library; 264 Peter Menzel/Science Photo Library; 267 Physics Today/IOP Publishing; 269 Mikkel Juul Jensen/Science Photo Library; 270–271 Fons Rademakers/CERN/Science Photo Library; 273 David Ducros, ESA/Science Photo Library; 275 ESA and the Planck Collaboration, NASA /WMAP Science Team; 276 Russell Kightley/Science Photo Library.